国家科学技术学术著作出版基金资助出版
国家自然科学基金项目（项目批准号：71403256）

基于关系融合的专利网络结构分析研究

杨冠灿　李　纲　刘　彤　著

·北京·

图书在版编目（CIP）数据

基于关系融合的专利网络结构分析研究 / 杨冠灿，李纲，刘彤著. —北京：科学技术文献出版社，2019.8
ISBN 978-7-5189-5735-4

Ⅰ．①基… Ⅱ．①杨… ②李… ③刘… Ⅲ．① 专利—分析—数据处理—研究 Ⅳ．① G306-39

中国版本图书馆 CIP 数据核字（2019）第 141173 号

基于关系融合的专利网络结构分析研究

策划编辑：周国臻　崔灵菲　责任编辑：李 晴　王 培　责任校对：张吲哚　责任出版：张志平

出 版 者	科学技术文献出版社	
地　　　 址	北京市复兴路15号　邮编 100038	
编 务 部	（010）58882938，58882087（传真）	
发 行 部	（010）58882868，58882870（传真）	
邮 购 部	（010）58882873	
官方网址	www.stdp.com.cn	
发 行 者	科学技术文献出版社发行　全国各地新华书店经销	
印 刷 者	北京虎彩文化传播有限公司	
版　　　 次	2019 年 8 月第 1 版　2019 年 8 月第 1 次印刷	
开　　　 本	710×1000　1/16	
字　　　 数	249千	
印　　　 张	17　彩插 2 面	
书　　　 号	ISBN 978-7-5189-5735-4	
定　　　 价	78.00元	

版权所有　违法必究

购买本社图书，凡字迹不清、缺页、倒页、脱页者，本社发行部负责调换

前　　言

自 20 世纪 50 年代以来，专利信息分析逐步成为评价技术创新、技术进步不可或缺的重要方法。由于包含了大量的技术创新、所属技术领域、发明人（及其地理位置）、技术转让等方面的信息，专利信息分析在专利价值评价、技术竞争优势观察、技术转移与演化效果分析方面具有不可替代的作用，因此，受到了学术界及实务界持续的关注。

当前，学者们在专利信息分析的应用场景、分析方法领域都取得了长足的进展。例如，2009 年经济合作组织出版的《OECD 专利统计分析手册》就详细列明了专利信息分析可以应用的 13 种实际业务场景；而 Alan Porter 出版的专著也详细列明了专利信息分析可以采用的具体分析方法。当前，围绕专利信息分析相关的指标、方法已经逐步成了科技创新领域研究无法忽视的热门问题。

然而，从实践来看，当前的专利信息分析并不能很好地解决业务场景的问题，学者们认为诸如技术绩效评价、发明经济价值评价等内容远无法达到解决实际应用场景需求的要求。而造成专利信息分析无法满足实践需求问题的主要原因可能来源于两个方面：一方面，采用适合复杂专利信息的数据表示方法是开展有效专利信息分析的前提；另一方面，如何通过融合多维度观察视角，从而实现对复杂专利信息更加深度的分析也是一项重要挑战。

本书认为当前专利信息分析所面临的 4 种挑战，即当前在源数据、数据架构、网络表示方法、分析方法上的不足限制了专利信息分析在解决实际分析情景过程中所发挥的作用。进而提出可以采用多视角观察获得对复杂专利信息的多关系网络，并将这些关系网络进行有机融合实现对专利网络结构的深层分析。该方法由 3 个阶段构成，即针对复杂专利数据的多视角观察、关系融合方法、网络测量方法，其中最核心的是前两个阶段。

针对复杂专利数据的多视角观察是关系融合方法的逻辑起点，当前针对专利信息的网络分析主要是单一维度的观察，这种分析方法会忽视与其他关系之间的依赖关系，造成"盲人摸象"的后果；而通过多视角观察则可以弥补单一视角带来的缺失，获得对复杂信息更完整的认知。然而，要将多视角观察方法引入专利信息分析，还需要有一套系统的分析框架，否则，多视角观察的结果如果仅仅是孤立呈现则无法发挥其应有的作用。本书在相关研究的基础上首先提出一种基于专利信息集合的表示方法，该表示方法以3种基本实体（专利权人、专利文献、技术领域）为实体，通过关系代数转化（共现关系转化、间接关系转化、衍生关系转化等）实现了对3种基本实体多重关系的全面展现。另外，随着当前网络统计模型（尤其是随机网络模型）的发展，也可以通过仿真来对代表模型之间依赖关系的关系模式的网络配置进行统计推断，从而获得从局部结构特征的总体认知。

在关系融合方法方面，本书系统阐述了关系融合的原则、阶段、网络表示形式及融合过程中需要注意的几个问题，如相关性问题、社群发现及评价问题。这些回顾过程对于未来进一步扩展专利信息分析的深度具有较好的参考作用。

以上述理论为基础，本书的实证部分从企业技术竞争优势的综合评价、专利价值评价、技术前沿分析、专利引用关系形成、技术网络动态演化5个实际专利信息分析实践出发，对基于关系融合的专利信息集合分析效果进行了系统验证。

本书获得了国家自然科学基金项目（编号：71403256）及国家科学技术学术著作出版基金资助。本书是笔者博士论文及其后续国家自然科学基金项目报告的扩展，对当前基于网络分析的专利信息分析理论与实践进行了较为全面的梳理与总结。我们后续的研究将进一步从关系融合与指数随机图模型出发，通过结合真实专利信息分析场景中的问题，如新兴技术识别、技术发展轨迹等问题进行研究。

本书是笔者学术生涯的第一本著作，对此倾注了大量的辛勤劳动，也参考了大量其他学者的研究成果，书中都进行了标注说明，在此表示感谢。本书的作者李纲教授是笔者的博士生导师，刘彤研究员是笔者多篇论文的合作者，他们对于本书的技术路线、篇章内容都做出了关键及实质性的贡献。另外，还要感谢本书周国臻编辑、崔灵菲编辑，正是他们的工作使得本书的编写与出版非常顺利。希望本书的出版对于专利信息分析方法的探索能够起到抛砖引玉的作用，为提升国内专利信息分析水平做出一点贡献。

杨冠灿
2019 年 7 月 1 日

目　　录

第1章　绪论 ……………………………………………………………… 1
  1.1　问题的提出 ………………………………………………………… 2
  1.2　研究意义 …………………………………………………………… 4
  1.3　术语及概念 ………………………………………………………… 6

第2章　当前专利信息分析面临的挑战 ………………………………… 11
  2.1　专利信息的特点 …………………………………………………… 11
  2.2　专利信息分析的可能性 …………………………………………… 13
  2.3　专利信息分析面临的挑战 ………………………………………… 15
      2.3.1　源数据的缺陷 ……………………………………………… 17
      2.3.2　数据架构的局限 …………………………………………… 19
      2.3.3　网络表示的局限 …………………………………………… 22
      2.3.4　分析方法的局限 …………………………………………… 25

第3章　专利信息分析进展 ……………………………………………… 28
  3.1　指标分析的进展 …………………………………………………… 28
      3.1.1　专利引文相关指标的演进 ………………………………… 29
      3.1.2　专利价值相关指标的演进 ………………………………… 32
  3.2　针对单一关系的网络分析 ………………………………………… 34
      3.2.1　专利引用关系网络分析的进展 …………………………… 35
      3.2.2　专利合作关系网络分析的进展 …………………………… 37

3.2.3 专利共词关系网络分析的进展 ………………………… 40
   3.2.4 专利隶属关系网络分析的进展 ………………………… 42
   3.2.5 专利衍生关系网络分析的进展 ………………………… 43
  3.3 多视角观察下的网络分析 ……………………………………… 44
   3.3.1 论文集合分析框架 ……………………………………… 45
   3.3.2 元网络分析框架 ………………………………………… 48
   3.3.3 学术网络分析框架 ……………………………………… 50

第4章 专利数据的网络表示 ……………………………………… 53

  4.1 基础网络表示 …………………………………………………… 53
   4.1.1 数据的网络表示 ………………………………………… 53
   4.1.2 3种网络类型的表示 …………………………………… 58
  4.2 网络表示扩展 …………………………………………………… 60
   4.2.1 有向网络的转化 ………………………………………… 61
   4.2.2 二模网络的共现 ………………………………………… 63
   4.2.3 多重关系网络 …………………………………………… 64
   4.2.4 多层次网络 ……………………………………………… 66
   4.2.5 节点属性表示 …………………………………………… 68
   4.2.6 二元关系协变量表示 …………………………………… 69
   4.2.7 独立时序网络数据 ……………………………………… 70
  4.3 专利信息集合的网络表示 ……………………………………… 72
   4.3.1 专利信息集合 …………………………………………… 72
   4.3.2 专利信息集合中的实体 ………………………………… 73
   4.3.3 专利信息集合中的关系 ………………………………… 74
  4.4 局部结构的网络表示 …………………………………………… 78
   4.4.1 基础网络局部结构 ……………………………………… 78
   4.4.2 专利引用关系形成的解释框架 ………………………… 80
  4.5 小结 ……………………………………………………………… 87

第 5 章 专利数据的网络测量 ··· 88

5.1 基础网络测量 ·· 89
5.1.1 基础网络测量指标 ·· 89
5.1.2 专利引文与论文引文的网络拓扑结构差异 ············ 91
5.1.3 案例研究：拓扑结构分析 ·································· 93

5.2 网络中心度测量 ·· 96
5.2.1 度中心度 ·· 96
5.2.2 接近中心度 ·· 97
5.2.3 中介中心度 ·· 97
5.2.4 特征向量中心度 ·· 97

5.3 相似性测量 ·· 99
5.3.1 结构等价相似性 ·· 100
5.3.2 正则等价相似性 ·· 102

5.4 网络子群测量 ·· 104
5.4.1 子群与 k-核 ··· 104
5.4.2 模块度 ·· 106
5.4.3 聚类与社团发现 ·· 107

第 6 章 专利数据的关系融合 ··· 110

6.1 复杂专利数据的关系视角 ·· 110
6.2 关系融合的原则 ·· 111
6.3 关系融合的阶段 ·· 112
6.4 网络表示融合 ·· 113
6.4.1 矩阵集成表示方法 ·· 114
6.4.2 核融合表示方法 ·· 116
6.4.3 超邻接矩阵表示方法 ·· 118
6.4.4 张量表示方法 ·· 122
6.4.5 随机图的网络配置表示方法 ······························ 125
6.5 关系融合中的相关性 ·· 128

6.5.1 网络层间节点度的相关性 …………………………………… 128
6.5.2 网络层间的关系重叠 …………………………………………… 130
6.5.3 网络层间多关系连接模式 …………………………………… 131
6.6 关系融合下的社群发现 …………………………………………… 132
6.6.1 基于模块度优化的社群发现 ………………………………… 133
6.6.2 基于聚类一致性的社群发现 ………………………………… 134
6.6.3 基于张量分解的社群发现 …………………………………… 136
6.7 关系融合的评价方法 ……………………………………………… 138
6.7.1 外部验证度量 ………………………………………………… 139
6.7.2 内部验证度量 ………………………………………………… 141

第7章 企业技术竞争优势综合评价模型研究 …………………… 143
7.1 研究背景 …………………………………………………………… 143
7.2 文献综述 …………………………………………………………… 144
7.2.1 企业技术竞争优势的概念 …………………………………… 144
7.2.2 网络视角下企业技术竞争优势的评价 ……………………… 144
7.3 多重关系视角下的企业技术竞争优势综合评价模型 …………… 145
7.3.1 建立以企业为中心的多重关系 ……………………………… 145
7.3.2 多重关系的矩阵构建 ………………………………………… 146
7.3.3 企业技术竞争优势综合评价模型 …………………………… 148
7.4 企业技术竞争优势综合评价模型——以 Wi-Fi 专利为例 ……… 149
7.4.1 Wi-Fi 技术介绍 ……………………………………………… 149
7.4.2 数据来源及数据处理 ………………………………………… 149
7.4.3 Wi-Fi 技术网络描述性统计 ………………………………… 150
7.4.4 Wi-Fi 技术网络的中心度分布与图形观察 ………………… 152
7.4.5 模型验证及结论 ……………………………………………… 152

第8章 基于专利综合引用网络的专利价值评价研究 …………… 157
8.1 研究背景 …………………………………………………………… 157
8.1.1 研究动因 ……………………………………………………… 158

  8.1.2 网络构建 ………………………………………………… 159
  8.1.3 筛选与整合 ……………………………………………… 160
  8.1.4 专利价值评价效果的验证 ……………………………… 160
 8.2 综合引用网络构建 …………………………………………… 161
  8.2.1 引用网络的基本类型 …………………………………… 161
  8.2.2 引用网络的关系代数转化 ……………………………… 162
  8.2.3 专利多重引用关系集合 ………………………………… 162
  8.2.4 专利多重引用网络的筛选 ……………………………… 163
  8.2.5 专利综合引用网络的构建 ……………………………… 166
 8.3 专利价值评价实证 …………………………………………… 166
  8.3.1 数据采集 ………………………………………………… 166
  8.3.2 数据处理 ………………………………………………… 167
  8.3.3 描述性统计 ……………………………………………… 167
  8.3.4 入度分布特征 …………………………………………… 169
  8.3.5 图形观察 ………………………………………………… 171
  8.3.6 引用时滞分布 …………………………………………… 172
  8.3.7 专利价值评价效果比较 ………………………………… 173
 8.4 小结 …………………………………………………………… 176

第9章 基于正则均衡方法的技术前沿分析 ……………………… 178

 9.1 研究背景 ……………………………………………………… 178
  9.1.1 技术前沿分析理论 ……………………………………… 179
  9.1.2 技术前沿问题研究的不足 ……………………………… 179
  9.1.3 研究前沿问题的多重关系视角观察 …………………… 180
  9.1.4 角色与地位分析方法 …………………………………… 181
 9.2 多重专利分类号网络的构建 ………………………………… 182
  9.2.1 网络构建过程 …………………………………………… 182
  9.2.2 基础关系网络构建过程 ………………………………… 183
  9.2.3 专利分类号网络构建过程 ……………………………… 183
  9.2.4 多重专利分类号网络构建过程 ………………………… 185

  9.2.5 正则均衡定义 ·········· 185
  9.2.6 CATREGE 算法 ·········· 187
 9.3 实证研究 ·········· 187
  9.3.1 数据采集 ·········· 187
  9.3.2 数据处理 ·········· 188
  9.3.3 网络的描述性统计 ·········· 188
  9.3.4 多重关系图例 ·········· 189
  9.3.5 正则均衡分析 ·········· 191
 9.4 小结 ·········· 195

第10章 基于指数随机图模型的专利引用关系形成分析 ·········· 197

 10.1 研究背景 ·········· 197
 10.2 专利引用关系形成与 ERGM ·········· 198
  10.2.1 影响专利引用关系形成的机制 ·········· 198
  10.2.2 影响机制到网络局部构造 ·········· 200
 10.3 数据来源与探索 ·········· 202
  10.3.1 数据来源 ·········· 202
  10.3.2 数据探索 ·········· 205
 10.4 结果分析 ·········· 209
  10.4.1 参数估计 ·········· 209
  10.4.2 模型诊断 ·········· 212
  10.4.3 拟合优度评价 ·········· 213
  10.4.4 模型解释 ·········· 214
 10.5 小结 ·········· 217

第11章 基于关系融合的专利网络演化特征与动态分析 ·········· 218

 11.1 研究背景 ·········· 218
  11.1.1 专利网络分析相关研究 ·········· 218
  11.1.2 动态网络分析（DNA）进展 ·········· 220
 11.2 基于 DNA 的专利网络结构分析 ·········· 221

11.2.1　数据集的构建 …………………………………………… 221
   11.2.2　多重关系专利网络的构建 ……………………………… 223
   11.2.3　多重关系专利网络整体演化情况分析 ………………… 225
   11.2.4　多重关系专利网络关键成员分析 ……………………… 228
   11.2.5　多重关系专利网络子群分析 …………………………… 233
 11.3　小结 ……………………………………………………………… 236

第12章　总结与展望 ……………………………………………… 237

参考文献 …………………………………………………………… 241

第 1 章
绪 论

专利信息由于包含了大量的技术创新、所属技术领域、发明人（及其地理位置）、技术转让等方面的信息，在专利价值评价、技术竞争优势观察、技术转移与演化效果分析方面具有不可替代的作用，因此，受到了学术界及实务界的持续关注。根据欧洲专利局 PATSTAT 数据库的统计，截至 2018 年 4 月全球专利申请的数量共计有 9400 万条，涉及相关人（包括发明人、申请人、专利权人）的记录数量为 5661 万条，涉及参考文献数量近 3 亿条[1]，这些数据包含了自 1900 年以来的大量技术文档信息，其中有大量的信息可能仅出现于专利文献中，因此，在理解技术信息的过程中，专利信息具有不可替代的作用。同时，专利信息也具有极大的商业潜力，根据 Ocean Tomo 公司和标准普尔的调研显示，2015 年，全球专利的总价值超过了 12 兆美元，不难看出专利信息蕴含着极大的商业潜力[2]。

专利信息长时期以来一直作为一种独特的信息资源被广泛应用于科技评价活动中。早在 20 世纪 50 年代，美国学者 Schmookler 就将专利数量引入了科技评价中，在随后的时间里，专利信息分析逐步成为评价技术创新、技术进步不可或缺的重要方法。专利信息之所以被频繁地作为技术评价、科研绩效的评价工具，与其所具备的以下优势密不可分：①专利覆盖的技术范围很广；②专利申请与创新发明过程之间具有紧密的联系；③每一篇专利文献都包含了大量的发明过程的细节，尤其包括对发明过程的完整描述；④专利数据的时空覆盖面是独一无二的；⑤相对于其他数据源而言，专利数据比较容易获得，数据质量相对较高。

学术界经过长达几十年长期的持续研究，对于专利信息分析究竟能够解决什么问题的答案已经较为清晰,尽管当前的实践离完全回答下述问题还有一定的差距。根据经济合作组织发表的《OECD 专利统计分析手册》[3],专利信息分析存在以下 13 项具体的实际应用场景。分别包括:①技术绩效评价;②新兴技术预测;③知识扩散与技术动态演化;④发明的区域特征;⑤创新与技术社交网络;⑥发明的经济价值评价;⑦研发人员的绩效与流动;⑧大学对于研发活动的推动作用;⑨研发活动的全球化水平;⑩公司的专利申请战略;⑪专利系统的效率评价;⑫专利申请预测;⑬监测专利系统的内部工作。上述 13 项研究目标详细梳理了过往专利信息分析的具体应用场景,同时,也指明了专利信息分析的可能性。

1.1 问题的提出

从实践来看,当前的专利信息分析并不能很好地解决上述研发目标,相反,学者们认为诸如技术绩效评价、发明经济价值评价等内容远无法达到解决实际应用场景需求的要求。究其原因,当前专利信息分析面临了以下 4 个方面的挑战。

首先,专利信息分析的挑战来源于专利数据自身,即专利作为一种源数据自身的问题。具体包括以下 5 个方面:①不是所有发明都能获得专利;②技术领域对专利信息源产生的影响;③各国专利法律和惯例的差异限制了跨国数据的可比性;④专利数据分布方面存在显著的偏态;⑤时间因素对于专利数据的复杂影响。针对该问题我们能够采取的策略包括:一方面,对专利信息保持一种谨慎态度,尽可能避免在源数据采集环节产生不必要的偏差,从而影响最终分析结果的可信度;另一方面,期待在未来技术条件成熟的情况下,专利局能够利用有效的文本挖掘、人工智能技术改进专利源数据的质量。相关的例子可以参考 2015 年美国专利局对原始专利权属转移数据进行深度加工的案例报告[4]。

其次,专利信息分析的深度也在一定程度上受限于数据框架的局限,从源数据到格式化数据(如关系型数据或非关系型数据)转化过程造成的信息遗失。这种信息遗失体现在两个方面:一方面,格式化数据自身的缺陷,在对异质(多实体)、多维(多关系)复杂信息在提取过程中导致的信息遗失；另一种更为普遍的情况即复杂信息中的某些字段由于缺乏具体的应用场景，或者是信息提取手段的局限，因此，尚未将关键的数据导入当前的数据框架中来[1,5]。PATSTAT（Worldwide Patent Statistical Database，全球专利统计数据库）是一款在经济合作与发展组织（OECD）的倡导下，由 EPO 欧洲专利局主导开发的，面向统计决策的专利数据仓库产品。该数据库很大程度上代表了当前关系型专利数据库发展的趋势，其数据框架（Schema）上的不断进展、修正过程实际就体现了专利信息分析不断深入的过程。另一方面，当前非关系型数据库（NOSQL）在全文检索、语义挖掘、知识图谱等方面体现出越来越多的新进展，未来可能在一定程度上改变当前专利信息分析的基础数据架构，体现出更灵活、更敏捷并具有逻辑推断能力的特点，如当前有利用 Neo4j 数据库来改进专利的语义表示方法[6]，也有相关文章分析了 NOSQL 数据库架构在专利信息分析尤其是战略决策方面的作用[7]等。

再次，数据表示是由专利数据进入专利信息分析的关键转化环节，它在一定程度上决定了专利信息分析对于复杂问题解决程度的上限。专利信息的数据表示经历了若干个关键阶段：早期主要是针对属性特征的数据表示，即专利信息分析主要是利用指标来表示待度量的专利特征；随后，数据表示进入了网络表示阶段，Morris（2008）提出了一种针对论文信息集合（Collection of Papers）的分析框架，该分析框架能够对复杂专利信息进行多维度的分析。以该分析框架为基础，整个专利信息分析的维度被极大扩展了。Morris 分析框架虽然能够有助于我们从不同视角观察复杂专利信息，但仍存在一些不足，具有较大的扩展空间。这种网络数据表示方面的不足表现在：①网络的多重性（Complexity）。Morris 分析框架主要是将不同观察视角作为独立网络来进行网络表示，学者们进一步提出利用超邻接矩阵（Supra-adjacency Matrix）来表示网络的多重性，其优势在于：超邻接矩阵能同时包含对于 3 种类型关系（网络内连接、网络间连接、网络间耦合关系）的观察。②网络的异质性（Heterogeneity）。Morris 分析框架包括了对异质性的考量，但由于其主要是从矩阵层面来考虑这个问题，因此，其对于异质性的网络表示往往受限于两类异质实体，而新的元路径方法则通过图路径搜索的方法来表示由多个异质实体所构成的关系模式。

最后，多视角融合及统计推断等分析方法缺失在一定程度上限制了专利信息分析的深入。网络表示方法的扩展为专利信息分析打开了一扇大门，提供越来越丰富的观察视角，以此为基础，图论、网络分析发展的一系列分析工具、算法就可以快速地嵌入专利信息分析中来，极大促进了当前专利信息分析的发展。然而，随着研究的深入，面对复杂专利信息时，专利信息分析方法往往仍力不从心，核心表现为以下两个方面：一方面，如何通过融合多维度观察视角来获得更加完备的网络分析方法，专利信息的研究往往是针对某一时间截面上的单一主体、单一关系来开展研究的，典型的分析如静态时间截面下的共词关系网络、引用关系网络、合作关系网络等，即将复杂的网络关系转化为线性属性特征或者二元关联关系（矩阵）来开展分析的。之所以早期的研究者倾向于上述研究方法，主要囿于早期研究工具、计算能力的不足，但上述分析方法很显然破坏了信息的丰富性与完整性，研究结论也会存在较大的局限性。另一方面，如何对复杂专利数据的形成过程进行统计推断，从而更深刻地理解网络形成规律，而不仅仅停留在探索统计阶段。当前，针对专利信息的网络分析方法主要是采用描述性统计（利用网络指标）及图形可视化方法识别网络中核心的模式，很少采用网络统计推断来判别网络模式形成的因果关系问题。随着网络统计方法研究的深入，开始有越来越多的网络统计推断方法被引入专利信息分析中来，因果推断的引入对于未来专利信息分析的深化具有重要的意义。

1.2 研究意义

本书从专利信息分析的复杂性视角出发，梳理了当前专利信息分析所面临的4种挑战，即当前在数据源、数据架构、网络表示方法、分析方法上的不足限制了专利信息分析在解决实际分析情景过程中所发挥的作用，进而提出可以采用多视角观察获得对复杂专利信息的多关系网络，并将这些关系网络进行有机融合实现对专利网络结构的深层分析。以上述思路为基础，本书结合理论阐述与实践验证两个方面，展现了该方法如何应用到技术竞争情报、技术评价、技术发现等领域。其理论和实践意义具体表现在以下3个方面。

（1）丰富了专利信息分析的理论体系

专利信息的复杂性决定了研究专利问题需要从多个关系层面共同进行观察。专利信息中存在着多重关系，源于专利数据的引用关系、共现关系、合作关系、共词关系、相似关系。单一类型的分析方法其实质是对专利信息不同层面的表征，无法对层次间的联系进行描述。实际上，技术问题的演化取决于多层面因素的共同影响。一些研究者尝试将不同关系结合起来进行研究，并取得了一系列有益的进展。网络分析方法的成熟为研究大型专利网络结构特征提供了行之有效的思路。网络的立体化视角可以更全面映射科学和技术的进化本质。当前科学计量学领域围绕多视角观察形成了一系列研究方法，诸如 Morris 论文信息集合框架、学术网络、元网络、异质信息网络、指数随机图模型等方法，这些方法均是从整体框架层面来探讨如何改进当前复杂科技信息分析（包含论文、专利等）的系统性问题。因此，本书的一个初衷是将上述框架中的内容有机地纳入专利信息分析的框架中来，并建立适合专利信息分析情景的分析工具，推动专利信息分析的科学化、系统化。

具体而言，本书在丰富专利信息分析方法体系方面的贡献主要有以下几点。首先，在理论方面，本书从文献层面系统梳理了解决科技信息分析复杂性问题的各种框架、思路，在此基础上，参考 Morris 论文信息集合框架，提出了专利信息集合框架（参见 4.4 节）；参考指数随机图模型框架，提出了可以适用于专利引用关系形成的随机网络配置框架（参见 4.4 节）；总结了进行关系融合的 5 种网络表示方法（参见 6.4 节）；介绍了其他学科在关系融合方法的核心进展，尤其是关系融合下的相关性与社群发现问题（参见 6.5 节和 6.6 节），上述工作为未来探索复杂性视角下的专利信息分析指明了理论路径。

（2）通过案例展现如何在复杂性视角下开展专利信息分析

如前所述，当前专利信息分析处于一个关键时期：一方面，过往的研究已经充分展现了专利信息分析的可能性（参见 2.2 节）；另一方面，当前学术界普遍认为专利信息分析尚无法满足诸如技术绩效评价、发明经济价值评价等实际应用场景需求的要求（参见 2.3 节）。其中，解决问题的关键就是需要采用复杂性视角来认知、分析专利信息，并采用更有效的方法将多视角观察的关系进行融合从而获得对复杂专利信息更深刻的洞见。以该目标作为出发点，本书通过5个案例探索了如何将多视角观察获得的多个关系网络，通过5种融合方法，包括指标融合（参见第7章）、多重关系融合（参见第8章）、正则均衡融合（参见第9章）、指数随机图模型融合（参见第10章）、元网络融合（参见第11章），实现对复杂专利信息的分析。上述研究展现了复杂性视角下开展专利信息分析的过程，对提升当前专利信息分析提供了可参考的案例。

（3）有利于技术创新战略的制定与管理

技术创新战略是创新主体面对动态的外部环境赢得竞争优势的长期性、根本性战略。对竞争态势的分析和对技术前沿的判断是制定技术创新战略的4项主要依据中的2项依据。从网络视角来看，技术创新过程表现出由"节点"与"关系"构成的多重网状结构，这些"关系"可以是创新主体间的合作研发关系、知识流动与技术演进关系、产业链上下游间的互惠关系等。技术竞争的主体在专利信息中体现为专利权人。在以专利为表现形式进行技术创新活动的描述过程中，采用单一网络视角的分析，会对整个创新网络结构理解不完整。本书将从实际需求出发，提出基于多重关系整合的专利综合网络模型，根据应用需求选择分析方法与指标，对技术竞争态势、技术前沿趋势等方面进行实证研究，能够更全面地描述竞争态势，识别技术领域内部结构层次特征及外部关联特征（技术吸收、技术溢出），监测技术动态演化规律，可以为政府相关部门科学制定和实施技术创新战略及相关政策提供参考和依据，因此，具有重要的理论意义和积极的现实意义。

1.3 术语及概念

自20世纪50年代以来，专利信息分析经历了相当大的发展，采纳了包括文献计量、经济计量、网络科学、机器学习等多学科的知识、概念。对于这么一个快速发展的学科而言，术语丛林是无法避免的事情。有时一些术语其实是一个意思，而有时有一些术语则同时可能包含很多不同的意思。这里我们对本书中容易混淆的概念、术语做了一个统一的梳理和辨析，以便于读者理解。

(1) 专利网络分析

专利网络分析是以专利信息为数据源，以专利信息之间的关联关系为研究对象，借鉴网络科学的相关理论、概念、指标、方法，应用于专利分析过程的分析方法体系。与传统的专利指标分析中以属性特征为研究对象的分析路径不同，专利网络分析更强调对于专利信息之间实体间关系（如引用关系、合作关系、共现关系等）的研究。随着社会对整个创新思维模型认知的变化，研究人员认识到单一的以属性特征为基础的线性分析方法已经无法满足人们对于复杂技术现象的认知需求，于是专利网络分析逐渐成为专利信息分析中的主流；专利网络分析与传统的分析方法具有同源性，例如，引文分析和引文网络分析都是受到图论思想的启发，采用专利代表节点、引用关系代表连线的方式来表示；网络分析的一系列理论、术语、方法为专利信息分析提供了深入研究的工具，使得专利信息分析研究的广度与深度大大扩展[8]。

(2) 网络结构分析

专利网络分析的主要方向与网络研究的方向是一致的，即结构与动态问题。通过观察与整体网络的结构性质对应的变量，我们能够深入地分析专利网络内部的技术组成结构、技术认知结构、技术交流结构等，而这些分析是单纯的属性变量无法做到的。通过对于网络的纵向切片，可以将这个网络按时间演化关系切分为若干个单一层面的网络，也可以获得对整体网络动态演化过程的分析。因此，网络结构分析是整个网络研究的基础，也正是本书所着重关注的部分。

(3) 多视角观察

多视角观察（Multi-view）是数据挖掘中的一个概念。多视角观察强调在分析复杂对象时，我们通常会同时获得多个观察视角，例如，网页信息可以根据网页内容信息（文本信息）和链接信息进行分类；图像信息可以根据其色彩信息或纹理信息进行分类等。实际上专利信息也面临同样的问题，即我们可以从多个视角对同一专利数据集合进行观察获得不同视角的观察，这就被称为多视角观察。多视角观察概念的核心并不限于多视角,而是希望强调研究人员应更关注这些通过不同视角观察获得数据切面之间的潜在关联性,当然这种关联性可以是一致性也可以是互补性[9]。多视角观察强调的是分析视角,与具体的分析方法无关。

(4) 复杂关系类型概念示意

关系是指专利信息集合中不同实体(专利权人、专利文献、专利分类号等)之间的关联关系(合作、引用、词共现、隶属),包含隐性关联和显性关联(如直接关系、间接关系、衍生关系等)。多类关系(二模或N模)网络、多重关系网络、多层次网络、多层网络、异质信息网络都是随着网络科学不断深入涌现的术语,这些术语都在一定程度上刻画了一种专门的复杂关系类型。

多类关系网络(Multi-type Networks)关注的是异质网络,即网络节点分属于不同实体,类似于社会网络中的隶属网络概念,也被称为二模网络或者多模网络,如图1-1所示专利与发明人的关系就是一个典型的二模网络。

多重关系网络(Multi-relationship Networks)的概念最早来源于社会网络分析,关注的是同一实体间存在的不同关系,如行动者群体之间同时存在朋友关系、同事关系等,如图1-1所示发明人之间就同时存在引用关系和合作关系。

多层次网络(Multi-level Networks)是在多类关系和多重关系上的自然延展,其同时考虑3种关系,即每一层网络之间的内在关系,以及不同网络层次之间的相关关系。如图1-1所示,发明人之间的合作关系、技术领域间的术语相关关系是2种内在关系,而发明人与技术领域之间也存在隶属或者多类关系[10]。

多层网络(Multi-layer Networks)是在多层次网络基础上的进一步延伸,即将关系类型进一步区分为网络内连接(Intralinks)、网络间耦合关系(Couplings)及网络间连接(Interlinks)3种,这里较之前多层次网络增加的主要是网络间耦合关系,网络间耦合关系的增加对于时序网络分析的作用较为显著,使得研究人员获得了一个进行比较观察的独特视角[11]。如图1-1所示,发明人、技术领域之间存在基于合作关系或者相似关系的网络内连接,同时发明人、技术领域之间可能存在网络间连接的关系,

第 1 章 绪　论

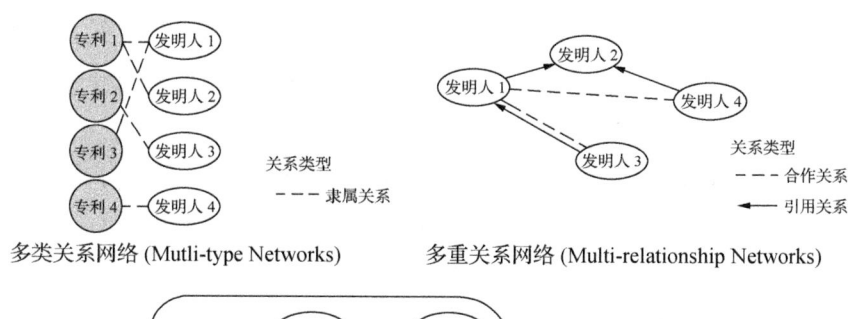

多类关系网络 (Multi-type Networks)　　　多重关系网络 (Multi-relationship Networks)

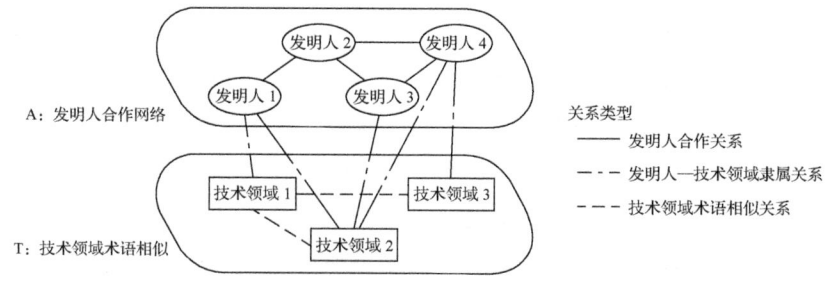

多层次网络 (Multi-level Networks)

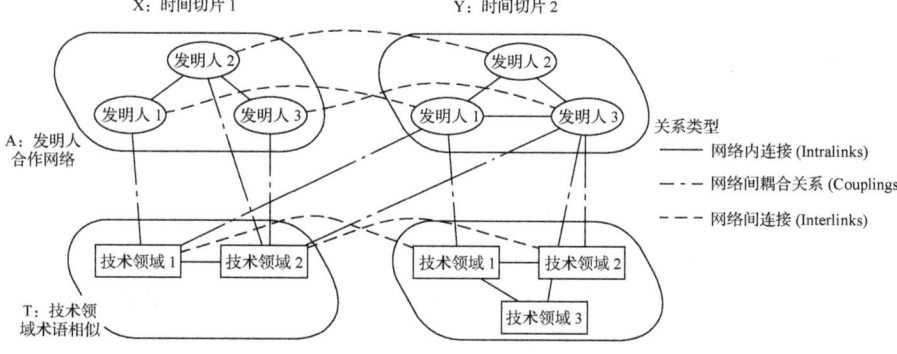

多层网络 (Multi-layer Networks)

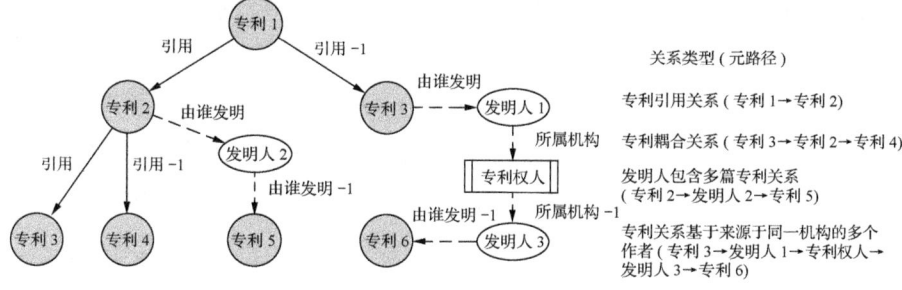

异质信息网络 (Heterogeneous Information Networks)

图 1-1　几种易于混淆的复杂关系概念的示意

当然，考虑了时间变量后，在不同时间切片上，网络内连接可能出现持续和不持续2种情况，而网络间连接也会出现跨越时间切片的耦合关系，此时这种关系既可能是相关关系，也可能是因果关系等。

异质信息网络（Heterogenous Information Networks）是通过将不同的关系和实体通过组合建立具有某种特征模式的元路径来实现对网络结构特征的挖掘[12]。如图1-1所示"专利3—专利2—专利4"表示一条元路径，该元路径可以用来挖掘专利之间（专利3和专利4）的专利耦合关系，当然，专利耦合关系上面所提到的各种网络都可以描述，关键是元路径可以用来描述更为复杂的，包含多类实体和多类关系的模式，如"专利3—发明人1—专利权人—发明人3—专利6"则可以用来表示专利之间基于来源于同一专利权人的多个发明人之间的关系。于是，异质信息网络通过引入元路径模式，极大地丰富了信息分析的维度，使得之前很多难以分析的复杂局部模式可以通过元路径进行表示，并以此为基础进行深入的定量分析。

（5）关系融合方法

关系融合（Relation-based Fusion）方法。如前所述，专利信息分析需要采用多视角观察的方法对复杂信息进行全方位、多层面观察，但多视角观察仅仅是提供了更丰富的数据源及不同维度的支持数据，仍需要通过一定的方法将多视角的数据有机集成起来，才能为专利信息分析的深入洞见提供支持。通常而言，之所以采用关系融合主要是基于2种原则：互补性原则和一致性原则，互补性原则是指多视角观察的信息之间互相补充，于是关系融合能够使得数据更为全面与完整；一致性原则是指不同视角观察获得的数据本质上都是对同一事物的真实刻画，这些数据所反映出的复杂信息的本质是一致的。

另外，关系融合是数据融合的一个分支[13]，所以选择关系融合主要考虑本书中所关注的主要方法都是围绕同一实体中的多关系展开的，对于异质性（不同实体之间的单一关系或多关系）的考虑较少，因此，本书采用了关系融合这一概念。

第 2 章
当前专利信息分析面临的挑战

2.1 专利信息的特点

专利信息长时期以来一直作为一种独特的信息资源被广泛应用于科技评价活动中。早在 20 世纪 50 年代，美国学者 Schmookler 就将专利数量作为一种测量特定行业技术发展变化的指标应用于科技评价。1985 年，经合组织召开了一届关于新型科技指标的研讨会，在那届会议上，专利统计指标成为多个报告的主题，而且从此之后专利指标越来越多地出现在科技出版物中[14]。进入 20 世纪 90 年代后期，Griliches（1990）发表了一篇经典的论文对当时存在的专利信息统计方法进行了系统的评价，之后不久，Karki（1992）又系统地对 CHI 提出的专利指数进行了归纳总结。正是在这个背景下，OECD 首次出版了专利手册（1994）[3]。在此之后，专利分析进入了大发展时期，新的分析方法、指标不断涌现，更多庞大且精细的专利数据被贡献出来用于学术研究，专利分析工具与可视化工具获得较大发展，专利分析成为科技战略决策不可或缺的一个环节[15]。

要理解专利，首先需要了解其作为一种产权保护机制是对企业、机构或个人所做发明创造的一种保护手段，因此，作为专利这种产权保护机制对象的客体——发明创造，就是技术评价中最为关心的对象，专利天然就被视为对发明创造进行评价的一个替代指标。在实际分析过程中，学者发现专利数量不仅能够反映创新主体的发明创造的数量，很多时候也从侧面反映出企业其他相关绩效的情况，如生成率、市场份额等因素，即专利指标与企业的整体竞争优势存在某种程度的相关性。如果将分析视角深入到更为丰富的专利著录信息，利用统计分析的方法就能够为我们理解创新过程提供各种丰富的观察视角，例如，技术绩效、新兴技术、知识传播、人才流动、技术的经济价值等。如果还能更进一步深入到专利的技术文本（专利说明书）中，通过文本挖掘技术获取技术网络，则技术演化、技术轨迹就能够以更清晰的方式呈现在我们面前，从而助推企业的技术研发。又如，专利总是由一定的组织构成的社群所持有，那么通过专利数据就可以观察到企业间的联合、跨国流动、研究团队规模、技术溢出轨迹，这都能够帮助我们理解知识的轨迹及其影响[16]。

专利信息之所以被频繁地作为技术评价、科研绩效的评价工具，与其所具备的以下优势密不可分。

①专利覆盖的技术范围很广，而对于其中有些技术内容而言，专利是其主要的数据来源，如纳米技术等。

②专利与发明之间具有紧密的联系，不论经过研发过程与否，通常重要发明都会经历专利过程。

③每一篇专利文献都包含了大量的发明过程的细节，包括对发明过程的完整描述、发明所涉及的技术领域、发明人信息（姓名、地址）、申请人信息、专利引文及非专利引文信息等。对于专利分析人员而言，这些数据是巨大的，当前全球共有约1亿条的专利申请，这些信息可以比较全面地展现发明的技术进展情况。

④专利数据的时空覆盖面是独一无二的。在任何存在专利系统的国家，专利都是公开可获得的。尤其是有些国家将专利信息进行了电子化处理或者深加工，使研究人员可以轻易追溯几十年甚至上百年的技术变革过程。

⑤专利数据比较容易获得，相对于其他信息源而言，由于专利局及相关组织、企业对专利信息进行大量的清洗工作，使得专利分析人员的清洗任务变得相对轻松[3]。

与其他信息源相比，专利信息在格式的规范性、可获得性、集成化程度及可检索性上都显著优于学术期刊论文、硕博士论文及产业界相关文献，专利信息在数据加工的深度与覆盖范围上也都超过了当前的市场信息、产经信息、法律信息等内容[2]。

2.2 专利信息分析的可能性

专利信息分析究竟能够做什么？这是一个困扰学术界的关键问题。这个问题的难点在于：看似触手可及，但实际上又遥不可及。说触手可及是说《经合组织专利统计分析手册》中明确指明了专利信息分析（专利统计分析）的可能性。统计分析手册中关于这方面的概括非常全面、详细，从理论的视角梳理了通过组织哪些专利数据、分析指标就可以达到何种的分析目标，其归纳了13项研究目标（研究主题），基本上较为全面地概括了专利信息分析的实际应用场景和对应的现有研究状态。这13项研究目标如下。

①技术绩效评价。专利信息可以被用来检测公司、机构、区域及国家的技术绩效。对比其他的科研产出指标，如科研论文，专利信息与技术发展过程贴合地更为紧密。因此，也是一种适合对技术发展过程进行评价的工具。专利信息有助于跟随技术标杆企业，对企业进行行业定位并随时追踪其动态变化情况。作为技术绩效的指标，专业技术和地理区域层次上的优势分析可以帮助政策制定者识别在国际或国内创新系统中的优势和弱势地区[17]。

②新兴技术预测。以专利为基础的指标是一种独特的方法，而且很多时候是唯一的方法——可以用于追踪新兴技术。可以利用关键词或摘要或专利说明书内容构建特殊的技术领域。这些包含在专利里的细节信息可以帮助研究人员识别这些技术领域的主要公司和机构的行为、发明模式（内部协作还是外部合作）及技术集群等[18-20]。

③知识扩散与技术动态演化。由于专利信息提供了充分的关于发明如何被创造出来和现有技术情况的信息。因此，专利就是一种可靠的知识转移测量工具。专利引文提供了新的技术如何利用以前技术的详情，于是可以通过专利引文来辨识出特殊发明的影响或者发明的特殊集群，并通过图形化方式展示技术之间的扩散特征。专利引文和非专利引文是一种非常有效地识别组织、区域乃至技术领域之间知识转移的工具[21-23]。

④发明的区域特征。专利发明人与申请人的姓名与地址信息都包含在专利著录信息之中,分析人员可以根据某种区域筛选的粒度标准对专利进行分类。因此,专利数据可以被用于研究发明过程的地理属性特征。例如,机构或者国家的行动者(包括发明人、大学、机构、公司等)之间的互动、渗透及相互影响[24-25]。

⑤创新与技术社交网络。专利信息可以用于追踪发明人个体的职业发展与绩效情况(如发明人所从事的技术领域、工作区域及所属的公司情况),也可以用于分析发明人之间的技术合作创新网络[26]。

⑥发明的经济价值。一项发明的价值是其经济效果的重要反映。专利信息为观察专利价值提供了必要手段,如前所述,一项专利的价值和引文数量及质量存在一定的关联关系[27]。可以通过将相关专利价值进行组合的方式来进行专利分析。同时通过匹配公司数据中的专利申请人姓名字段,可以进一步将专利数据和其他经济数据(如股指数据、企业会计数据等)联系起来[28]。

⑦研发人员的绩效与流动。由于专利文本中包含了发明人的姓名信息,因此,就可以通过该信息从个体层面获取研发人员的创新绩效。在海量数据中识别发明人的姓名并不是一件容易的事情,提取发明人姓名信息通常需要进行大量的数据清洗工作。这些信息可以被用来研究公司层面、国家层面、技术领域层面研发人员的流动性问题,同时,也可以分析合作创新问题[29-30]。

⑧大学对于研发活动的推动作用。可以利用专利信息中的专利数量及被引频次等指标来观察大学的影响力,也可以通过某一领域专利中所包含的非专利引文数量来观察大学对研发活动的影响[31-32]。现在,很多国家的评价体系中都将专利指标纳入科研机构的评价体系。

⑨研发活动的全球化水平。专利信息中包含了跨国公司的发明行为及行动信息,因此,通过申请人和发明人的地址,就可以追踪国际研发合作的类型与密度(测量不同发明人之间的研发合作),以及本国专利的外国专利权利人持有情况[33]。

⑩公司的专利申请战略。专利申请信息也包含在专利文本中,该信息揭示了发明申请的过程信息。例如,申请国家、专利家族、优先权日期等

信息有助于识别专利权人的专利战略[34-35]，尤其是可以观察到企业更关注哪些国家的市场及它们对这些市场重要性的评价[36-37]。

⑪评价专利系统的效率。专利数据也可以用来评价现有专利系统对发明和知识扩散的影响效果、程度及方式问题。这种效果有时并不一定是正向的，可能也存在负面的影响（如技术封锁、阻碍等），那么这种负面影响的程度与方式又是如何[38-39]？同时，什么样的专利政策与措施能够推动国家经济发展？

⑫预测专利申请。专利中包含的时间信息可以用来预测未来时间可能的申请数量与授权数量，这种预测对于专利局的财政预算及审查工作量安排都是有帮助的[40]；同时，利用专利申请预测也可以观察具有哪些特征的专利更易于被授权及持续更长周期[41]。

⑬监测专利系统的内部工作。专利信息可以用来分析专利系统内部的运行状态。如公司的专利申请数量，以及专利局的运作方式等[42]。

上述13项研究目标详细梳理了专利信息分析用于统计分析、创新评价的具体应用场景，指明了专利信息分析的可能性。当然，由于本书主要是从专利信息分析应用于统计分析、创新评价这个具体视角出发，可能有些涉及专利文本、专利检索、专利图像识别的具体应用并没有纳入进来，感兴趣的人员可以参考如下几篇相关的专利进展综述[15,43-45]。

然而，从实践来看，当前的专利信息分析并不能很好地解决上述研发目标，相反，学者们认为诸如技术绩效评价、发明经济价值评价等内容远无法达到解决实际应用场景需求的要求。究其原因，当前的专利信息分析面临以下挑战。

2.3 专利信息分析面临的挑战

专利数据是复杂的，因此，针对这种复杂数据的信息分析就不可避免地具有复杂性，这种复杂性至少表现在5个维度：①专利信息分析对应实体（Entities）是多样的，如2.2节所言，根据不同的分析目标，专利信息分析的实体既可以是专利、专利权人、发明人，也可以是技术主题、国家、地区等；②专利信息分析中所关注的关系类型也是多样的，如不同实体之间可能存在不同的关系类型，又如主题、术语、关键词之间的共现关系，专利权人与专利发明人之间的隶属关系，专利与所属国别、地域之间的地域分布关系等；③专利信息分析的对象始终是存在于具体的时间范畴之下的，很多关键的研究与时间因素有着不可分割的关系，如发明人流动、技术溢出、新兴技术预测、技术演化轨迹等；④专利信息分析视角的多样性，如对于企业技术优势的评价需要综合企业在技术创新方面、技术垄断、技术利用等方面的观察视角，又如对于技术发展轨迹的研究同时需要考虑主要技术参与方、现有技术情况及语义层面的技术关联性；⑤专利信息分析方法的多样性。当前用于专利信息分析的方法非常多，但这些方法往往是从某一种具体问题出发，针对具体的数据结构特点，建立的以单一实体、单一关系、截面数据为基础的分析方法（无论是针对引文分析还是文本挖掘），但随着研究者对专利信息分析复杂性认知的加深，针对复杂专利数据开展综合性分析正在成为主流。

通常而言，面对复杂数据或者复杂系统，我们通常采用以下流程（图2-1）展开分析：首先，是针对原始数据进行采集；其次，考虑源数据及分析目标的需求确定数据架构是采用何种数据存储方式，这其中已经包含对数据深度的理解、建模与加工过程，不可避免对后面的分析结论会造成影响；再次，在数据库中通用数据的基础上，研究人员需要通过概念、变量、参数等内容建立实体数据与网络模型之间的桥梁，因此，也是整个复杂数据信息加工过程的核心；最后，网络分析方法对通过网络表示获得的数据形式，形成能够检验研究者目标的研究结论，当然这其中需要包含很多具体步骤。

因此，根据图2-1，我们将当期专利信息分析面临挑战归纳为以下4个方面：①源数据的缺陷，即专利源数据自身的缺陷；②数据架构的局限，是指从源数据到格式化数据（如关系型数据或非关系型数据）转化过程中造成的信息遗失；③网络表示的局限，是指将格式化数据转化为适合于大规模计算用数据（图数据、矩阵、张量）过程造成的信息遗失；④网络分析方法的局限，主要指当前分析方法在解决多维度、多关系、异构数据分析上面临的不足。

第 2 章　当前专利信息分析面临的挑战

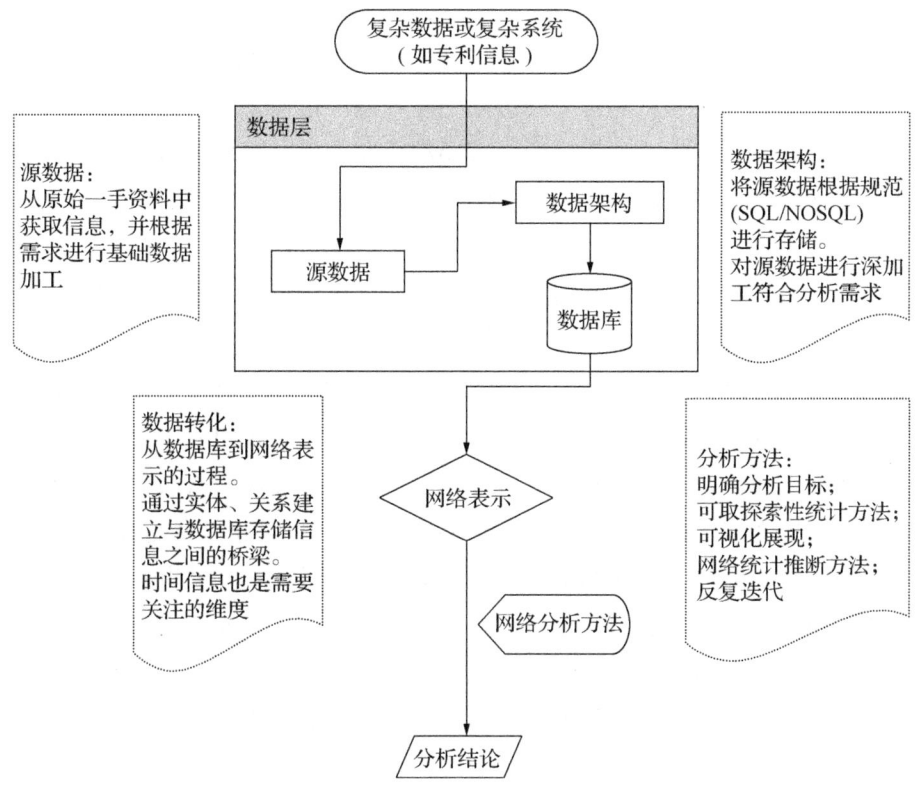

图 2-1　复杂数据（系统）的网络表示流程

2.3.1　源数据的缺陷

专利源数据的缺陷很早就被研究人员所知悉，具体包括以下几点。

①不是所有发明都能获得专利。一些潜在经济价值不高的发明，由于考虑到申请成本，很可能不会去申请专利保护。根据各国专利法要求，一些只有很小贡献的发明或非技术性发明无资格申请专利。最后，出于专利战略性考虑，可能会导致发明人选择替代性的保护，如保密、商业秘密等，这样专利数据就未反映出这些发明的特点。

②技术领域对专利信息源产生的影响。在某些特殊的领域，如化学、医药领域，专利被视为研发的相应回馈，很多专利通常尽量去创造强大的垄断范围。相反，在电子和通信设备领域，知识产权则显示出更为零散和

分布不均的情况[46]。例如，某一产品可能包含几百项专利，每一项专利本身并不具备多高的价值，这些领域就是所谓的"复合技术领域"，专利申请人更可能会在与竞争对手的协商中将专利申请作为一个整体的战略协商内容，而不是作为一个保护产品市场的机制。专利申请的价值在于通过大量专利的聚集达到保护专利的垄断权利以促进战略行为的目的，如交叉许可协议等[47]。

③各国专利法律和惯例的差异。这种差异也限制了专利数据在进行跨国专利信息的可比性。这种差异会对专利引文数据、专利法律事件信息、专利权人等信息产生较大影响。例如，美国专利局与欧洲专利局在专利引证责任的设置上采取了不同的模式，在不同模式下专利审查员的专利引用行为并不相同。在美国专利引证责任制度下，虽然专利审查员与专利申请人引证同样文献的情况经常发生，但专利审查员的任务通常是补充性的，而不是对专利申请人引文的重复。根据 Meyer 的研究，专利审查员对专利引文的作用是相当明显的，他可以选择保持、增添，甚至是放弃原先由专利权人或者专利律师提出的专利引文[48]。

④许多研究显示专利价值的分布呈现为较显著的偏态。许多专利并没有后续的产业应用，因此，从这个角度而言，这些专利并没有产生或者仅产生了极小的社会价值。当然，有一些专利的价值是十分高的。不过，专利信息的揭示义务丰富了整个社会的思想宝库，为社会提供了一笔宝贵的财富。这是由于专利价值之间存在巨大的差异性，使得简单的专利数量统计可能会导致偏差的结论。这个问题并不仅仅只出现在专利信息中，而是整个技术发明过程中一个特征的反映，例如，在研发成本上也存在类似的问题，即大量的投入仅获得较小的收益，但有时也会获得重大的收益。

⑤时间因素对于专利数据的影响。近年来，随着产业界、学术界对专利信息越发的看重，专利所覆盖的技术范围越来越广，一些以前不能申请专利的技术如软件、基因序列现在也纳入了专利数据的范围。另外，由于专利局的政策激励、限制因素也会对不同时间点前后的专利数据产生显著影响，如影响专利施引、专利申请数量、专利技术转移等。

因此，我们需要对源于复杂技术、经济、法律行为过程的专利信息保持一种谨慎态度，尽可能在避免在源数据采集环节产生不必要的偏差，从而影响最终分析结果的可信度。这也是为什么当在进行数据分析及对结果进行解释时要考虑这些因素，也只有充分考虑了这些因素，才能够尽可能地避免结论出现偏差。例如，对于专利价值所呈现的偏态分布问题，可以通过对引文赋予权重的方法，或者选择具有相似价值的专利子集来解决。同样，要克服跨行业、跨区域专利数据存在的倾向差异时，研究者需要对相关的行业或者区域进行限定，或者采用对相关数据赋权值的方式进行。

2.3.2 数据架构的局限

数据架构的局限，是指从源数据到格式化数据（如关系型数据或非关系型数据）转化过程造成的信息遗失。这种转化过程中的信息遗失，主要有2种情况：一是格式化数据自身的缺陷，在对异质（多实体）、多维（多关系）复杂信息提取过程中导致的信息遗失，往往是由于关系数据库自身的限制所导致的；二是复杂信息中的某些字段由于缺乏具体的应用场景，或者是信息提取手段的局限，因此，没有被纳入专利数据架构中来，这种情况更为普遍。

PATSTAT（Worldwide Patent Statistical Database，全球专利统计数据库）是一款在经济合作与发展组织（OECD）的倡导下，由EPO（欧洲专利局）主导开发的，面向统计决策的专利数据仓库产品（表2-1、图2-2）。该数据库的源数据主要来源于欧洲专利局的另一个数据DOCDB，DOCDB是一个由XML数据构成的全球专利题录信息。而PATSTAT则是在DOCDB基础上构建的以专利申请为中心的关系型数据库，其在数据层面上的进展实际就体现了专利信息从简单到复杂演化的一个进展。上述PATSTAT数据库的具体修订过程，详细展现了从源数据到格式化数据（如关系型数据或非关系型数据）的转化过程并不是一个一蹴而就的过程，而是根据研究问题、研发方法的深入不断修正、完善的过程（表2-1）。具体而言，当前PATSTAT数据库在解决数据框架方面面临的2个主要问题是：①更全面的涵盖专利数据，这一方面包含更多国家、区域或国际组织的专利信息；另一方面是指应包含更加全面的专利信息（字段），如专利权人、发明人、申请、公开、优先权号码信息，以及引文关系、家族关系、法律事件等因素。②应对数据集成方面的挑战，包括专利家族与优先权关系的数据集成、人名信息与地址信息的数据集成、专利人名信息的清洗与消歧等。即便 PATSTAT 数据库在数据框架上进行了大量的努力，但专利信息分析在数据框架上仍面临不小的挑战，例如，当前专利所覆盖的技术范围越来越广，一些以前不能申请专利的技术如软件、基因序列现在也纳入了专利数据的范围；随着数据加工能力的提升，很多早期存在但无法提供的信息也逐步纳入专利信息分析的范畴，例如，就专利引文而言，专利审查员标识、非专利文献的类型、专利引文类型等信息的加入都不断扩张了专利信息分析的深度。

表 2-1　Patstat 数据库的补充、修订、更新进程

年份	新增表及字段信息
2005 年	原始数据库
2006 年	增加专利引文以及非专利引文数据
2007 年	补充 IPC 中的版本标识
2008 年	补充 2 种专利家族信息
2009 年	修订专利人名信息；扩大专利数据覆盖范围
2010 年	信息 ECLA 分类表；新增引文来源、首次授权公开号字段；新增 IN-PADOC 法律事件数据表
2011 年	设立 appln_id 标识符；新增日本、美国专利分类表
2012 年	新增权利要求项数量及建立识别 PCT 专利标识
2013 年	将 EP 注册信息作为人名、地名信息的数据源；新增 epodoc_nr 增强与 Espacenet 的联系；新增人名的唯一标识符
2014 年	新增国别表；新增法律事件代码参考表；publn_id 作为稳定唯一标识符
2015 年	新增原先存在与 Patent Online 的预统计信息；对部分表如 nace 进行了调整；新增了专利家族引文表
2016 年	通过对 tls201_appln 进行细分，有利于判定专利的阶段；新增 EE-PPAT 人名清洗结果；新增区域信息；新增技术关联关系表

第 2 章　当前专利信息分析面临的挑战　21

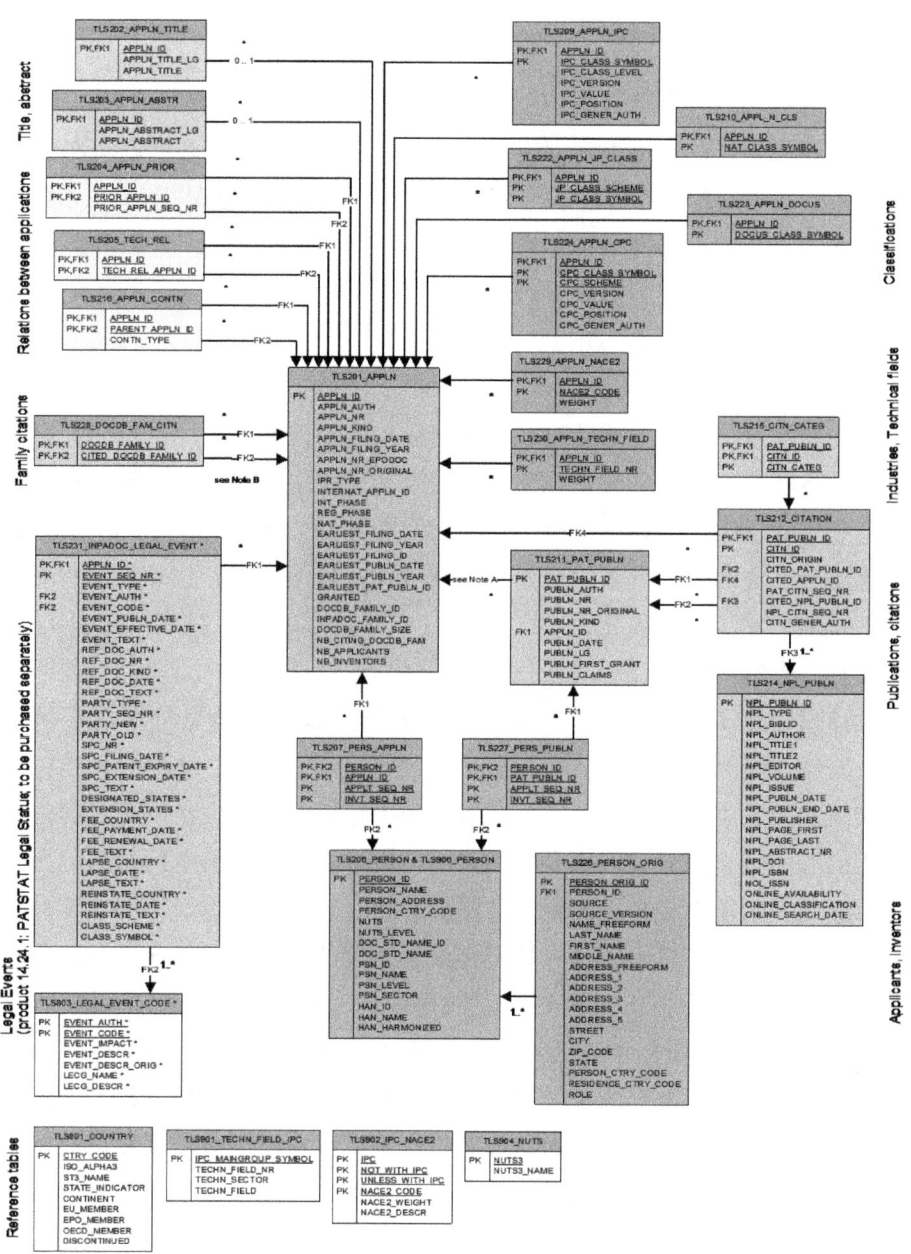

图 2-2　PATSTAT 数据库的逻辑模型

注：参考 Data Catelog-Patstat Global 2016 Autumn Editiom.

2.3.3 网络表示的局限

网络表示是由专利数据进入专利信息分析（尤其是网络分析）的关键转化环节，它在一定程度上决定了专利信息分析对于复杂问题解决程度的上限。在早期的专利信息分析过程中，数据表示并不是采用的网络表示，而主要是针对属性特征的数据表示，进入 20 世纪后，专利信息分析才逐步转移到网络表示阶段。

数据表示经历了以下几个发展阶段。

2.3.3.1 针对属性的数据表示

专利信息分析的早期主要是利用指标来表示待度量的专利特征。通常做法是将整个复杂专利数据视为一个高维面板数据，通过对面板专利数据进行一定的上钻、下钻、分组、切片技术对待分析问题进行多维度展示，最终结合一定的数据度量方法如最大值（Max）、最小值（Min）、平均数（Average）、数量（Count）、独立数量（Unique Count）、排序（Rank）等来实现对专利数据的表示。

通过构建多维度测量指标来表示专利信息是专利信息分析的最初形态，其特点是易于开展，非常适合早期数据探索。因此，早期专利指标分析实践的最大贡献在于通过在不同数据中进行探索，极大扩展了专利信息分析的可能性。当然我们也需要注意指标表示存在某些天生的缺陷，指标表示形式受到了面板数据的限制，指标表示方式虽可以选择不同维度进行展示，但数据度量总是以某一特定字段为基础的，从这一点而言，每一个指标都是对一个待分析问题的独立数据表示，例如，专利前向引文数量（专利被引频次）指标本身就可以被视为一个独立测量专利质量的指标，同样，授权状态、专利家族规模、发明人数量、专利持续期、技术覆盖范围、权利要求数量、专利诉讼状态等指标都可以被视为对专利质量问题的一个独立的表示。然而，问题在于待分析问题通常是复杂的，指标仅考虑了单一来源的特征通常是不能够很好地解释待分析问题，同时，指标构建的过程也极大受到了新增数据字段的影响，没有新的字段就难以产生新的指标。

2.3.3.2 基础网络表示

随着研究的深入,学者们发现除了专利数据的属性特征之外,有些关系特征在一定程度上有利于待分析问题的解决。这种数据表示思路一方面来源于学者们早期的探索,如共被引网络、耦合网络的构建;另一方面也受到社会网络分析的影响,如提供了一套用节点来代表实体而用边来表示节点之间关系的社群分析方法。

基础网络表示最有代表性的学者是Morris[49-51],2008年他系统阐述了在制作学科知识图谱的过程中需要引入一种更加系统地针对论文信息集合(Collection of Papers)的分析框架。该框架本质上是主张通过构建实体关系模型来实现对复杂论文信息集合的多视角观察。论文中他同时考虑了7种实体:论文、术语、参考文献、论文作者、参考文献作者、论文来源期刊、参考文献的来源期刊。进一步,他将所有这些实体之间的关系类型概括为3种:直接著录连接(Direct Bibliographic Links)、间接著录连接(Indirect Bibliographic Links)及共现连接(Co-occurrence Links)。

根据论文信息集合框架,我们能够对复杂信息集合开展一个较为全面的分析,这里可以根据实体间关系类型的差异将所有的关系分为3个层面:①文献与其他实体之间的基于著录关系所建立的直接著录连接。例如,具体到文献与作者之间的关系,对应的关系表示为"某篇论文由若干作者完成",其所代表的关系含义是指研究者参与研究的情况;②主实体与关联实体之间建立的基于关联实体的间接著录连接。例如,主实体为关键词,关联实体为作者,对应的关系表示为"某位作者的研究由若干关键词构成",其所代表的关系含义是指作者研究成果涉及专业术语所代表的研究主题。③实体间基于文献(或者参考文献)所建立的共现连接。例如,作者间基于文献关系所构建的作者共现关系,对应的关系表示为"作者之间基于文献的共现",其所代表的关系含义是作者之间的论文合作关系;又如,作者间基于参考文献关系所构建的作者引文耦合网络,其对应的关系表示为"作者之间基于参考文献的共现",其所代表的关系含义是从作者之间通过共同参考文献展现的潜在合作关系。

比较指标分析与上述框架,不难发现整个专利信息分析的维度被极大地扩展了。首先,直接著录连接很大程度上保留了多维数据进行指标分析的特点，针对指标很多方法也仍适用于由直接著录连接构建的数据；其次，实体间基于文献（或者参考文献）所建立的共现连接及主实体与关联实体之间建立的间接著录连接，为我们提供了一种新的视角，即我们从原先关注单一实体的属性特征到关注实体间的关系视角的转换，这种转换带来的影响是巨大的。由于有了这种变化，专利信息分析就迅速扩展到了网络分析阶段，专利信息分析中的各种复杂问题，如影响力评价、基于相似的推荐及构建知识图谱问题，可以通过转化为网络分析中的中心度测量、相似性测量及子群划分问题获得解决，以此作为理论基础，也产生了一系列的网络分析工具，如 R 中的 Bibliometrix 包就是在上述思路的指导下构建的[52]。

2.3.3.3 网络表示的扩展

虽然论文信息集合框架已经为我们提供了一个系统的分析工具，使我们能够很方便地从不同视角观察复杂专利信息，但该框架在数据表示方面还存在一些不足，具有较大的扩展空间。这种数据表示方面的不足表现在以下几个方面。

①表示网络中的属性特征。社会网络分析的核心是网络关系，但在分析过程中，仅仅包含关系数据是不够的，还应该包含节点自身的属性数据。一个好的社会网络分析研究实际是在寻求个体特质性与社会整体性之间的平衡，两者往往是共同发挥作用的[53]。属性特征的表现形式也是多种多样的，网络中除了针对单个节点的数值度量外，针对网络中节点对之间属性特征有时也对于专利信息分析具有重要的作用，如同质性、异质性、差值、接受者、发送者等特征。

②表示网络的多重性（Complexity）。网络多重性是由多个类型关系组成的多个网络分别表示复杂数据上不同层次的节点之间的关系。表示网络多重性特征最早的方法是来源于多重关系网络分析，其表示网络多重性的网络采用矩阵集成（Aggregation），即将代表多视角观察网络的多个矩阵集成为一个二值矩阵或者加权矩阵，这样就可以在这个集成的矩阵上进行分析；然而，矩阵集成方法本质上是将各层次网络之间的关系孤立起来看待的。因此，学者们进一步提出利用超邻接矩阵（Supra-adjacency Matrix）来表示网络的多重性，其优势在于：超邻接矩阵能同时包含对于 3

种类型关系（网络内连接、网络间连接、网络间耦合关系）的观察[54]。

③表示网络的异质性（Heterogeneity）。真实信息分析场景中，网络实体的异质性是普遍存在的，以科学研究网络为例，就至少涉及 5 种不同的节点（论文、作者、机构、会议及会议论文），同时还存在多种关系，这一点与 Morris 的论文信息几何框架是一致的。但两者在网络表示方面的具体实现上则是存在差异的，异质信息网络从局部结构视角出发，通过构建元路径的方式将多种不同实体、不同类型的关系联系起来，而论文信息集合框架中的关系模式则受到了实体类型的约束，通常仅是针对一种实体的多类型关系，如作者共现网络，也有可能 2 种"机构—作者"网络，但元路径方法则可以利用"论文—作者—机构—作者—论文"来展现那些同属于一个机构的作者发表论文的情况[12]。

④表示网络的时序特征。通常研究中，网络都是针对截面（Cross Section）网络数据的，即对一个固定时间采集整体数据的表示。利用多个网络来表示根据独立时间点进行切片的网络是一种较为通用的数据表示方法。实践中，也有采用超邻接矩阵或者张量来表示网络的时序特征。采用上述方法的优势在于利用超邻接矩阵或者张量方法，能够同时监测网络间耦合关系特征[55]。

2.3.4 分析方法的局限

网络表示的扩展为专利信息分析打开了一扇大门，提供了越来越丰富的观察视角，以此为基础，一系列基于图论、矩阵的网络分析工具、算法就可以快速地嵌入专利信息分析中来，极大促进了当前专利信息分析的发展。目前，社会网络分析作为一套成熟的方法论已经形成了较为丰富的网络测量方法，直接借鉴这些方法已经可以帮助我们对专利信息产生有价值的洞见。这些网络测量方法大致可以分为以下 4 个部分。

①基础网络测量：主要是一些基本拓扑特征开展的测量，其目的主要是用来理解网络差异、特征的工具，包括密度、平均路径长度、网络直径、聚类系数、最大子群数、三角形数量、四边形数量等。

②网络中心度测量：主要关注网络结构视角下网络节点、边所呈现的差异性，如度中心性、中介中心度、接近中心度、特征向量中心度等。

③相似性测量：主要关注的是网络节点之间相互接近的程度。相关的测量指标包括共同邻居指标、余弦相似性指标、杰卡德相似性指标、Adamic-Adar 指标、倾向链接指标、Katz 指标等。

④网络子图测量：这里主要研究网络中子结构模式对于网络形成的影响。主要包括 k – 核、模块度、聚类与社群发现等。

上述网络测量方法有助于我们理解专利信息网络是如何运行的。然而，随着研究的深入，面对复杂的专利信息时，上述方法暴露出越来越多的问题。这些问题来源于两个方面：一方面，如何通过融合多维度观察视角来获得更加完备的网络分析方法；另一方面，如何对复杂专利数据的形成过程进行统计推断，从而更深刻地理解网络形成规律，而不仅仅停留在探索统计阶段。

（1）多视角网络融合

多视角观察对于专利网络的研究是十分必要的。"盲人摸象"的故事揭示了信息分析中利用单一关系分析的模式都只反映了对整个专利信息的局部认识，这就好似盲人摸象，无法系统、全面地获得整个目标专利信息分析的全貌，而通过多视角观察则可以获得对一个事物的完整认识。近年来，围绕多视角网络融合问题产生了一系列的分析方法，大致可以分为两个分支：针对网络的融合及针对网络分析结果的融合。

随着研究的深入，研究人员发现复杂数据中的网络关系可以进一步扩展为3种类型：①单一网络层次内部的节点间的关系，也称为网络内连接；②不同网络层次网络间节点间的关系，也称为网络间连接；③某些节点分属于不同网络层次的关系，被称为网络间耦合关系。因此，网络融合的方式也就取决于是否考虑上述 3 种关系类型，以及在多大程度上考虑上述关系类型。于是，研究中就诞生了一系列的网络融合的类型，如诞生了多重关系网络、时序网络、多模态网络、关联网络（Interconnected Networks）、多维度网络（Multidimensional Networks）、依赖网络（Interdependent Networks）、多层次网络（Multilevel Networks）、多层网络（Multilayer Networks）等，在这些网络融合类型的基础上又会诞生一系列的网络分析方法，如针对多重关系网络的矩阵集成方法（如多模网络中的因子分析、SVD、对应分析、元路径分析方法，又如多层网络中的张量分析方法等[56]）。

(2) 网络统计推断方法

当前针对专利信息的网络分析方法主要是采用描述性统计（利用网络指标）及图形可视化方法识别网络中的模式，很少采用网络统计推断来判别网络模式形成的因果关系问题。随着网络统计方法研究的深入，开始有越来越多的网络统计推断方法被引入专利信息分析中来，因果推断的引入对于未来专利信息分析的深化具有重要的意义。在这个研究过程中存在两条路径：一条路径是以行动者为中心的网络统计模型构建，构建模型的目标是区分行动者群体及试图解释或预测行动者属性的构成；另一条路径则是由旨在解释或者预测关系形成及关系模式的模型构成，又被称为以关系为中心的网络统计模型[57]。

在以行动者为中心的方法中，最简单的方法就是采用标准的广义线性模型及将网络（结构）信息作为独立预测变量（纳入模型）的非参数模型。随机块模型（Stochastic Blockmodels）将个体行动者聚集起来形成若干个群组，这些群组根据近似均衡的原则划分为若干块或者不同位置，于是网络可以通过这若干块之间的关系来表示；另外，还有潜在位置聚类模型（Latent Position Cluster Model）。这种复杂的模型可以将行动者的属性（如年龄、性别、种族）整合进潜在空间的网络成员间的聚类算法中，从而识别差异化的聚类模式[58]。

以关系为中心的研究分支旨在解释或分析关系及关系的模式，该分支包括一系列针对多种数据类型及不同研究问题的模型。其中，二次指派程序（QAP）和多元回归二次指派程序（MR-QAP）都可以用来测量网络之间的相关性。而当前，以关系为中心的研究分支中的集大成者是指数随机图模型（Exponential Random Graph Model，ERGM），ERGM 是一种以关系为对象的研究方法。ERGM 是以关系数据为基础、以依赖性假设为条件，选择网络局部结构作为网络统计项来观察复杂网络的整体结构特征，从而获得对于网络复杂性、关联性及随机性整体认知的方法。当前，对于 ERGM 的扩展是学术界的研究热点，学者们希望未来能将该模型应用到有权、时序、多层、多模态网络的研究中去[59]。

第 3 章 专利信息分析进展

综合国内外专利信息分析文献,本书从方法论视角梳理了专利信息分析发展的基本脉络,从专利信息分析发展的基本脉络中,我们不难看出学者们是如何一步步提出解决专利信息复杂性难题方案的。专利信息分析发展的基本脉络可以大致分为以下 3 个阶段:指标分析的进展、针对单一关系的网络分析、多视角观察下的网络分析。通过上述阶段划分方法,我们能够更聚焦于专利信息分析方法在不同研究阶段面临的关键问题,因此,也就便于我们理解关系融合方法对于当前专利信息分析的重要意义。

3.1 指标分析的进展

指标分析阶段属于专利信息分析的早期阶段,该阶段的主要特征是:学者们从专利行为及拟解决的问题出发,在充分吸纳文献计量、经济计量及战略管理学科知识的基础上,通过建立假设、模型验证,确立相应的专利指标,初步尝试提出了一些解决专利价值评价、创新评价、技术管理等过程中实际问题的方法。指标分析阶段的分析对象、分析方法、分析目标如下。

指标分析阶段的分析对象通常是某一特定数据,例如,专利被引情况、授权状态、发明人情况、持续期情况、IPC 分类号码、权利要求数量、专利异议情况、专利诉讼情况等,指标分析的对象多采用二维数据表表示。在分析方法上,指标分析的方法主要有两个方面:分组(筛选)和测量。分组是针对待分析对象或对应数据所表示的属性特征进行汇总的集合，这是指标分析中非常重要的一部分，因为在专利分析中通常是针对某种具体目的展开的，如国别分析、区域分析、行业分析等；同时，筛选则是针对待分析对象或对应数据所表示的属性特征进行筛选的集合，例如，H 指数实际上除了分析对象（这里可以是发明人也可以是专利权人）的专利数量之外还需要对单篇专利的被引频次进行筛选。汇总测量（Metrics）则是对分析对象的统计计算，通常的测量计算方法包括最大值、最小值、平均数、数量、独立数量（Unique Count）排序等。指标分析的分析目标较为广泛，包括趋势分析、专利质量、产业影响力、技术生命周期、企业创新能力等。下面将通过两个例子展现专利指标的演进过程。

3.1.1 专利引文相关指标的演进

对于专利引文问题的研究最初可以追溯到 20 世纪 40 年代赛德尔（Seidel）和哈特（Hart），他们率先提出以计量方式分析专利信息，但由于当时专利信息难以获取，使得专利计量研究的成果相当有限[60]。伴随着大规模专利文献的数字化进程，20 世纪 70 年代后期，研究者逐步开始强调专利信息的独特性，进一步推动了专利引文分析的相关研究。20 世纪 80 年代，美国 CHI Research 公司将文献计量从科学文献延伸到了专利技术领域，开展了大量的专利计量研究。纳林发表的一篇名为《专利计量学》的文章，系统地提出了将文献计量方法引入专利信息研究的思路，确立了以专利引用为核心的专利计量研究的研究方法[61]。

专利引证有两个方向：引用（Citing）和被引（Cited），因此，学者也经常称后引（Backward Citation）和前引（Forward Citation）；某项专利引用的参考文献称为引文，引用该项专利的专利称为施引专利（Citing Patent）。专利引证指标有两个基本的数量指标：引文数量和被引次数，相对而言，专利被引频次无疑是最核心的指标，受到的关注也是最多的。从技术实现角度来理解，最基础的引文分析指标实际是针对参考文献数量（Backward Citation）和被引次数（Forward Citation）两个字段或特征的频次。由于被引频次指标在专利质量评价方面的不可替代性，专利被引频次已被广泛地应用于专利质量评价、个人（机构、国家）绩效评价的过程中[34]。从技术实现角度来理解，这种扩展可以通过对机构、地区、国别进行分组（Group by）来实现。

随着专利引文数据加工的深入，专利引文数据获得了极大的进展。根据引文类型，专利引文被细分为专利参考文献和非专利参考文献；根据专利引文来源，专利引文被区分为专利申请人引文和专利审查员引文[62]；根据专利引文来源于同一专利权人还是不同专利权人，专利引文被区分为自引专利引文和他引专利引文；根据专利引用时间，专利引文数据可以被区分为N年内专利引文和N年外的专利引文。有了上述深加工专利引文数据，一系列围绕专利引文的指标被构造出来，例如，表3-1中的非专利参考文献数量、自引专利引文数量、审查员参考引文数量、即时影响指数、科学关联度、技术生命周期、技术强度指标被构建出来。从技术实现角度来理解，上述扩展可以通过增加对专利引文相关属性的分组、筛选来实现。

表3-1 专利引文相关指标参考

序号	名称	含义
1	专利参考文献数量 (Number of Patent References)	对专利参考文献中的专利数量进行计数
2	非专利参考文献数量 (Number of Non-patent References)	对专利参考文献中的非专利数量进行计数
3	自引专利引文数量 (Number of Patent Self-citation)	对专利参考文献中的自引进行计数
4	申请人参考引文数量 (Number of Patent References by Applicator)	对来源专利申请人的专利参考文献进行计数
5	审查员参考引文数量 (Number of Patent References by Examiner)	对来源于专利审查员的专利参考文献进行计数
6	专利被引频次 (Number of Forward Citations)	专利被后续专利引用的次数
7	自引率 (Cited Rate by Self-patent)	专利被后续来源于同一专利权人的专利引用的次数

续表

序号	名称	含义
8	即时影响指数（Citation Impact Index，CII）	分析对象（某机构、领域、国家）统计年之前数年（通常为5年）的专利被引次数与分析对象同期平均被引次数的比值
9	科学关联度（Science Linkage）	等于分析对象专利引用的科学类论文数量之和占其所拥有的专利数量的比值
10	技术生命周期（Technology Cycle Time）	专利文献所引用的专利文献的专利年龄的中值
11	技术强度（Technology Strength）	等于分析对象的专利授权量与其即时影响指数的乘积
12	普遍性指数（Originality Index）	$Gonoral = 1 - \sum_{K=1}^{N} \left(\dfrac{E_K}{E_{Total}} \right)^2$
13	原创性指数（Generality Index）	$Original = 1 - \sum_{K=1}^{N} \left(\dfrac{G_K}{G_{Total}} \right)^2$

随着学者们对专利引文相关指标研究的深入，学者们发现要更好地利用专利引文相关指标，需要克服专利引文相关指标在技术领域差异及时间截面方面的问题。因此，相关研究主要围绕上述两个问题展开。

在解决技术领域差异方面的核心进展就是1997年由Trajtenberg和Jaffe教授提出的普遍性系数和原创性系数，普遍性系数可以用来衡量专利被其他技术领域专利引用的程度，即有专利引用所属的专利分类的市场集中度，该指标是针对专利被引而设定的；而原创性系数则可以衡量专利引用其他技术领域的程度，该指标是针对专利参考文献设定的，普遍性系数与原创性系数的特点考虑到了不同领域技术发展速度不同对引文相关指标的影响[63]。

时间截面问题是指一项授权专利只要存在影响力，随时都有可能被引，并不受期限的限制，很多重要的专利保护期限结束后仍会受到一定的引用，甚至有些专利在出版50年后仍然被引[64]。但是，通常在统计被引次数时最多只能统计到当前，未来的被引次数无法预知，导致数据统计不完整，即产生所谓的"时间截面"问题。与时间截面问题伴生的一个问题是"引证膨胀"（Citation Inflation）问题。随着计算机技术的发展、技术数据资源的丰富、检索技术的提升，使得专利引用专利文献的数量、专利审查员审查相关技术资料的数量逐年增加，因此，随着时间的推移，专利参考文献数量的膨胀致使平均专利被引频次会逐年增长[65]。上述两个问题所提到的关键就是希望消除专利被引频次存在的偏差。许多学者从各方面提出了对原始专利被引频次的改进指标，其中最知名的当属 Hall 提出的固定效果法（Fixed-effect）和准结构法（Quasi-structural）。该方法假定专利被引滞后分布是均衡和稳定的，随着时间推移专利被引频次分布不受专利被引次数及授权年份的影响，于是整个专利被引时滞分布可以计算出来，作为解决时间截面参照指标。引证膨胀和技术领域的影响通过倍增系数的方式对被引频次分布产生影响[66]。从技术实现角度来理解，上述两个指标显然比之前较为单一的专利引文相关指标复杂，造成其复杂的关键点在于通过增加系数来对原有的指标进行调整，然而这些调整系数并没有超出原有指标方法的范围，系数调整仍可以通过分组、筛选及汇总测量来实现。

3.1.2 专利价值相关指标的演进

2009年出版的《OECD的专利统计手册》对专利价值指标进行了总结，认为专利私有经济价值指标的来源主要有3类：①问卷调查数据；②专利权获得过程的数据（如引文相关指标、专利授权与拒绝状态、专利持续期、权利保护范围等）；③财经数据衍生的专利估计价值（包括企业市场价值、首次公开募股等）。而其中的第②项和第③项来源是学者们所主要采用的专利价值指标。专利价值指标主要包括专利持续指标和专利范围指标。专利持续指标主要包括专利持续时间和专利维持率指标；专利范围指标包括专利家族规模、权利要求数量、技术覆盖范围等。不同指标对于专利价值的判断范围是不一致的，专利持续指标更关注专利的时间范围，是对专利价值的"纵向"判断；而专利范围指标则关注专利的地理、法律、技术范围,是对专利价值的"横向"判断(表3-2)。

表3-2 专利价值相关指标参考

序号	指标	含义
1	授权状态指标(Granted)	专利是否被审查员授权代表,专利是否符合实用性、新颖性等原则
2	专利家族规模指标(Family Size)	指同一个发明在不同国家获取专利或提交专利申请的数量
3	发明人数指标(Number of Inventors)	研发过程中人员成本的一种替代指标
4	持续期指标(Renewals)	专利维持时间是指某项专利授权后保持有效性的时间期限
5	技术覆盖范围指标(Technology Scope)	专利所涉及的技术领域范围
6	权利要求数量指标(Number of Claims)	专利受法律保护的具体权利范围
7	专利异议指标(Opposition)	通过专利异议请求的专利授权,证明其通过更为严格的专利审查程序
8	专利诉讼指标(Litigation)	经过专利诉讼的专利,经济价值较高

既然专利持续时间和专利维持率指标分别是从不同方面来观察专利价值因素,因此,有学者将两者结合起来共同判断专利价值的大小[67]。

反思专利价值相关指标的演进过程时,我们不难发现,这一阶段指标设定的来源较为单一,较大程度上受限于专利数据加工的深度,而随着专利著录项相关数据中新字段出现的概率越来越小,提出新专利价值指标或专利引文指标的概率也在缩小,但未来围绕新数据,如注册阶段数据、财经数据衍生专利数据仍有可能提出新的专利价值指标。从技术实现的角度来看,无论是专利引文还是专利质量指标,其核心还是从单一特征出发的,以独立性假定为基础构建的,因此,最终是难以刻画复杂专利的真实价值的。2014年Timo Fischer开展了一项针对Ocean Tomo真实专利技术交易数据的价值评估研究,其结果显示,在众多的专利价值指标之中,只有专利家族规模及专利被引频次被证明是有效的[28]。这一结论可能隐含的含义是:在诸多专利价值指标之间存在一定重叠、交叉影响,如果仅从考虑单一特征角度出发,很多专利价值指标都是有效的,但如果还原到复杂专利数据视角下,很多专利价值指标并不能很好地反映专利内在的价值。

3.2 针对单一关系的网络分析

随着社会对创新思维模型认知的转变,学者们开始从更深层次的需求出发,不仅关注专利数据的属性特征也开始关注关系特征,借鉴网络科学的相关理论、相关概念与方法,构建了适用于专利信息分析的专利网络,并利用网络分析方法与测量指标来解决专利价值评价、创新评价、技术管理等过程中的实际问题。在这一过程中,专利分析通过融入网络科学的方法与理论,将专利信息在网络中的结构与动态特征凸显出来,使专利信息分析与挖掘越发成为一个独立的子学科领域。该阶段的工作主要体现在:针对单一关系的网络构建(引用关系网络、合作关系网络、共词关系网络、隶属关系网络、衍生关系网络等),针对单一关系的网络结构指标测量(拓扑结构的低阶指标:规模、密度、聚类系数、最短捷径距离、度分布、小世界;高阶指标:同配系数、度模块等)及针对单一关系的专利网络动态演化(扩散模型、随机网路、网络演化仿真等)的规律研究。

具体而言,网络分析阶段的分析对象、分析方法、分析目标概括如下。

网络分析阶段的分析对象通常是某一特定关系,如引用关系、合作关系、共词关系、隶属关系、语义关系等。网络分析由两部分内容构成:网络表示和网络测量。网络表示即将待分析的专利信息转化为数学上可分析的矩阵、社群网络或者图的过程,该过程是网络分析的基础。网络测量则是指在网络表示后,针对专利信息的量化测量,测量方法根据研究目的的差异会表现为针对结构特征的测量、针对节点的相似测量、针对节点影响力的测量等。网络分析的分析目标也较为广泛,包括专利价值评价、专利技术相似度搜索、专利侵权监测、专利引文推荐、技术轨迹分析等。

针对单一关系的网络分析的最大特点在于关系类型单一，如引用关系、合作关系、共词关系、隶属关系及衍生关系等。下面将从上述5个单一关系类型视角，逐一梳理针对单一关系开展网络分析的进展。

3.2.1 专利引用关系网络分析的进展

3.2.1.1 专利引文关系类型

在针对专利引文的网络分析中，点与连线分别代表专利与连接专利之间的关系，根据相关研究显示，关系存在多种类型，包括专利间的直接引用关系、间接引用关系，专利的文献耦合关系及文献共引关系等。直接引用关系是最直接的关系类型。Garfield 解释了直接引文数量指标的规律，提出利用直接引文可以用于技术评价及技术相似性分析[60]，直接引文是最直观地测量引文相似度的方法，即如果一篇专利引用另一篇专利则认为它们之间具有相似性。相对于直接引文的研究，对专利间接引文的研究起步较晚，Atallah 引入了权重累积专利引用频次的想法[68]，将直接引文与间接引文频次综合起来考虑。胡小君也将专利间接引文的引用代考虑进来，对专利引文进行综合评价，修正单一专利直接引文评价的不足[69]。Kessler 最早提出了文献耦合的概念，他认为，若论文 A 与 B 为施引文献，他们有共同的一篇或多篇受引论文（参考文献），这时论文 A 与 B 就发生了耦合关系，反映出两篇论文之间有共同的研究基础[70]。根据上述概念，文献耦合关系表示的是一种基于作者选定参考文献的相关关系，这种关系是稳定的，因为参考文献一旦经由作者选择就不会随时间变化了，针对耦合方法的批评也不少，主要的攻击点在于：不同作者引用参考文献中的信息可能差异极大，这种差异性影响了其内在相关性，同时仅计算绝对的文献耦合数量也是非常不精确的方法[71]。1973 年左右，Small 提出了文献共被引（Co-citation，共引）的概念，其含义为若论文 A 和 B 被晚于它们发表时间的论文所引用，则称 A 与 B 之间有共引关系[72]。文章中的共引关系是一种外生的关系，因为这种关系构建基于外链的联系，尤其是受到了共引频次的影响，而存在高共引频次的文献往往是那些早期发表的文献，这就导致共引关系时效性较差[73]。

3.2.1.2 专利引文网络的结构特征

专利文献之间的引证关系说明：专利文献之间不是孤立的，而是相互联系、相互渗透、继承与发展的关系。如果一项专利被视为一种基础知识或者技术，那么专利引证网络就能够反映整个领域的技术演化路径。在专利引证网络下，专利文献被视为一个节点，节点通过引用关系与其他节点联系起来，这种联系既包括前向引用也包括后向引用。真实的专利引证网络所包含的关系是丰富的，既包含直接引用关系，也包含间接引用关系、耦合关系、共引关系。专利引用频次分布是不均衡的，呈现分散与集中的特点，这种分布特征可以用于技术质量评价、关键技术筛选。

专利引文网络是由专利之间的引用关系所构成的网络，该网络区别于其他网络诸如合作网络的特征在于：通常而言，引用关系具有无权性、单向性、截面性3种基本特征。无权性（Unweighted）特征是指专利引用关系是将施引专利和被引专利联系起来的纽带，这种联系是二值化的，即仅存在引用与不引用2种关系，一般不考虑一项专利被另一项专利多次引用的情形；单向性（Directed）特征主要是由专利引用行为存在时序所造成的，一项专利通常只会被在其公开时点后的专利所引用，且仅能引用在其公开时点前的专利。因此，专利引用关系是单向的，且该方向是逆时序的；截面性（Cross-section）又可以称为截面数据，即引文网络是对某一时点前全部数据的截面展示。专利引用关系由于具有上述无权、单向性、截面的特征，使得整个专利引文网络具有了区别于发明人合作网络、专利文本相似网络的结构特征，具体表现在网络中二元组、三元组及高阶结构的具体构成，也影响到了对应的配置、网络统计量等因素，也进一步影响到了解释框架的构成，如图3-1所示。

研究者从实证视角证明专利引文网络存在一系列整体结构特征：Smilkov对美国的专利引文网络进行研究时，发现专利引文网络具有同配倾向，即高被引专利更易于被高被引专利引用[74]。Shiu-Wan Hung以RFID专利数据为基础，论证了专利引文网络结构符合"小世界"网络特征，即网络在连通性分布上符合幂律规律，同时满足同配倾向特征[75]。Jure Leskovec发现随着时间的演化，专利引用关系数量仅表现线性增长，而网络密度则相对增长较快，于是导致了直径收缩（Shrinking Diameters）

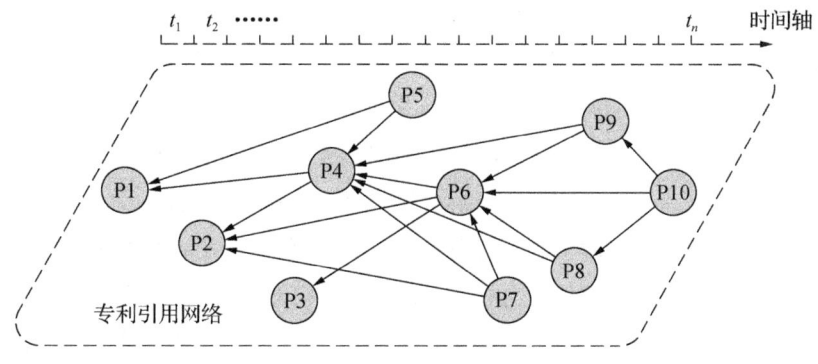

图 3-1 专利引用网络示意

现象发生,造成这种现象的原因是来源于网络局部聚集的效果[76]。学者们发现专利引用关系的形成很大程度上受网络外部因素的影响,如受社会交流结构(Social Structure)和技术交流结构(Intellectual Structure)共同影响[77]。也有学者研究了专利引文网络和专利耦合、共引网络及间接引用网络之间的相互影响关系[78],引文网络反映了知识流动与地理距离之间存在一定关联作用[25,79],并提出利用这种基于引用关系的多重关系协同网络机制,能够提高专利引文分析的精度,弥补遗失专利引文(Missing Links)[80-81]。

3.2.2 专利合作关系网络分析的进展

3.2.2.1 专利合作关系研究

这里的"合作关系"通常是指"Co-invent"关系,即两个或两个以上的专利权人或者发明人分享同一专利,这里并不是严格意义上的合作关系,但学术界通常利用这种共现关系来发现社交中的合作模式,因此,这里将其称为"合作关系"。专利合作研究也是受到了科学网络研究的启发,例如,1963 年 De Solla Price 发现大量科研基金的注入是一个学科繁荣的重要特征,而团队合作则是学科繁荣的另外一大特征。科研基金与团队合作之间是相辅相成的,一方面,学科合作需要有更多的人参与;另一方面,也需要更多的资金注入[82]。

自 20 世纪 80 年代以来,创新过程中涉及企业之间及个体之间的网络关系越来越受到重视，于是创新网络的概念就诞生了。创新网络所考虑的范围不仅限于科学合作网络，需要从专利权人的视角关注企业之间的战略合作，以及从发明人的视角关注个体之间的技术协同。Freeman 引证并接受了最早由 Imai 和 Baba 提出的创新网络概念，认为创新网络是应对系统性创新的一种基本制度安排，网络机制是企业间的创新合作关系，具有非正式和隐性特征。创新网络是创新活动参与者在创新活动中的网络协同行为，通过相互关联的链接行为构成的网络[83]。此后，创新网络研究大多在 Freeman 的文章基础上展开，取得了一定的进展。这些研究从文献计量学、社会学、经济计量学、产业组织学等学科的角度对创新网络进行了许多理论探讨。

学者们将创新网络的构成要素概括为，企业：创新投入、创新活动和收益的主体；大学与科研机构：科研成果与创新的重要源头；政府：创新过程的主要参与者和创新活动的推动者；资本市场：企业创新活动的资金支持者；中介机构：沟通企业与其他组织间知识流动的一个关键环节[84]。

专利合作是专利权人或是发明人理性选择的结果，其目的是为了实现资源的优化配置，通过合作创造最大化科研绩效。专利合作动机可以细分为以下 4 种：①应对研发过程中的技术难题，随着科研活动的深入，研究领域的差异化需要构建科研团队来满足日益复杂的研发需求；②科研资源优势互补，单个的组织或个人难以占据研发流程中的全部流程，需要通过与其他机构合作实现科研资源的优势互补；③交叉研究的需要，通过不同领域技术的交叉融合、集成融汇形成新的科技创新点；④产业链合作的需求。产业链对于企业而言是至关重要的，每一个企业都是深度嵌入在整个产业链中的个体，因此，往往需要借助产业链的作用来实现其产品的增值，于是围绕产业链环节的合作也是企业理性选择的结果。

3.2.2.2 专利合作关系的结构特征

合作关系分析通常存在 3 个层面：个体层面，包括个人作者、发明人，也包括企业、科研机构或大学等；地区层面则主要考虑同一区域（如一个国家）下面的机构、企业之间的合作；当然也可以从国际层面进行观察[85]。

有了上述合作关系的观察层面后，我们进一步观察合作网络的基本结构特征可以概括为以下 3 点：①合作网络具有同时性，即专利合作发生期是一个同时的、持续的过程；②合作网络是有权网络，专利权人或发明人有权选择和一个或者多个专利权人或发明人合作；③合作网络中的专利权人或者发明人之间呈现出一定的关联联系，其深层次隐含共同出版、技术研发协助、技术相关性、所属关系等因素。

相关研究显示出了合作关系的形成的因素包括地理邻近、传递闭合结构及桥接结构等因素影响了专利发明人之间合作关系的形成。地理邻近比较好理解，传递闭合的含义是指发明人往往与其潜在的合作者之间存在传递闭合结构，正是由于这个传递闭合结构，可以促进小群体之间的凝聚力，从而促使专利发明人之间的合作产生[86]。

合作网络结构位置特征与创新绩效存在正向影响关系。Schilling M. A. 利用 1106 个组织的专利数据构建了大规模的专利合作网络，研究了网络结构对组织创造力的影响，结果表明网络结构对组织的创新绩效有着重要的影响，拥有较高聚集度和较高可达性（节点之间的平均路径较短）的网络结构组织的创新能力较强[87]。Christiane 利用心脏起搏器领域的专利数据构建了专利合作网络，从专利数量和质量两个角度对合作网络中的"明星"发明者进行监测，重点对其在传递和交流信息时所发挥的功能进行分析，研究发现专利申请数量与发明者的自我中心网络大小及其所涉合作者的数量有着显著的正相关关系，同时根据分析具有专业技能的发明人在合作网络中具有更好的控制力，最终作者将技术专家称为"明星"，认为具有多方面专业技术能力的"通才"是合作网络中最理想的守门人[88]。

由于专利是一种法律权利，专利权人、发明人在选择合作伙伴时往往较为谨慎，这使得专利合作网络的数据往往是较为稀疏的；另外，在有些技术领域，企业出于技术保密的考虑，并不积极地参与专利层面的技术合作，而采取其他方式参与技术合作（新建研发实验室、技术授权转移）。因此，单纯利用专利著录项中的专利权人、专利发明人的共现信息构建的合作网络，在对某一技术领域、产业进行评价时往往会导致代表性不足的问题。目前，大量研究中将"创新网络"等同于"专利合作网络"，这其实是一种误区。王大洲指出：其一，创新网络是指创新主体的创新活动过程中的关系所构成的网络,创新网络本身是一种组织形式,而创新合作、合作创新表达的是一种行为方式,二者所观察的角度不同;其二,创新网络实质是一种混合的网络,它既可以包含合作关系,也可以包含竞争关系,甚至很多时候合作与竞争关系是不可分的;其三,创新网络是企业所有创新行为关系的总和,而合作关系仅是创新的构成要素之一。因此,单纯地将创新网络定义为企业间的合作关系是狭隘的[89]。

3.2.3 专利共词关系网络分析的进展

3.2.3.1 共词关系研究

对词语共现关系的研究最早出现于文本信息检索领域,1960年,Maron和Kuhns在概率检索模型中提出"与原始查询相近的特征项可以加到查询中",首次引入了共现词汇的应用,此后基于词语共现的信息检索模型得到了大量研究。共词关系网络是利用关键词的共现关系构建的一种知识网络。Callon M 提出了共词分析方法(Co-word Analysis)[90]。本书中,采用一种对共词关系广义的定义,即不仅包括专利文本信息中的词,还包括专利分类号之间的共现。由于专利分类号是更为标准的格式化数据,因此,本书更多采用共专利分类号(简称共分类号)网络来分析的,其基本的分析方法与共词关系分析方法也是一致的。

目前,测量技术流动的主要指标是采用共分类号方法,如果一篇专利同时属于两个技术领域,那么专利就同时具有两个技术领域的特征。OECD将专利分类号的共现作为现有技术和潜在技术之间交互的分析工具。Leydesdorff认为共分类号分析主要用于帮助科研人员理解一个技术领域的发展趋势,通过共分类号分析可以展现不同层级技术之间的相互关联关系,因此,共分类号分析要比共引分析更适合作为可视化的数据源[91]。Hyojeong在利用专利分类号的基础上,利用韩国的技术知识网络数据检验了技术知识网络的中介效应,结果是4种中介类型被识别出来:行业内部协调者、行业内向吸收者、外向发散者、行业间协调者[92]。Yoon提出专利引文由于存在一些缺陷,并不适合作为技术趋势预测的工具,而专利共词分析则提供了很好的补充,并利用专利主题词向量的欧几里得距离计算专利文献之间的距离,建立专利间的关联关系,采用技术中心度指数、技术周期指数、技术密度指数用于专利技术的评价[93]；Preschitschek 通过实证分析比较了语义分析与 IPC 共分类号分析的效果，结果并没有给出直接的结论，而是提出 IPC 共分类号分析更适合宏观的、涵盖面广的专利数据；而语义分析则更适合小型案例。通过基于专利分类号的分布，可以计算不同经济体、不同地区和不同专利权人的技术相似度[94]。例如，采用非向心相关性（Un-centered Correlation）来研究东亚不同国家之间基于美国专利分类号的相关性[95]，以 IPC 分类网络为基础，通过 QAP 方法比较分析美国与韩国在机器人技术上发展是否存在一致性问题[96]。

3.2.3.2 共词关系网络的结构特征

共词关系网络（或者共分类号网络）是一个典型的有权网络，一个词或分类号可能和一个或者多个词或分类共现，这种共现的频次也是有意义的；共词关系网络是无向网络；共词关系网络中的关系是基于专利中共现的术语，这一点比共被引关系、耦合关系更为直观，共词关系的强度则是基于词或分类号之间内在共现的频次。

利用专利分类号关系构建的专利号网络可以用来表征整个技术领域的技术构成。通常，学者们认为每一个专利分类号代表一个技术子领域，根据层级的不同，技术子领域可以进一步细分，而通过共现关系建立起来的技术子邻域相邻关系的网络，则可以被视为整个以技术子领域为基础的技术网络。这在一定程度上与布鲁克斯所谓的认知地图是相似的[50]。

在共分类号关系网络中，节点代表一个技术子领域，连线及粗细则代表了共现关系与关联强度，通过不同的聚类或分派规则，网络中的技术子领域被划分到不同的类别中，形成了子技术集群。这些子技术集群表征了某个领域的研究主题，也解释了子技术领域之间及子技术领域内部之间的相互关系，反映了共分类号关系网络中的技术链。技术链的结构与动态过程反映了研究领域各子技术领域间技术关联的联系形式与过程，也即技术网络中的认知结构。

共词分析方法同样面临挑战，对于采用自然语言处理的关键词共现关系网络而言，除了聚类算法、强度测量指标这些技术方法之外，词自身的"噪音"也是影响共词分析效果的一个重要因素。如果采用格式化的分类号共现关系网络，虽然在一定程度上能够避免词本身的"噪音"问题，但专利分类号共现关系网络往往是较为密集的网络,技术范围广的传统核心技术往往具有网络的中心位置,并且与其他子技术领域有着高度的连接关系,使得进行新兴技术预测及前沿技术分析变得十分困难。同样,专利分类号自身有一定的层级关系,这种层级关系是专家经验的凝练,但共分类号网络则是一个自组织的网络,实际上2种网络结构上的差异,对分析结果的效果产生了很大的影响。因此,单一的共词网络需要通过多重关系网络来改进与修正。

3.2.4 专利隶属关系网络分析的进展

隶属关系网络是社会网络分析中的名词,实际上是对二模网络的研究,即矩阵的行与列分属不同类别的异质实体之间关联关系的研究,这种关系与前述3种基于同一实体的关系存在一定差异。前述3种关系可以被称为一模网络,而隶属网络又称为二模网络。最早的隶属网络案例是美国学者Davis利用收集的18位妇女及其参与14项社交活动的数据的研究,随后,学者们也尝试利用隶属网络数据来分析自愿组织中的成员关系、社会聚集力、社区群体参与庆典仪式的倾向、非正式社会交流现象等问题[10]。近年来,学者们也尝试利用隶属网络来研究技术创新、企业竞争等问题,Granovetter采用了二模网络转化为一模网络数据后观察硅谷的社会网络现象[97];Breschi利用二模网络来研究发明人、专利权人及其网络之间的关系问题,利用二模网络可以获得单一专利引文方法无法获得的观察视角与结论[98]。

隶属网络属于二模网络,它是由一类行动者与一类事件所构成的,故称为隶属关系网络。在社会网络分析方法中,"模"是指行动者的集合,"模数"是指行动者集合类型的数目,根据模数的多少可以把社会网络分为一模网络和二模网络。一模网络要求集合中的行动者属于同一类型,如专利、权利权人、专利发明人、专利分类号等。二模网络则是指由2个不同类型之间相互关系构成的网络。以隶属关系为基础,可以衍生出2种关系:2个基于二元性(Duality)关系的独立的一模关系,例如,一个二模网络,其中行为专利权人列为专利文献,那么通过相应的关系代数转化方法,可以将该二模网络转化为基于专利文献共现的共专利权人网络和基于专利权人共现的专利文献网络。当然，上述方法也存在一定的缺陷，即将原本同时考虑 2 种实体之间二元性关系的网络切分为 2 个独立的网络，这样会不利于我们同时观察 2 个实体之间的关系。于是，我们可以考虑利用二模矩阵来表示隶属关系，我们就可以利用很多社会网络中专门针对二模网络分析的算法，如对应分析方法（Correspondence Analysis）或者是基于二模的主成分分析方法等。

隶属网络分析方法是一种较特殊的分析方法，通过隶属关系的连接，可以将多个单一关系网络进行有效的联系，并通过组合实现更全面的分析，为专利分析提供了更广阔的观察视角，这一特点使得隶属关系具备了非常广的应用空间，我们在后续多层次网络、多层网络乃至异质信息网络的介绍中都可以看到隶属关系的影子。

3.2.5 专利衍生关系网络分析的进展

衍生关系（Secondary Relationship）在文献和专利信息分析中也是非常普遍的。最常见的衍生关系包括作者共被引分析（Author Co-citation Analysis）、作者耦合分析（Author Bibliographic Coupling Analysis）等。1981 年，White 和 Griffith 率先提出了作者共引分析方法（ACA），开创了作者共被引的先河[99]。随后，McCain 等将 ACA 的分析步骤归纳为选择作者、检索共被引频次、构造共被引矩阵、转化为皮尔逊相关系数矩阵、多元分析和解释结果、效度分析 6 个步骤，人们称其为传统 ACA 或德瑞克赛模式[100]。现在，作者共被引分析已成为一种潜在多产的分析方法，不仅可以用它来揭示科学结构的发展现状乃至变化趋势，还可以用它来进行前沿分析、领域分析、科研评价等，进而为宏观科技决策提供先行支持，为科技规划与评估提供基础。作者耦合关系和作者共被引关系一样，都是通过第三方文献建立的，是一种隐性的、间接的学术关系。两个作者共同引用的文献越多，说明他们的研究兴趣越相近。作者耦合的提出是受到了文献耦合的启发。文献耦合是指两篇论文同时引用一篇或者多篇论文的现象。2008 年 D. Zhao 对作者耦合进行了实证研究，他发现作者耦合也可以用来研究作者之间的研究兴趣并探测当前某学科的知识结构，是作者共被引的有益补充[101]。

实际上，我们可以将衍生关系看作将单一实体间的关系通过隶属关系转化的形式投影到另一种关系类型网络上所形成的网络。举例而言，可以将作者共被引网络视为一种单一实体网络（作者共现网络）通过关系代数转化的形式投影到另一种关系（专利文献之间的共引关系网络）所形成的一种新的网络类型（这种衍生关系产生的类型很广）。

衍生关系的出现为研究人员提供了一种新的观察视角，例如，传统的作者分析主要采用作者共现方式，后来又诞生了作者共引分析、作者耦合分析，实际上我们还可以通过关系代数获得基于直接引用关系的作者网络、基于间接引用的作者网络，甚至是基于共词、共技术领域的作者网络等。这些衍生关系未必都是有意义的，但有一些关系类型确实是为研究人员提供了一种新的视角。例如，通过基于直接引用关系的作者网络，就可以解释网络中谁关注某一作者，而某一作者又被谁关注的问题，这种网络显然与作者共引网络和作者耦合网络是存在区别的。

虽然，衍生关系可以通过关系代数的方法实现转化（文章后续部分将详细介绍），但是对于衍生关系仍然应该是谨慎的。基础关系类型通过学者们的大量实证已经初步证明了关系的有用性与局限性，而衍生关系的隐喻、适用范围、局限目前还都缺乏系统的研究，因此，衍生关系仅能作为基础关系的一种补充。

3.3 多视角观察下的网络分析

现实生活中，人的两只眼睛由于观察视角的差异，获得同一事物的图像往往是存在视差的，但由于脑部神经对于视差具有自动调整功能，因此，我们最终看到的事物是立体的景象。从这个例子中我们可以直观地感觉到多视角观察的重要作用。多视角观察对于科学研究的作用是同样的，从单一视角出发往往难以把握事物的本质特征，而从多个视角共同去观察一个事物，才能更全面地了解事物的本来面貌。以图3-2为例，不同的观察视角（俯视、前视、侧视）获得的结果是完全不同的，而只有将这些视角融合起来才能重构一个完整的对于事物的正确认知。

多视角观察对于专利网络的研究是十分必要的。通常情况下，实体的

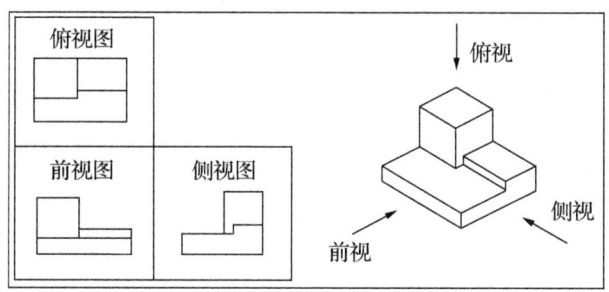

图 3-2　多重视角观察示例

存在总是伴随着多重关系的，任何一个单一维度的观察，往往会忽视其他维度关系的特征，所获得结论也往往是片面的；而通过多视角观察同一现象方能获得对一个事物完整的认识。技术领域内的同一专利权人群体之间就可能包括多重关系，如专利权人之间的合作关系、专利权人之间的竞争关系、专利权人之间的借鉴关系等。

图 3-3 中用一个"盲人摸象"的故事揭示了一个道理：信息分析中利用单一关系分析的模式都只反映了对整个专利信息的局部认识，这就好似盲人摸象，无法系统地、全面地获得整个目标专利信息分析集合的全貌。各种分析方法都有自己的优势及其独特的观察视角，只有通过对多重关系进行融合后形成综合性的分析，才能有效地弥补前述专利信息数据、方法的偏差，从而实现对复杂专利信息准确的分析。

3.3.1　论文集合分析框架

2004 年，Morris 从刻画学科知识图谱的需求出发，提出一个针对期刊论文集合的实体关系模型。该模型是通过抽取实体类型和关系，实现对复杂论文信息集合的描述，如图 3-4 所示。在该模型中实体类型包括 7 种，分别是：术语、论文、作者、期刊、参考文献、参考文献作者、参考文献期刊；而关系类型则包括 3 种：论文与其他实体之间的直接著录关系（Direct Bibliographic Links）、实体间的间接著录关系（Indirect Bibliograpic Links）及实体之间的共现连接（Co-occurrence Links）。该方法具有重大的创新性，因为该框架对于传统文献计量学科所研究的问题进行了系统的

图 3-3 传统分析领域的盲人摸象现象[50]

梳理,几乎涵盖了大部分学科的研究主题,而通过统一信息集合分析框架,就能够摆脱单一视角分析造成的"盲人摸象"现象,能够从更加系统的视角来观察学科的发展态势、勾勒学科知识地图。

图 3-4 由 7 个著录实体(Bibliographic Entity)构成,其中,论文表示研究报告、参考文献表示知识基础概念、期刊表示研究报告库、作者表示研究者、参考文献作者表示权威专家、参考文献期刊则表示知识基础库、术语表示研究主题。图 3-4 也展示了论文信息集合中的 3 种关系形式,具体如下。

第 1 种关系是直接著录关系。这是指论文与其所对应的实体之间的关系。如图 3-4 所示,包括"论文—作者""论文—术语""论文—期刊""论文—参考文献""论文—参考文献作者""论文—参考文献期刊"这 6 种关系。直接著录关系是传统指标分析中最为依赖的关系类型,通过统计"论文—作者"中作者所对应的论文数量就可以观察研究者的科研绩效;通过统计"论文—术语"中术语所对应的论文数量就可以观察术语的应用范围等。

第 2 种关系是间接著录关系。这是指实体之间通过间接方式联系

第3章 专利信息分析进展

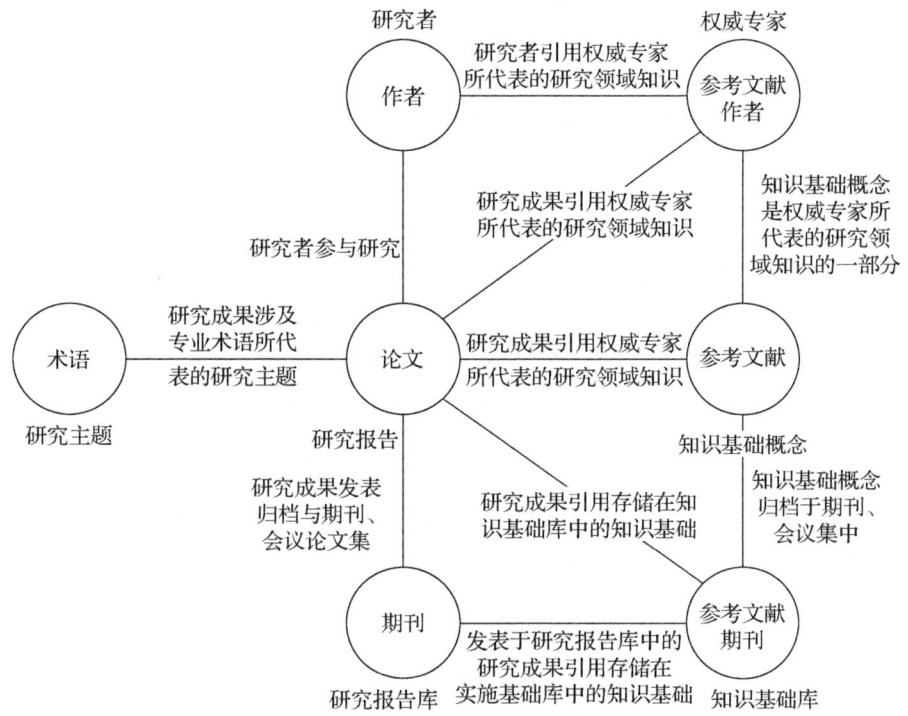

图 3-4 论文信息集合中的实体关系模型

（路径为2）。例如，"作者—参考文献作者"就属于间接著录关系，他们通过论文这个实体间接联系到了一起。在图 3-4 的论文信息集合框架中存在 14 种潜在的间接著录关系，并不是每一种间接著录关系都是有意义的，其中，"作者—参考文献作者"是进一步进行作者共引分析的基础，同样"期刊—参考文献期刊"也是期刊共引分析的基础。

第3种关系是共现关系。实体间的共现关系实际是考察某一实体对之间接收到来源于其他实体对共同链接数量的测量。这里的测量可以是一个连接频次（Link Weight）也可以是相似度（或者距离），相似度其实是对于连接频次的标准化过程，整体上两者是相近的，但在具体情境下选择连接频次还是相似度测量方法可以有较大的差异，因此，在实际应用过程中需要非常谨慎[102]。

论文信息集合框架之所以说实现了多视角观察，关键在于：通过对上面 3 种关系的矩阵转化，使我们获得了一系列共现矩阵，这些共现矩阵分别表示了论文信息集合中不同实体对之间的连接（表 3-3）。

表 3-3 论文信息集合中的共现关系[103]

主实体	共同实体	共现关系	表征意义
论文	参考文献	文献耦合关系	揭示研究领域的研究热点和研究前沿
作者	参考文献	作者引文耦合	从作者角度揭示研究领域概况
期刊	参考文献	期刊引文耦合	从作者角度揭示研究领域概况
参考文献	论文	共被引关系	揭示研究领域的知识基础和结构
参考文献	作者	作者共被引关系	揭示作者的学术相关性
参考文献	期刊	期刊共被引关系	揭示期刊的学术相关性
术语	论文	共词关系	解释研究领域的研究主题和研究热点
作者	论文	合作关系	解释作者的合作情况

论文信息集合方法具有重大的创新性，虽然实体关系模型本质上是借用了计算机领域的相关模型，但该框架对于传统文献计量学科所研究的问题进行了系统的梳理，通过实体框架模型，将当前主流的各种关系网络通过统一信息集合分析框架都包含了进来，并主张通过多个共现矩阵来存储不同视角观察获得网络，为进一步融合分析提供了关键性的解决思路。该框架的提出本质上回应了"盲人摸象"单一关系网络分析存在的盲点，将科学计量学引向了一个全新的、主张更系统、多视角观察的发展阶段。

当然，该方法并不是没有缺陷，该框架主要还是从关系网络视角来认识复杂论文信息，而实际上论文信息集合非常复杂。首先，实体可能是分层的（如作者与机构）；其次，测量的层次也会存在差异，如宏观测量、微观测量及中观测量；最后，多个关系网络之间存在动态演化的机制，这都是在其框架下无法实现的，然而，但这并不掩盖其研究对现代科学计量学产生的里程碑性贡献。

3.3.2 元网络分析框架

Carley 等教授在进行组织行为分析的过程中采取了相似多视角思路，提出元矩阵（Meta-network）的分析框架，该分析框架是一套整体分析机构绩效、运行的框架与方法，与之前 Morris 的论文信息集合框架的区别在于：元网络注意到了多个实体之间存在层级关系[104]。元网络由不同类型的节点类（Node Classes）及节点间的多种关系组成。在元网络中，节点类包括主体（Agent）、情景（Event）、主题领域（Knowledge）、位置（Location）、组织（Organization）、资源（Resource）、任务（Task）等。事实上，元网络框架并不仅仅适用于组织行为分析，也适应于知识网络的分析，2014 年，Xiao Liu 等就以元网络为基础提出了一套分析知识网络的分析框架[105]。

元网络可以被视为一种描述知识网络的本体（Ontology），而其中"实体—关系—属性"可以被用来指示具体的知识网络。在知识网络中，实体是指包括某种属性或特征的一类对象；而关系则是这类实体之间的关系。具体到科学计量领域，有 5 类典型的实体：作者、论文、机构、关键词、概念。知识网络的 5 类实体和 Morris 的论文信息集合实体有着很多相似之处，较大的一点区别在于概念。概念这个实体在知识网络的分析框架中的确切概念是针对论文摘要信息而言的。Xiao Liu 认为论文的摘要解释一篇论文内在的结构，通常包括以下 4 个部分信息：研究目的、研究设计、研究方法及研究发现，而利用概念（通常是词、句子）就能够展现该论文的核心思想，可以看到在知识网络的元矩阵中根据自然语言处理（NLP）所获取的概念、主题已经被纳入框架中来了（表3-4）。

表3-4 利用元矩阵来表示知识网络

	作者（A）	论文（P）	机构（O）	关键词（K）	概念（T）
作者	作者合作关系	作者—论文间接著录关系	作者—机构间接著录关系	作者—关键词间接著录关系	作者—概念间接著录关系
论文		引用关系	论文—机构直接著录关系	论文—关键词直接著录关系	论文—概念直接著录关系
机构			机构共现关系	机构—关键词间接著录关系	机构—概念间接著录关系
关键词				共词关系	关键词—概念间接著录关系
概念					语义网络

利用元网络框架进行知识网络的分析具有以下优势：首先，元矩阵给我们展现不同实体之间存在多视角关系，有些关系是显性的、明确的，如合作关系、引用关系，而有很多关系则是隐性的，如作者—机构间接著录关系，可以进一步转化为基于机构共现的作者关系和基于作者共现的机构关系等，这些隐性关系从不同视角为我们观察复杂论文信息集合提供了更多维度的视角。其次，元矩阵将复杂知识网络的不同侧面统一到一个元网络框架下，基于该框架，我们可以通过各种动态的分析方法检测整个复杂知识网络的动态变化情况。尤其是该框架将不同实体置于一定的层次下考虑，这种思维方式对科学合作的模式、知识发现与扩散等复杂问题的解决是至关重要的，例如，想解释科学合作模式，我们往往需要同时了解谁是这个学科的核心作者、谁是这个学科的核心研究主题、谁是这个学科的核心机构，同时我们还需要知道当前合作网络的主要特征是什么等。

3.3.3 学术网络分析框架

2014 年 Erjia Yan 教授系统地提出了学术网络分析框架[106]，该框架在论文集合框架的基础上进行了 3 个方面的改进。

首先，与论文集合框架中平行看待实体不同，学术网络分析框架中认为各实体之间存在层次结构关系，例如，论文是由作者撰写的，作者隶属于某个机构，而一个机构又是属于某个国家的。因此，通过对不同聚合层的观察，我们具备了一个多维度的视角，可以根据需求随时调整对于数据观察的粒度，从而获得对于学科融合、机构交流、作者合作等内容更加全面的认识（图 3-5）。

其次，在网络关系类型上，学术网络分析框架根据 Newman 对真实世界网络的划分标准，将学术网络中关系类型划分为两类：作者合作网络属于社交网络，并真实连接（Real Connections），而直接引文网络属于信息网络，但也是真实连接，但文献耦合、共被引、共词、主题相似网络则属于信息网络和虚拟连接（图 3-6）。

最后，在学术网络分析框架中，分析方法被区分为 3 个不同层次的测量方法，分别是宏观、中观和微观。宏观测量主要目标是测量网络整体结构特征，中观测量则关注一组实体的行为，往往需要借助聚类、社群发现

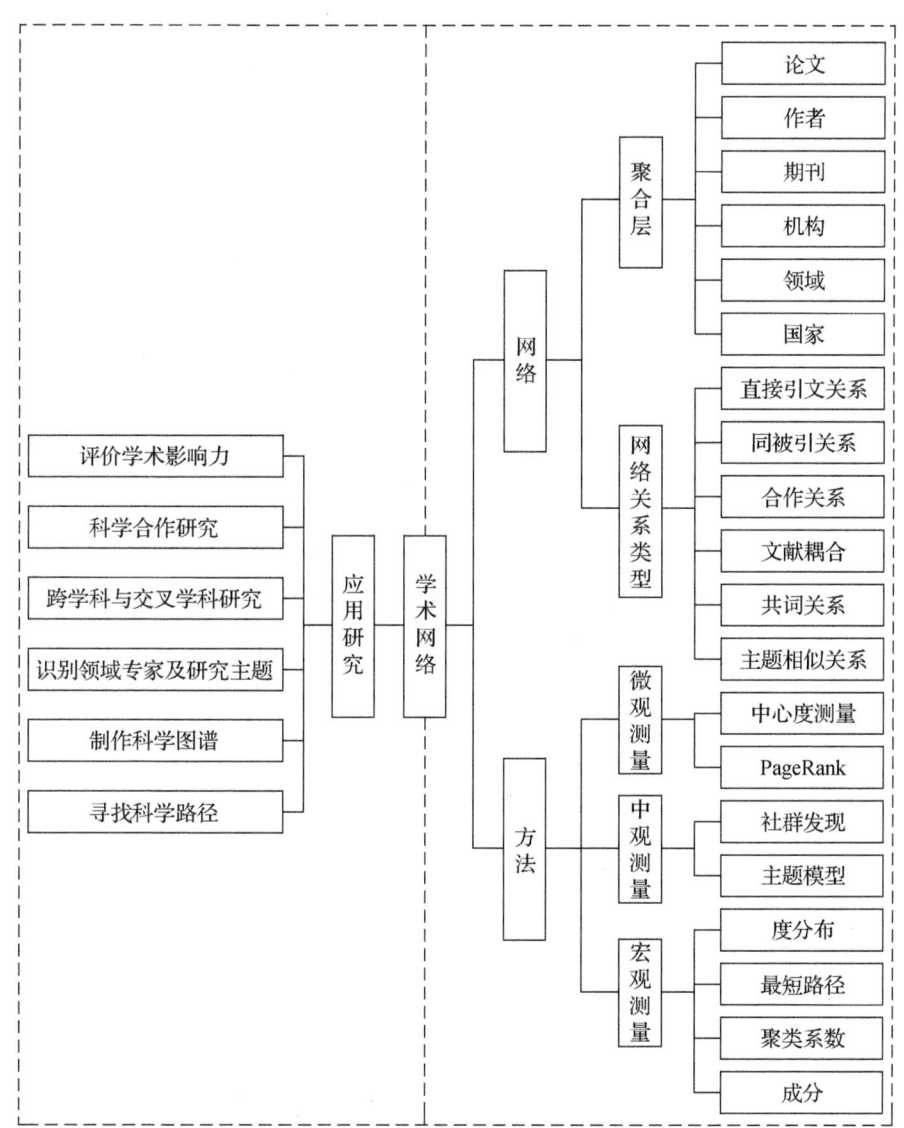

图 3-5 学术网络分析框架

及主题模型等方法实现；微观测量则更关注于单个节点（实体）在网络结构中的角色、排名及非均衡性特征。

根据上述描述不难看出，利用多视角对复杂信息对象进行综合观察已经成为当前学术界的主流思路。然而，在明确了多视角观察后，一个更深刻的问题马上摆到了我们面前,即如何利用多视角观察获得的丰富信息帮助我们对复杂专利信息产生洞见?解决这一问题需要我们进一步对多个关系进行融合。而在融合之前,我们首先需要将复杂专利数据进行有效的网络表示。

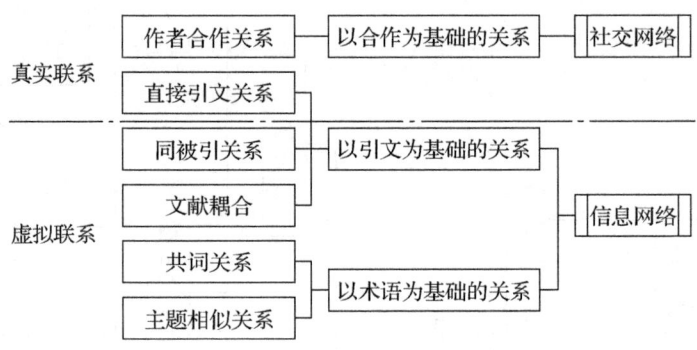

图 3-6　网络关系类型的解释

第 4 章
专利数据的网络表示

专利信息网络分析是网络分析的一个分支,其许多核心的理论与方法均是来源于网络分析,本章关注于解释网络分析的一些基本概念及其数学上的表示形式。本章的目的在于介绍如何将从专利数据中将有价值的信息提取出来转化成网络数据的经典表示形式,从而实现专利数据网络分析的目的。真实世界的专利信息非常丰富与复杂,只有深刻理解网络分析的数据表示形式才能够灵活地运用专利信息,通过网络分析方法获得深刻的洞见。通常而言,网络表示有两种思路:一种是整体网的思路,即从整个网络的观察视角来思考如何进行网络表示;另一种则是自底向上,即从局部网络结构特征出发来考虑如何进行网络表示。本章内容将包含上述 2 种思路,最后针对不同的观察视角、研究目的,介绍当前几种主流的网络结构模型。

4.1 基础网络表示

4.1.1 数据的网络表示

数据的网络表示形式主要有矩阵和图两种,两种形式都有非常广泛的应用,在实际分析过程中,两种表示形式是交叉使用的。然而,相对而言,矩阵由于有更为丰富的矩阵计算算法支持,因此,在网络计算用途方面运用得更为广泛;而图方法更为直观,在网络可视化方面使用得更为频繁,当然,当前两者的差异在缩小,一系列基于图论的图挖掘算法正在成为网络数据分析的主流[107]。

4.1.1.1 矩阵表示

矩阵是网络表示的一种形式。矩阵是由按照行和列排列的元素构成的,如果矩阵行列相同则为方阵;如果行列数不同,则此矩阵为长方阵。由 m 行和 n 列元素构成的一个矩阵的阶数,记作 $m \times n$,此矩阵可表示为:

$$A = \begin{bmatrix} a_{11} & a_{12} & \cdots & a_{1n} \\ a_{21} & a_{22} & \cdots & a_{2n} \\ \vdots & \vdots & & \vdots \\ a_{m1} & a_{m2} & \cdots & a_{mn} \end{bmatrix} \circ \qquad (4-1)$$

根据所表达关系的差异,矩阵表达形式也有不同的类型。本书中主要涉及两种矩阵的数据类型:邻接矩阵(Adjacency Matrix)与边列表矩阵(Edge List Matrix)。

(1)邻接矩阵

邻接矩阵是指矩阵中的元素 a_{ij} 是从节点 i 到节点 j 的边的条数。具体而言,邻接矩阵 $A = a_{ij}$ 是一个 $n \times n$ 矩阵,其中若 n_i 邻接 n_j,那么 $a_{ij} = 1$,否则 $a_{ij} = 0$,如图 4-1 所示。同样,邻接矩阵可以用来表示有权网络,如图 4-2 所示。

	n_1	n_2	n_3	n_4	n_5
n_1	—	1	1	0	0
n_2	0	—	1	0	0
n_3	1	0	—	1	0
n_4	0	0	1	—	1
n_5	0	1	0	1	—

图 4-1 二值有向网络的邻接矩阵示例

根据关系是否有方向,邻接矩阵又可以分为对称矩阵和非对称矩阵。矩阵对角线上的对角元表示的是节点自身的关系,一般是没有意义的,用"—"表示。然而,在有些矩阵中该对角元也有一定的含义,例如,在专利共引矩阵中,对角元就等于有向网络中指向该节点的其他节点的数量,

第4章 专利数据的网络表示

	n_1	n_2	n_3	n_4	n_5
n_1	—	2	1	0	0
n_2	0	—	1	0	0
n_3	1	0	—	2	0
n_4	0	0	3	—	1
n_5	0	3	0	1	—

图 4-2 有权有向网络的邻接矩阵示例

即节点的入度（也可以称为该节点的被引频次）。因此，不应简单判断对角元的取舍，而应该根据研究目标确定。

同时，邻接矩阵表示方法具有一个重要的缺陷，即虽然网络中节点之间不存在关系（矩阵单元为0），但仍需要预留相应的内存。但实际上，通常网络是稀疏的，例如，在引文网络中98%的专利之间是不存在关系的，但邻接矩阵仍预留大量内存空间去计算这些不存在的关系，因此，会造成网络计算资源的极大浪费。

（2）边列表矩阵

解决邻接矩阵过于稀疏问题的一个方案是采用边列表形式，该形式的特点是仅记录发生关联关系的节点。通过这种形式表示网络数据，网络数据的规模可以得到极大的压缩，而整个网络计算规模的增长与网络边数量的增产仅存在线性关系，如图4-3所示。

From	To	Value
n_1	n_2	1
n_1	n_3	1
n_2	n_3	1
n_3	n_1	1
n_3	n_4	1
n_4	n_3	1
n_4	n_5	1
n_5	n_2	1
n_5	n_4	1

图 4-3 二值有向网络的边列表矩阵示例

(3) 基础矩阵运算

①矩阵置换 (Matrix Permutation)。矩阵中的节点排序往往是根据某种序列（字母顺序、时间序列）等因素，序列可能会对矩阵的计算产生影响。实际上，更合理的方式应该是在完全随机的条件下进行的，因此，有时需要对邻接矩阵进行一定的矩阵置换，这种置换是对网络中行和列的相对位置进行重组，并不会对节点之间的关系产生实质性影响，但对于网络关系的统计推断而言是非常重要的，它能够帮助分析者更科学地寻找到隐形关系模式。

②矩阵转置 (Matrix Transpose)。矩阵转置是由原始矩阵的行和列的内部交换构造出来的。对于矩阵 A 而言，我们将其转置矩阵记为 A'，其项也为 $a'_{ij} = a_{ji}$。对于无向矩阵而言，其矩阵与其专置矩阵是相同的，但对于有向矩阵而言，矩阵和转置矩阵则不一定相同。

矩阵转置满足以下规律：$(A')' = A$。

矩阵加法：$A + B = \{a_{ij} + b_{ij}\}$。

矩阵减法：$A - B = \{a_{ij} - b_{ij}\}$。

③矩阵乘法 (Matrix Multiplication)。矩阵乘法是指 2 个矩阵进行乘积计算（又称为 Kronecker Product，以 $\otimes$ 来表示），该含义区别于 2 个规模相同矩阵之间的内积计算方法（又称为 Hadamard Product，以 $*$ 来表示）。矩阵乘法是网络分析中非常重要的运算方法，是关系代数的基础，可以用来检验网络节点之间的路径及可达性问题[58]。

4.1.1.2 图表示

图是一种用来描述实体间关系的数学对象，是构建信息模型的结构。其最一般的表现形式是用节点来代表对象，而用边来表示节点之间的关系。图论提供了一种可以用来描述及可视化各种实体之间关系的工具。专利信息分析之所以需要引入图论分析方法，关键在于图论方法实际上提供了一种对于复杂专利信息元素的抽象表示方法，很多的专利信息分析中的实际问题可以通过图来表示，如专利权人之间的合作关系、专利之间的引用关系等。同时，大量的现存的图论算法能够被引入帮助研究人员在更深层次上对复杂专利信息问题进行理解。

一个基本的 G 图由 2 个信息集合组成：节点 (Vertices) 集合 $V =$

$\{V_1, V_2, V_3, \cdots, V_g\}$，记为 $V(G)$；各对节点之间边的集合 $E = \{E_1, E_2, E_3, \cdots, E_g\}$，记为 $E(G)$。具体而言，一个 G 图可以写成 $G = (V, E)$。当两个节点通过一条边连接起来时，我们就称这个节点是邻接的（Adjacent）。这里邻接的含义是指两个节点之间有一条相连的边。如果节点 A 与节点 B 和节点 C 均有边相连，那么，我们就称节点 A 有 2 条附属边，而这个附属边的数量也被称为节点的"中心度"。

①无向图（Undirected Graph）。一个无向图是指图中边元素没有方向。这种图常用来表示包含对称连接关系的网络。例如，在人际交往关系网络中，两个人之间的握手行为（关系是相互且同时发生的），同样，在微信中建立的朋友关系，需要双方申请、确认的过程也被认为是一种根据系统规则"强制"建立的对称关系。

②有向图（Directed Graph）。一个有向图是指图中边元素具有方向。这种图经常用来表示包含非对称链接关系的网络。例如，在人际交往关系网络，朋友之间的建议关系往往就是非对称链接关系，A 认为 B 是其朋友并向其征求意见，但反过来就未必成立。

在数学表示上，图的基本定义 $G = (V, E)$ 并没有发生变化，但这里 $E(G)$ 表示的是一个有向边的集合，每条边是 2 个不同节点之间的有序对（Ordered Pairs）。

有向图与无向图的区别在于：有向图的弧是节点的有序对（反映节点间的有向关系），而边是节点的无序对（反映节点之间关系是否存在）。在专利网络中，许多关系是有向的，另外一些关系是无向的。例如，专利之间的直接引用关系是有向的，因为专利通常只能引用时间在先的专利（专利家族引用则可能突破这项限制）；而专利权人的合作关系则是无向的，因为合作是互惠且同时产生的。

③有权图（Valued Graph）。一个有权图是指图中边存在权重上的差异。网络边的权重可以用来表示连接成本、长度、距离、能力、相似等因素，往往是根据具体研究目的而设定的。对于很多网络而言，连接的权值非常重要，直接体现了研究的目的，例如，在语义相似网络中，最为核心的要素就是计算术语之间的相似度（连接的权值）。

在数学表示上，由于有权图增加了一个测量连接的维度，因此，图的

基本概念 $G=(V, E)$ 就需要扩展，即增加一个新的条件——依附在边集上的一组值，$W=\{W_1, W_2, W_3, \cdots, W_g\}$，因此，一个有权边的 G 图可以写成 $G=(V, E, W)$。

在专利网络中，有些关系是有值图，而有些关系则是多值图。例如，专利之间的直接引用关系是二值图，因为在一篇专利的参考资料中，被引专利往往只出现一次，而基于共现关系所产生的专利网络则多为有值图，如专利共引、专利耦合等，当然也可以根据研究需要对网络的有值无值属性进行强制定义。专利共引网络是基于共现频次的网络，虽然是有值图但可根据需要利用阈值（如网络整体密度）对专利共引网络中的共现频次矩阵进行二值转化，使其成为二值图。

4.1.2　3种网络类型的表示

下面我们将通过原始数据表、图表示方法、邻接矩阵表示方法及边列表矩阵表示方法来综合展现 3 种不同的网络数据类型：无向二值网络数据、有向二值网络数据及有向有权网络数据。

4.1.2.1　无向二值网络数据

无向二值网络是最简单的一种网络形式，图 4-4 展示了无向网络的 4 种数据表示类型，从图 4-4 中的原始数据中我们不难观察到该网络由 5 个节点构成，由于该网络为无向网络。因此，X_{AB} 与 X_{BA} 并没有区别，网络呈现对称数据结构，但为了记录数据的便利性，实际中，对于无向网络通常记录矩阵中上三角区域或者下三角区域的数据可以了。

4.1.2.2　有向二值网络数据

相对于无向二值网络而言，有向二值网络（图 4-5）增加了连边的方向性，即 $X_{AB} \neq X_{BA}$，因此，这时邻接矩阵上下三角形区域的数据都是有意义的。这里，图 4-5a 的行和列就代表了连边的方向性，图 4-5a 中的第 2 行第 3 列单元格中的 1，代表了 X_{BC} 表示了从节点 B 到节点 C 的一条链接（弧）；在边列表矩阵形式中，这种差异性体现地最为明显，从 B 到 C 与从 C 到 B 分别列出来作为 2 条独立的链接（弧），这均体现了网络的方向性特征。

第 4 章 专利数据的网络表示

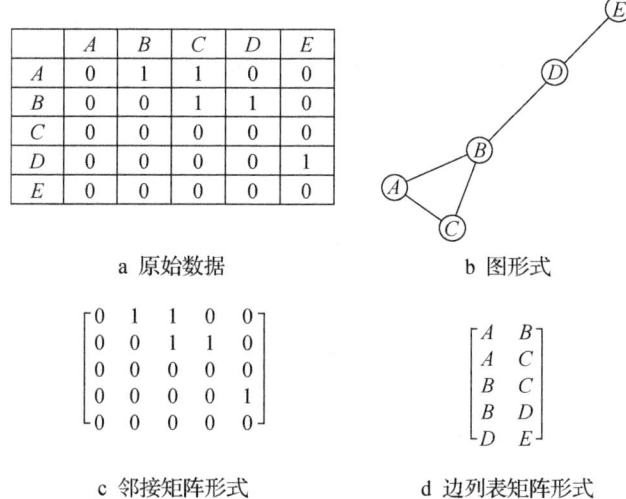

图 4-4 无向二值网络 4 种表示形式示例

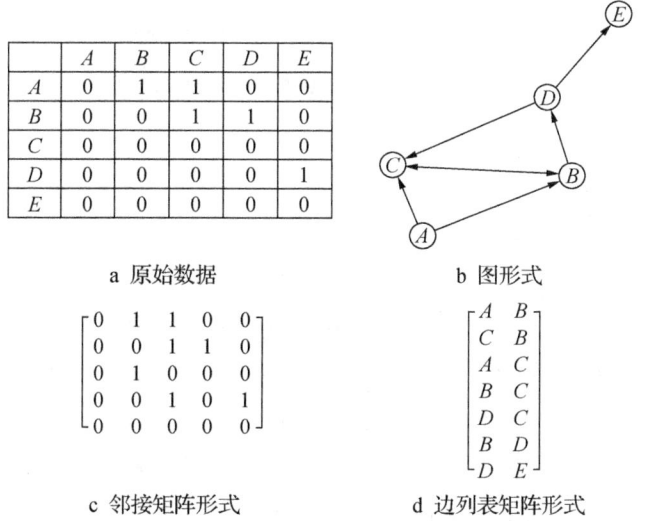

图 4-5 有向二值网络 4 种表示形式示例

4.1.2.3 有向有权网络数据

相对于有向二值网络而言,有权网络(图 4-6)(即边的权值非 0 或 1 的网络）最显著的差异就是原始数据中单元格内的值不再仅包含 0 或者 1，而是包括其他数量的变化值，这种取值范围上的差异使得图 4-6b 中网络图的边有了粗细的差异，同时图 4-6d 边列表矩阵增加了新的一列来记录边的权值。

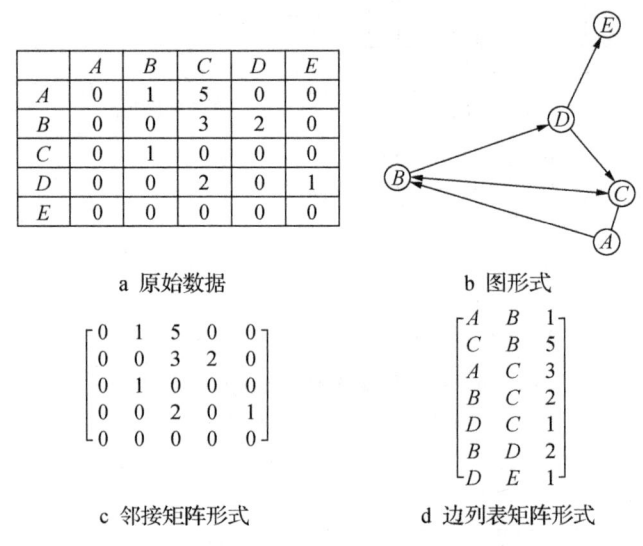

图 4-6　有向有权网络 4 种表示形式示例

4.2　网络表示扩展

我们已经介绍了几种基础的网络数据类型，然而，真实世界的网络数据远比基础数据类型要复杂得多。因此，我们需要进一步扩展网络表示的范围，使其能够尽可能地符合真实世界的网络数据特征，从而为我们理解网络数据提供更为有效的工具。网络表示的扩展形式可以从以下几个方面展开：首先，针对有向关系的转化；其次，二部关系数据；再次，在二部关系数据基础上，网络将扩展到多重关系网络、多层次网络数据，接下来，时序网络数据如何表示；最后，我们还需要考虑两种非常重要的数据，即节点属性和二元协变量。虽然，这两类数据并不是严格意义上的关系数据，但由于其对于信息分析而言具有至关重要的作用，缺少这两个方面的信息,单纯基于关系数据的分析并不能完整地展示复杂信息的全貌。因此,我们需要了解如何将上述两种不同于关系数据的信息源纳入网络数据分析的框架中来。

4.2.1 有向网络的转化

有时为了分析便利,会将有向网络转化为无向网络,因为截至目前学术界对于有向网络的研究方法还是较欠缺的。将有向网络转化为无向网络的最简单方法就是忽略所有边的方向,这种方法在有些情景下是可行的,但这样的处理会造成网络丢失大量信息,另一种更巧妙的方法就是使用"共被引"和"文献耦合"的方法。这两种方法应用的场景非常广泛,近年来,学者们也将其作为弥补单一直接引文稀疏性的一种重要手段。

引文网络(这里指直接引文网络)中节点 i 和 j 的共被引值是指共同指向节点 i 和节点 j 的边数。两篇论文的共被引值就是共同引用这两篇论文的论文数。当论文 i 和 j 都被论文 k 引用时,那么,$A_{ik}A_{jk}=1$,否则为 0;将所有的 k 汇总,即可以得到论文 i 和 j 的共被引值矩阵 C_{ij}:

$$C_{ij} = \sum_{k=1}^{n} A_{ik}A_{jk} = \sum_{k=1}^{n} A_{ik}A_{kj}^{T} \text{。} \tag{4-2}$$

A_{kj}^{T} 是 A 的转置矩阵 A^{T} 所对应的元素。将共被引矩阵(Co-citation Matrix)C 定义为一个 $n \times n$ 矩阵,其元素为 C_{ij},共被引矩阵 C 可以表示为:

$$C = AA^{T} \tag{4-3}$$

这里,共被引矩阵 C 是一个对称矩阵。共被引矩阵可以视为一个共被引网络(Co-citation Network),但其含义与原始引文网络存在一定差异。在共被引网络中,对于 $i \neq j$,如果 $C_{ij} > 0$,则论文 i 和 j 之间存在一条边,对照原始引文网络,也就是任意两篇被共被引的论文之间存在一条边,或者是一个有权网络,即以正整数为权重的加权网络,每条边上的权重对应 C_{ij} 的值。因此,如果一对论文被相同邻居论文引用的次数越多,则其权重就越大。

同理,文献耦合网络与同被引网络类似。原始引文网络中的两篇论文的文献耦合(Bibliographic Coupling)值是这两篇论文共同指向论文的总数。这里,当论文 i 和 j 同时引用了论文 k,那么,$A_{ki}A_{kj}=1$,否则为 0。于是,论文 i 和 j 之间的文献耦合数定义为:

$$B_{ij} = \sum_{k=1}^{n} A_{ki}A_{kj} = \sum_{k=1}^{n} A_{ik}^{\mathrm{T}}A_{kj}。 \qquad (4-4)$$

此时,将文献耦合矩阵 B 定义为一个 $n \times n$ 矩阵,其元素为 B_{ij},则有:

$$B = A^{\mathrm{T}}A。 \qquad (4-5)$$

需要注意的是,共被引矩阵与邻接矩阵在对角元的取值上是存在区别的,这一点同样也适用于文献耦合网络。原始引文网络如果是一个简单图,那么邻接矩阵中的所有元素 A_{ik} 的值要么是 0,要么是 1。因此,对角元 C_{ii} 的值应该等于所有指向论文 i 的总边数,即共被引矩阵的对角元应该等于原始引文网络的对角元。共被引矩阵的取值计算如下:

$$C_{ii} = \sum_{k=1}^{n} A_{ik}^{2} = \sum_{k=1}^{n} A_{ik}。 \qquad (4-6)$$

当然,很多情况下也可以直接忽略上述对角元,因为建立共被引矩阵和文献耦合矩阵的主要目的是关注论文之间的相关性,而不是关注节点自身属性。

尽管共被引网络和文献耦合网络在网络表示形式上非常近似,但实际分析的结果可能会差异巨大,因为上述两种网络表示受到了节点入边数和节点出边数的影响。两篇论文只有被相当多的论文引用后,往往才会具有较强的共被引关系,而这种强共被引关系往往仅限于少数有强影响力的论文、专利。相反,如果两篇论文都引用了很多论文,那么,两者之间就会有较强的文献耦合关系。

同时,两种网络还存在时滞上的差异,即对于文献耦合而言,当论文一发表,其他论文能够立刻引用到这篇论文,而共被引文献则需要等待自身论文发表后的一段时间,可能是几个月,甚至几年时间才会被其他论文所引用[108]。我们还需要注意,文献耦合关系是一个静态的关系,一旦论文发表出来,论文之间的文献耦合关系就确定下了,但对于共被引关系而言,论文在后续会不断被新的论文引用,这样共被引关系是会随着时间的推移而变化的。从这一特点出发,可以说共被引关系更适合用来显示论随时间而表现出的与兴趣相关的特征。

4.2.2 二模网络的共现

截至目前,我们主要关注的还是单一实体内部单一关系的网络类型,如专利之间的引用关系等。但在专利信息分析过程中,大量有价值的专利信息分析视角并不是直接去观察专利信息网络之间的关系,而是通过一种间接的信息去观察不同信息元素之间根据组合所产生的隐性知识。例如,专利信息往往同时包含专利权人信息和专利技术分类信息(如 IPC),这两种信息之间并不存在直接的关系,但通过专利号码这一媒介就建立了一种潜在的关联,在不同的研究目标指引下,这种关系的含义是可以被明确的,这种关系也被 Morris 称为直接著录连接关系,而有些可能是间接著录连接关系。在社会网络分析中,二模网络有一个更为经典的名称,即"隶属网络",其含义是指网络中的成员基于共同参与某一群体、组织或者参与某一事件形成了"成员—组织"或者"成员—事件"的隶属关系。例如,同属于一个班级的学生之间可能具有某种关联关系,这种关系并没有一个具体的直接关系存在,而仅仅是因为他们共同隶属于一个班级类型。

根据 Faust 对隶属网络的定义:隶属网络可以表示为矩阵 $A = \{a_{ij}\}$,矩阵 A 中分别记录行动者参与不同事件的情况。

$$a_{ij} = \begin{cases} 1, & \text{行动者 } i \text{ 属于事件 } j \\ 0, & \text{其他} \end{cases}$$

矩阵 A 是一个二模邻接矩阵,这里矩阵中的行表示行动者、列表示事件。假定存在 g 个行动者和 h 个事件,就可以形成一个 $g \times h$ 矩阵,行动者集合表示为 $N = (n_1, n_2, n_3, \cdots, n_g)$,事件集合表示为 $M = (m_1, m_2, m_3, \cdots, m_h)$,如图 4-7 所示。假定 6 个行动者($N1$, $N2$, $N3$, $N4$, $N5$, $N6$)参加 4 类事件($M1$, $M2$, $M3$, $M4$)的情形。图 4-7a 也被称为关联矩阵(Incidence Matrix)。

图 4-7 所示案例实际描述了 6 个行动者参与 4 类事件的情形,关联矩阵非常类似于邻接矩阵,邻接矩阵是一个方阵,即行列的数量一致,但关联矩阵并没有这样严格的规定;相反,关联矩阵的行列分别隶属于两个维

度，如这里是行动者维度和实践维度，正是因为如此，隶属网络也是一个二模网络。从图形式来观察，隶属网络最大的特点在于网络中两类节点被分别赋予了不同的颜色，行动者与事件之间具有关联关系，但在行动者之间或者事件之间并没有直接的关联关系（图4-7）。

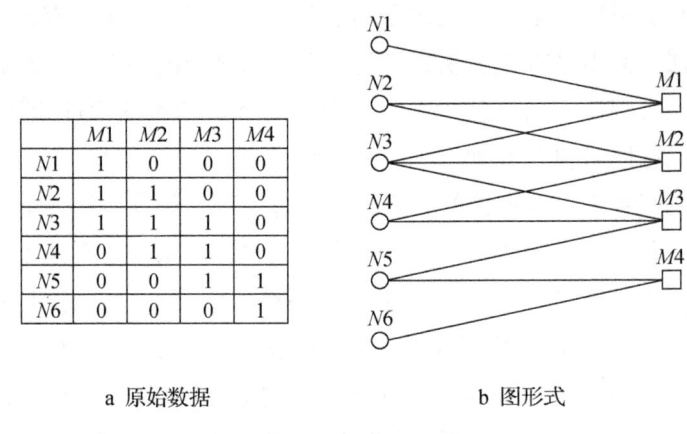

a 原始数据　　　　　　　　b 图形式

图4-7　隶属网络矩阵数据及图形

隶属网络矩阵可以通过转化形成两个一模矩阵 X^N 和 X^M，X^N 代表基于事件重叠的行动者共现矩阵（Co-membership Matrix），$X^N = A \otimes A^T$，其中，A^T 是 A 的转置矩阵，X^N 的值表示行动者之间基于事件重叠关系的强度；X^M 则代表基于行动者共同参与而形成的事件之间的相关关系，即基于行动者共现的事件重叠矩阵（Event Overlap Matrix），$X^M = A^T \otimes A$，其中，X^M 的值表示事件之间基于行动者共同参与的关联强度，X^M 中的对角线的值恰恰是参与某项事件的全部行动者数量（图4-8）。

可见，在隶属网络映射形成过程中，起关键作用的是矩阵乘法操作，矩阵乘法在网络数据表示过程中非常重要，很多网络均是通过矩阵乘法实现的。例如，在专利信息分析中，诸如共词网络、发明人共现网络等均可以采用上述方法实现。

4.2.3　多重关系网络

多重关系网络（Multiple Networks）是社会网络分析中一个传统的研究分支，其核心内容是研究网络中单一实体之间不同关系的网络结构特

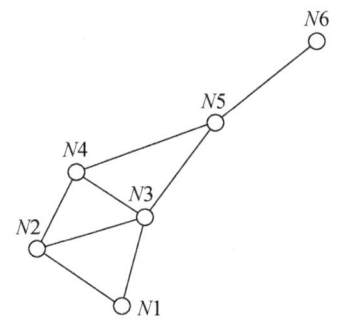 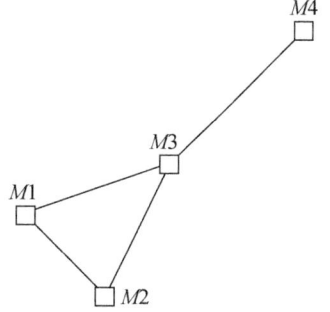

a 行动者共现矩阵　　　　　　　　　　　b 事件重叠矩阵

图 4-8　隶属网络的一模映射网络图及矩阵

征[109]。多重关系网络比较好理解，在现实生活中，任何一个社会人的人际交往关系都会包括朋友关系、恋爱关系、建议关系、领导与被领导关系、同学关系等。因此，如果我们希望了解某一个人是否可以成为朋友，往往需要从多重关系视角去综合理解他所处的位置、扮演的角色等内容，图 4-9 展示了一个 15 世纪意大利佛罗伦萨家族之间的多重关系网络，该网络中婚姻关系由直线表示，而商业则由虚线表示。

经典多重关系往往是指在单一网络中包含多种关系（连边）的类型，即多关系网络（Multiple Relational Network），也被称为超社群矩阵（Super Sociomatrix），较单一社群网络而言，这种超社群矩阵是通过存储一组代表不同关系类型的邻接矩阵来表示的。针对多重网络关系进行分析的意义包括两点：①比较来源于不同关系类型的多个关系网络的差异，例如，比较分析某一节点在不同关系网络中的位置差异，这种比较有助于研究人员加深对不同关系类型的理解；②可以通过一定的数据转化方式将多个不同关系类型的网络转化为一个单一网络（Simplex Network），在这个转化

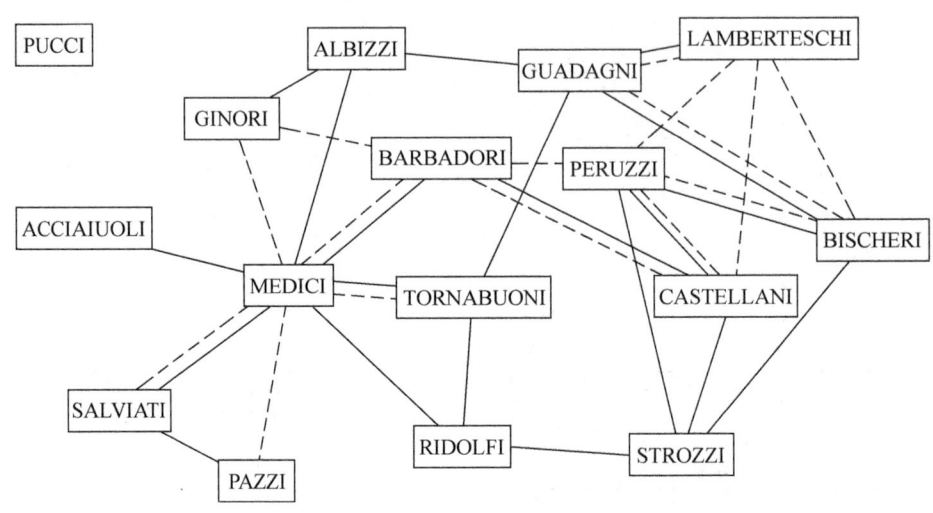

图 4-9　意大利佛罗伦萨家族多重关系网络（婚姻与商业）

过程中，多个单一的邻接矩阵将会根据一定的算法被重新组合（Aggregation），从而形成一个新的邻接矩阵，该邻接矩阵通常是加权的，权值代表了所测量各维度的汇总值。例如，一个旨在分析专利之间相关性的网络中，包含 3 种不同的关系：专利之间引用关系、专利之间共享专利权人的关系及专利之间的语义相似关系。那么，一个较为自然的信息组合方式就是建立一套加权数据组合体系，将专利之间 3 种不同关系的相似值进行汇总形成一个新的单一网络（Simplex Network），而该单一网络就在一定程度上代表了专利之间更为全面的相似关系[106]。

当然，上述例子中存在一个逻辑方面的缺陷，就是假定不同关系矩阵之间是不存在依赖关系的，即相互独立的。然而，这里独立性的假设往往是过于严苛的，例如，专利之间引用关系和专利之间的语义相似关系往往很难独立，因为很多时候，引用行为是基于专利之间的语义相似（主题相似）发生的。于是，建立一个好的多重关系网络分析模型，研究人员需要非常注意不同关系之间的依赖关系问题。

4.2.4　多层次网络

实际上，多层次网络（Multi-level Network）是在二模网络基础上发展起来的。该方法最核心思想是在多重关系网络的基础上(包含单一节点间的多重关系),通过加入二模关系网络(包含不同类型节点之间的二模关系),使其能够同时考虑同一个网络中多个实体之间的多种关系[10]。Wang Peng 正式给出了多层次网络的定义,多层次网络数据是包含多个节点类型的网络,其中,网络中的关系既包含同类节点之间的关系,也包含不同类节点之间的关系[110]。一个 k 层次网络就是指网络包含 k 个不同节点类型的网络,一模网络就是一个 1 层次网络,而二模网络则是一个 2 层次网络。

举例而言,一个 2 层次网络中有两种节点类型:A 是个体学生集合,而 B 则是公司集合,矩阵 $A \times A$ 网络代表学生之间的朋友关系或者建议关系,而二模网络 $A \times B$ 则代表学生潜在希望加入公司的关系,而 $B \times B$ 则代表公司之间的竞争或者合作关系等,同时,由于是无向网络,二模网络 $B \times A$ 和二模网络 $A \times B$ 表达的含义是一致的。因此,我们可以用一个组合节点的邻接矩阵来表示 4 种关系类型(表 4-1)。

表 4-1 组合节点集的邻接矩阵

一模关系 $A \times A$	二模关系 $A \times B$
二模关系 $B \times A$	一模关系 $B \times B$

对应的多层次网络的图形可视化效果如图 4-10 所示。

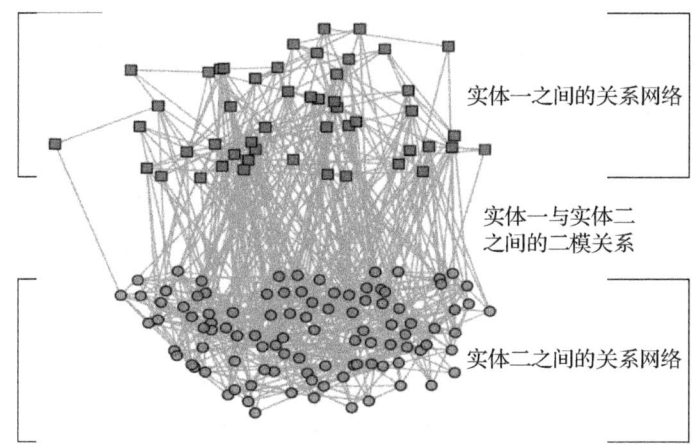

图 4-10 多层次网络的图形可视化

多层次网络分析方法较多重关系网络分析而言是一个较大进展，多层次网络仍考虑不同视角下单一实体之间内在的关系，但也开始关注实体之间的二模关系，并希望通过增加这个层次的观察来理解两个独立单个实体网络之间是如何影响的关系。

4.2.5 节点属性表示

社会网络分析的核心是网络关系，但在分析过程中，仅仅包含关系数据是不够的，还应该包含节点自身的属性数据。一个好的社会网络分析研究，实际是在寻求个体特质性与社会整体性之间的平衡，但现有的社会网络分析方法发轫于社群关系研究，天然对于关系数据有较深的洞见与解决方法，但对于节点属性方法的数据则很多时候是缺乏解决思路的。

在专利信息分析过程中，节点的属性因素往往起到了非常重要的作用，例如，在分析专利权人的合作网络中，专利权人自身的属性特征，如公司规模、是否是上市公司等基本信息往往就很大程度上决定了其在合作网络中的地位。同时，我们需要认识到目前学术界对于专利信息分析认知的主流成果主要是基于专利属性特征的，如果不将这部分信息纳入网络分析框架中，我们将难以继承前人研究的成果，进而推动专利信息分析的深入。因此，有必要将节点属性特征纳入网络分析的框架中来[53]。

针对不同的研究对象节点属性有不同分类，就专利信息分析而言，首先，需要确定的是观察视角，或者说是节点（实体）是什么。以专利质量评价问题而言，通常我们会选择专利作为观察视角；而如果是分析技术竞争优势则通常选择权利权人作为观察视角。其次，当观察视角选定后，我们需要根据研究问题对属性数据进行进一步划分，如专利质量评价、专利著录项基本信息、专利文档的质量信息、专利相关行为信息，以及专利相关替代评价信息等都有可能作为专利的属性。当然，最终选择什么样的属性特征还需要根据研究目的及研究设计来确定。

当了解了节点属性类型后，我们还需要了解节点属性是如何被转化为具体的网络数据格式的，这关系到在网络分析中如何利用节点的属性特征进行计算的问题。首先，二值数据、分类数据及连续性数据都可以用来记录节点属性，这与传统的统计分析方法并没有差异，但我们需要关注一种特殊的形式：节点属性数据可以作为独立的一列输入网络数据中，这里节点属性可以被视为一列向量（Vector）。需要注意的是，节点的数量需要与网络中的节点数量保持一致。通过网络可视化，二值节点属性变量或者分类的节点属性变量可以通过节点的颜色变化来展示，而连续性的节点属性变量则可以通过调整节点规模大小来展示。

同时，通过矩阵代数，可以实现一些特殊的针对节点属性的运算，这些运算对于深入了解网络特征往往具有非常重要的意义[58]。以下我们将举例来说明这种矩阵代数运算的作用式，假定有4个学生组成的朋友关系网络，这用一个无向二值邻接矩阵来表示，同时，有这4个学生的性别属性数据（单列），其中，0代表男性、1表示女性：

$$\begin{pmatrix} 0 & 1 & 1 & 0 \\ 1 & 0 & 1 & 0 \\ 1 & 1 & 0 & 1 \\ 0 & 0 & 1 & 0 \end{pmatrix} \times \begin{pmatrix} 1 \\ 0 \\ 0 \\ 1 \end{pmatrix} = \begin{pmatrix} 0 \\ 1 \\ 2 \\ 0 \end{pmatrix} 。 \quad (4-7)$$

上式展示了一个矩阵代数的基本运算，该运算展现的是一个邻接矩阵（朋友关系）乘以一个属性向量（性别）的结果，该运算的含义是分别计算每一个学生究竟有多少属性为1（女性）的朋友。通过运算结果，我们观察到，学生1和学生4是女性，但学生1在朋友网络中的朋友是学生2和学生3，因此，学生1没有女性朋友，同样，学生4也没有女性朋友，学生2和学生3分别有1个女性朋友和2个女性朋友。虽然，上面简单的例子非常简单，结论可以通过直接观察关系网络获得，但如果矩阵的数量再大一点时，矩阵代数的作用就会凸显出来。

4.2.6 二元关系协变量表示

严格来说，二元关系协变量并不是社会网络分析中的关系数据，但有着和关系数据相类似的结构。二元关系协变量的特点在于：它往往不是社会网络分析中关注的核心视角，因此，被视为协变量，之所以称为二元关系协变量，并不是因为不关注三元协变量或者更高阶的协变量，而是由于过于复杂，所以通常不将其纳入网络分析中来。经典的社会网络分析中常见的二元关系协变量，如行动者之间的地理距离，在一些社会网络分析研究中，通常将地理位置上的临近程度作为影响行动者之间社会关系建立的重要因素。

同时，二元关系协变量也可以来源于节点的属性数据。例如，如果我们关注行动者在年龄上是否具有同质性倾向，我们可以采用行动者之间的年龄差作为整个网络的协变量，于是网络中所有两个行动者之间（节点对）的年龄差异（$|y_i - y_j|$）的绝对值将被计算出来，式（4-8）二元协变量矩阵就展现了行动者年龄之间的差异：

$$\begin{pmatrix} 0 & 9 & 1 & 0 \\ 9 & 0 & 2 & 0 \\ 1 & 2 & 0 & 4 \\ 0 & 0 & 4 & 0 \end{pmatrix} 。 \tag{4-8}$$

同样，我们可以针对分类型变量构造一个或多个二元协变量，例如，我们可以检验同属于一个部门的行动者之间是否更有利于建立朋友关系，我们可根据两个行动者（节点对）是否属于同一部门构造一个行动者的二元协变量矩阵，如式（4-9）所示：

$$\begin{pmatrix} 0 & 0 & 0 & 0 \\ 0 & 0 & 1 & 0 \\ 0 & 1 & 0 & 0 \\ 0 & 0 & 0 & 0 \end{pmatrix} 。 \tag{4-9}$$

在专利信息分析中，实际上二元协变量的应用范围非常广泛，这是由专利信息自身的复杂性决定的。例如，有学者指出专利引文网络的形成，很大程度上受到了专利之间的技术相似性、地理距离及发明人之间熟悉程度的影响[77]。同时，需要注意到的是二元协变量的数据变化形式非常灵活，属性特征也能转化为二元协变量矩阵，这些构造出的二元协变量矩阵与关系数据的结构一致，可以扩展网络分析的维度。

4.2.7 独立时序网络数据

目前，我们研究的网络都是截面（Cross Section）网络数据，即是在一个固定时间采集的网络的整体数据，然而，在现实中时间总是一个非常有用的因素，合理地加入时间变量能够为研究提供更深入的洞见。在若干种研究动态网络的研究分支中,切片化的独立时序网络分析是较常采用的一种方法,该方法将一个整体网络根据多个时间点进行切分,划分为多个独立的网络,这样相关测量方法就可以在不同时序网络中进行比较分析,观察网络时序因素对于网络关系形成的影响。这种独立时序网络的分析方法非常容易理解,不同时间点的网络切片类似于多重网络中的多重关系,因此,计算上并没有突破传统多重关系网络分析的框架。

但该方法也存在两个问题:多重关系网络分析框架要求节点是完全一致的,而对于动态网络而言,后续时间切片上的网络节点与前面时间切片上的网络节点往往并不相同,但为了符合多重关系网络分析的框架,需要采用节点补齐的方法将最完整的整体网络节点集合赋予每一个时间切片上的具体网络,这样会导致大量节点之间的关系为空,从而增加了整体的计算量,同时这种数据补齐的方法并不符合实际,因为它首先需要假定我们知悉全部的网络节点,而节点的产生具有一定的随机性,这种认知假设是不符合实际的。

图 4-11 是一个独立时序网络切片的可视化展示,从中我们可以观察到有 3 个网络,根据时间切片会呈现不同的状态,这种状态之间的差异本身就是网络结构分析中的重点。社会网络分析中很多经典的研究内容如互惠性、传递性("朋友的朋友也是朋友")往往是需要在时间变量的条件下检验更为客观。

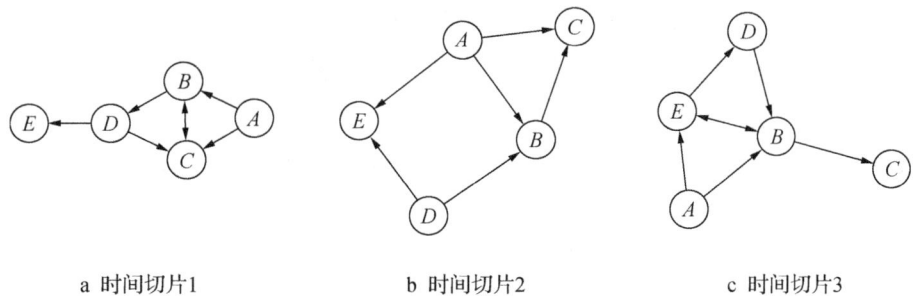

a 时间切片1　　　　b 时间切片2　　　　c 时间切片3

图 4-11　独立时序网络数据切片图形可视化

4.3 专利信息集合的网络表示

4.3.1 专利信息集合

专利信息集合与文献信息集合在基础构成上是相似的，在很多方面，专利信息要较论文信息更为复杂。专利信息不仅包含了技术信息，也是一种法律文本，还往往是企业技术竞争战略的实现手段。在专利分析过程中，最经常被使用的专利实体主要包括专利文献、专利权人、专利发明人、分类号、专利标题、专利权利要求、专利参考引文、专利审查员等。因此，实体间关系的类型也是千变万化的，如专利引用关系、专利间接引用关系、专利耦合关系、专利共引关系、专利权人合作关系、专利发明人合作关系、共分类号关系、共词关系、专利权人共引关系、专利权人耦合关系等。同样，专利实体所包含的属性信息也是非常丰富的，有表征质量的专利被引频次、有表征机构特征的国省代码，还有表征专利原创性、普遍性的指标等。

专利信息分析与论文信息分析面临着很多相同的分析场景，如学科演化与技术演化；学科评价与技术成熟度评价；知识扩散与技术溢出；作者合作与发明人合作（区域合作）；论文质量评价与专利价值评价等。虽然，很多专利信息分析工具提出要系统全面地观察专利信息，给出全面、客观的分析，但目前仍缺乏一套系统的、能够适应复杂网络分析多视角特征的分析框架。当前，专利信息分析的现状更多表现为各功能模块的组合，由于缺乏系统性，各功能模块之间实际存在大量冗余，看似提供了很多差异性功能，但实际上并没有能够通过这些差异性的功能模块，为整体系统性分析提供更多的支持。

因此，通过对专利信息集合进行建模，研究人员可以以一种更为系统化的方式对复杂专利信息进行多视角观察。这一步骤一方面能够为后续的关系融合提供支持；另一方面也有利于研发人员通过多视角观察更全面、迅速地了解复杂专利信息网络的全貌。

4.3.2 专利信息集合中的实体

与 Morris 的论文信息集合分析框架不同，本书中的专利信息集合分析框架仅仅是一个示例，更关注于专利信息集合分析的可行性，而并不要求全面性[50]。因为，专利信息所涉及的面非常广、关系极为复杂，无法用 7 种实体进行完全的概括，但对实体的简化并不会妨碍该框架的扩展性。

这里，专利信息集合所考虑的实体包括 4 种：专利权人、专利文献、参考文献、专利技术分类（表 4-2）。专利文献是整个专利分析流程中的核心，具体表现形式包括专利公开号、专利申请号、专利授权号、专利家族号、专利优先权号等。专利权人是对于专利文献的法定权利所有者。专利技术分类是专利局对专利所含子技术归属的一种细分标准，通过一系列的专利分类号的组合，一项专利的技术信息被完整标识出来。参考文献是指专利文献所引用的现有技术，反映对技术领域现有成果的采纳、吸收、改进或批评，在专利中也被称为现有技术"现有技术"（Prior Art）。

表 4-2　专利信息集合各实体的表征意义

实体	表征意义	解释
专利权人（A）	技术权利所有者	是技术的所有者或使用者，反映了专利信息集合中权利人之间的合作、竞争、共同参与行为等社会结构
专利文献（P）	技术报告	专利信息集合中的基础实体。专利文献与其他实体之间的直接著录关系构成整个分析框架的基础，相关的网络都是在直接著录关系基础上衍生获得的
参考文献（R）	现有技术（Prior Art）	专利文献所引用的现有技术，反映对技术领域现有成果的采纳、吸收、改进或批评
专利技术分类（C）	所涉及的技术领域	体现了专利文献的技术构成，反映专利信息集合中技术的构成、分布、组合特征

有一点需要注意的是：在 Morris 的论文信息集合中，论文和参考文献是作为 2 个独立实体来看待的。Morris 在文章中提到说之所以考虑论文和参考文献不是一个实体主要基于以下几点理由：首先，参考引用中所列的

内容很多并不是论文,两者在范围上并不一致;其次,为了在矩阵中更好地区分施引项和被引项[50]。这里我们仍沿用这一区分方法,区分专利文献和参考文献。

4.3.3 专利信息集合中的关系

专利信息集合所涉及的关系类型包括4种,即直接著录关系、间接著录关系、共现关系及衍生关系。

(1) 直接著录关系

直接著录关系是指专利文献与其所对应的实体之间的关系。专利信息集合所定义的4种实体,对应的直接著录关系有3种:"专利文献—专利权人""专利文献—参考文献""专利文献—专利分类",如图4-12所示。上述3类直接著录关系可以用以下3个矩阵来表示。

①专利文献—专利权人矩阵(Patent Assignment Matrix,PA)。该矩阵是一个二值非对称矩阵,矩阵的行为专利文献、列为专利权人。该矩阵描述了专利权利的归属关系。

$$PA_{ij} = \begin{cases} 1, & \text{第}i\text{项专利文献的所有权归第}j\text{项权利权人} \\ 0, & \text{其他} \end{cases}$$

②专利文献—参考文献矩阵(Patent Reference Matrix,PR)。该矩阵是一个二值非对称矩阵,矩阵的行为施引专利、列为参考文献。该矩阵表示了专利文献与现有技术之间的引用关系。

$$PR_{ij} = \begin{cases} 1, & \text{如果参考文献}j\text{被第}i\text{项专利所引用} \\ 0, & \text{其他} \end{cases}$$

③专利文献—专利分类矩阵(Patent Classification Matrix,PC)。该矩阵是一个二值非对称矩阵,矩阵的行为专利文献、列为专利分类。该矩阵表示专利文献与技术领域之间的所属关系。

$$PC_{ij} = \begin{cases} 1, & \text{如果专利}i\text{属于第}j\text{项技术分类} \\ 0, & \text{其他} \end{cases}$$

(2) 间接著录关系

这是指实体之间通过间接方式联系(或者说路径为2)。专利信息集合所定义的4种实体,不考虑通过矩阵行列转置可以实现的变化类型,所

第 4 章 专利数据的网络表示

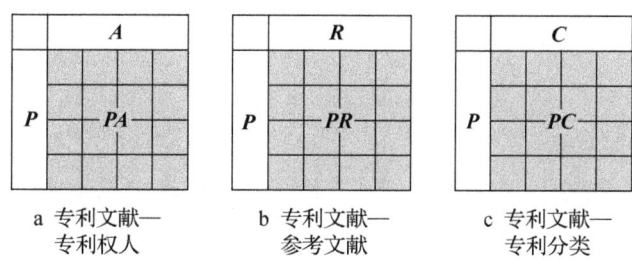

a 专利文献—专利权人　　b 专利文献—参考文献　　c 专利文献—专利分类

图 4-12　直接著录关系矩阵

对应的间接著录关系有 3 种，分别是："参考文献—专利权人""参考文献—专利分类""权利权人—专利分类"，如图 4-13 所示。上述 3 类间接著录关系可以用 3 个矩阵来表示，而这 3 个矩阵由可以通过对直接著录关系的矩阵运算获得。

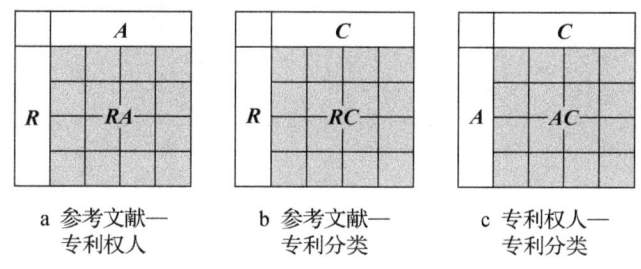

a 参考文献—专利权人　　b 参考文献—专利分类　　c 专利权人—专利分类

图 4-13　间接著录关系矩阵

① 参考文献—专利权人矩阵（Reference Assignee Matrix，**RA**）是一个有权非对称矩阵，矩阵的行为参考文献、列为专利权人，该矩阵代表专利权人引用参考文献的情况。可以通过以下公式获得：

$$\boldsymbol{RA} = \boldsymbol{PR}^\mathrm{T} \times \boldsymbol{PA}。 \qquad (4-10)$$

② 参考文献—专利分类矩阵（Reference Classification Matrix，**RC**）是一个有权非对称矩阵，矩阵的行为参考文献、列为专利分类，该矩阵代表专利分类所对应的参考文献的情况。可以通过以下公式获得：

$$\boldsymbol{RC} = \boldsymbol{PR}^\mathrm{T} \times \boldsymbol{PC}。 \qquad (4-11)$$

③ 专利权人—专利分类矩阵（Assignee Classification Matrix，**AC**）是

一个有权非对称矩阵,矩阵的行为专利权人、列为专利分类,该矩阵代表专利权人所对应的技术分类的情况。可以通过以下公式获得:

$$AC = PA^{\mathrm{T}} \times PC。 \quad (4-12)$$

(3)共现关系

实体间的共现关系实际是对某一实体对之间接收到来源于其他实体对共同链接(或者共现)数量的考察,最终这种数量可以通过一系列的方法如根据链接频次(Link Weight)或者相似性(Similarity Links)转化为对网络间节点关系的测量[50]。根据专利信息集合所定义的4种实体类型,对应的共现关系类型也有4种,分别是:"专利共被引""专利文献耦合""专利权人共现""专利分类共现",如图4-14所示。上述4种共现关系同样可以通过对直接著录关系的矩阵运算获得。

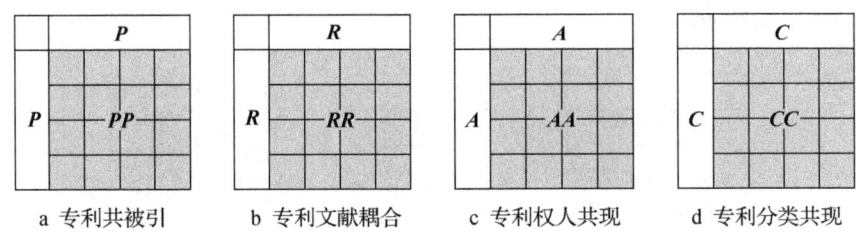

a 专利共被引　　b 专利文献耦合　　c 专利权人共现　　d 专利分类共现

图4-14　4种共现关系矩阵

①专利共被引矩阵(Patent Co-citation Matrix,**PP**)是一个有权对称邻接矩阵,矩阵的行和列均为专利文献,该矩阵代表专利集合中共同引用专利文献对的情形。可以通过以下公式获得:

$$PP = PR \times PR^{\mathrm{T}}。 \quad (4-13)$$

②专利文献耦合矩阵(Patent Bibliographic Coupling Matrix,**RR**)是一个有权对称邻接矩阵,矩阵的行和列均为参考文献,该矩阵代表专利文献对共同指向专利集合中其他文献的情形。可以通过以下公式获得:

$$RR = PR^{\mathrm{T}} \times PR。 \quad (4-14)$$

③专利权人共现矩阵(Assignee Co-authorship Matrix,**AA**)是一个有权对称邻接矩阵,矩阵的行和列均为专利权人,该矩阵代表任意专利权人对在专利文献中共同出现的情形。可以通过以下公式获得:

第4章 专利数据的网络表示

$$AA = PA^T \times PA。 \qquad (4-15)$$

④专利分类共现矩阵（Co-classification Matrix，**CC**）是一个有权对称邻接矩阵，矩阵的行和列均为专利分类，该矩阵代表任意专利分类对在专利文献中共同出现的情形。可以通过以下公式获得：

$$CC = PC^T \times PC。 \qquad (4-16)$$

（4）衍生关系

除了基于直接著录关系的共现关系之外，实际上，还可以基于间接著录关系实现共现关系，其原理是一致的，均是将二模网络转化为一模网络的过程[112]。稍有区别的地方在于，基于间接著录关系的共现可能的实现形式有很多种，但最常用的主要是以下 4 种情形："专利权人共被引关系""专利权人耦合关系""专利分类共被引关系""专利分类耦合关系"（图 4-15）。

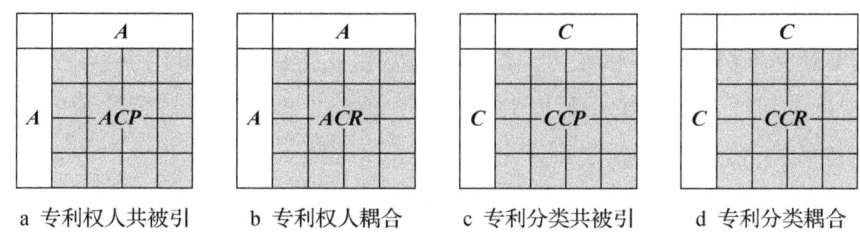

a 专利权人共被引　　b 专利权人耦合　　c 专利分类共被引　　d 专利分类耦合

图 4-15　4 种基于间接著录关系的共现关系矩阵

①专利权人共被引矩阵（Assignee Co-citation Matrix，**ACP**）是一个有权对称邻接矩阵，矩阵的行和列均为专利权人，该矩阵代表专利集合中专利权人基于共同引用专利文献对形成的关系。可以通过以下公式获得：

$$ACP = PA^T \times PA。 \qquad (4-17)$$

②专利权人耦合矩阵（Assignee Bibliographic Coupling Matrix，**ACR**）是一个有权对称邻接矩阵，矩阵的行和列均为专利权人，该矩阵代表专利集合中专利权人基于专利文献耦合对形成的关系。可以通过以下公式获得：

$$ACR = RA^T \times RA。 \qquad (4-18)$$

③专利分类共被引矩阵（Classification Co-citation Matrix，**CCP**）是一个有权对称邻接矩阵，矩阵的行和列均为专利分类，该矩阵代表专利集合

中专利分类基于共同引用专利文献对形成的关系。可以通过以下公式获得：

$$CCP = PC^{\mathrm{T}} \times PC。 \qquad (4-19)$$

④专利分类耦合矩阵（Classification Bibliographic Coupling Matrix，**CCR**）是一个有权对称邻接矩阵，矩阵的行和列均为专利分类，该矩阵代表专利集合中专利分类基于专利文献耦合对形成的关系。可以通过以下公式获得：

$$CCR = RC^{\mathrm{T}} \times RC。 \qquad (4-20)$$

目前，上述衍生关系主要是针对无向网络而言，对于有向网络而言，有一种特殊的关系类型也需要关注，即专利文献之间的间接引用关系。

专利间接引用关系矩阵（Patent Indirect Citation Matrix，**IPR**）是一个有权非对称矩阵，矩阵的行为专利文献、列均为参考文献，该矩阵代表专利集合中存在专利文献与参考文献之间长度为 N 的途径的情形，如果 $N=1$ 就是矩阵本身，如果 $N=2$ 就是通常意义上的间接引用关系，当然，从定义上可以看到，N 是可以大于2的，因此，专利间接引用关系矩阵可以通过以下公式获得：

$$IPR = PR^{[N]}。 \qquad (4-21)$$

4.4 局部结构的网络表示

与本章前面介绍的内容相区别，本节主要关注的是从网络的局部结构特征出发来考虑如何表示整体网络的问题。网络局部结构对于深入理解专利复杂网络是非常重要的，这是一种自下而上的逻辑思路，即任何复杂的网络都是由具体的局部结构不断涌现所构成的。从局部结构去推断整体网络特征也是一种常用的研究手段，是当前网络统计推断的基础。

4.4.1 基础网络局部结构

理解网络局部结构的网络表示，需要从最基础的二元组（Dyads）开始。在网络中二元组可能相互连接，也可能不连接。在一个有向网络中，二元组可以通过一个非对称的联系或者交互的联系建立起连接。

第 4 章 专利数据的网络表示

（1）二元组

网络中的节点对之间的联系（可以是相互连接的，也可以是不相互连接的）存在 4 种情形，如表 4-3 所示无向关系、互惠（交互）关系、有向关系、零关系。零关系既可以存在于有向网络中，也可以存在于无向网络中，然而其他 3 种二元关系类型仅存在于有向网络或者无向网络中。

表 4-3 二元组及其网络表现形式

局部结构	关系类型	无向网络	有向网络
○　　○	零关系	*	*
○—○	无向关系	*	
○←○	非对称关系		*
○⇌○	互惠（交互）关系		*

（2）三元组

如果我们从 3 个节点来考察，就存在三元组（triads），只是子图的观测对象包含 3 个节点。一个三元图是由 3 个节点和它们之间可能存在的联系所组成的子图。在有向网络中存在 16 种可能的三元组配置，每一种三元组配置都对应了一项标识符，图 4-16 显示了这 16 种三元组配置及其对应的标识符。

若是无序节点对，则存在 64 种情况，但根据同构性可以概括为 16 种情况。在 16 种可能的关系中，第 1 种是情况是边（或者弧）是空集，其他情况都是单独的同构结构。图 4-16 中顺序后的 3 位符号分别有不同意义：第 1 位数字表示对称关系数量，第 2 位数字指非对称关系数量，第 3 位指虚无关系数量。例如，012 表示对称关系数量为零，且有 1 个单一非对称关系和 2 个虚无关系。其数字后面的英文字符"C""T""U""D"，分别代表"循环关系""传递关系""向上关系""向下关系"。

上述二元组、三元组是观察网络局部结构的基本出发点，但仅以上述局部结构来理解网络是不够的，关系形成理论提供了一套理解理论框架来帮助我们理解网络的局部结构如何影响网络的形成。当然，具体的网络局部结构与研究领域、背景有较强的相关性，很多时候需要综合起来才能形成好的分析框架。下一节，我们将结合专利引文这一具体场景来理解，如

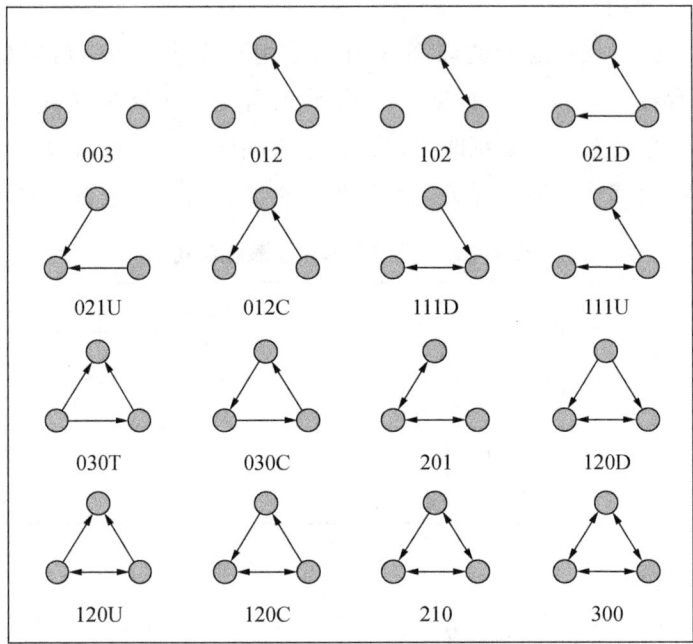

图 4-16　三元组及其网络表现形式

何通过网络局部结构来理解专利引用关系的形成问题。

4.4.2　专利引用关系形成的解释框架

在专利引用关系形成这一具体研究情境下，有 3 种影响过程可以决定专利引用关系的形成，分别是：网络自组织影响过程、自身属性影响过程及网络二元关系协变量影响过程。这 3 种过程又分别对应具体的网络配置及网络效应，这里网络配置（Configurations）是社会网络结构中代表局部规律性的一个可能的局部子图。本节主要论述如何构建一个复杂的局部结构（对应为网络配置）来为后续网络统计推断奠定基础。

如图 4-17 所示，解释框架由 3 个部分构成，包括网络自组织、专利自身属性及网络二元关系协变量。网络自组织（Network Self-Organization）影响过程是指引用关系在某些情境下自发的可以促使其他引用关系的形成，通过累积逐渐形成一个有序的网络结构。这一过程是网络的内生效应，是纯粹产生于网络关系内在的运动变化过程。专利自身属性影响过程强调网络个体属性特征对于关系网络的形成具有影响，网络中各专利间在属地、领域、范围、质量、影响力上是存在差异的，这些差异与网络自组织特征一起影响着专利引用关系的形成。除此之外，专利引文网络的外部因素可以通过网络二元关系协变量（Dyadic Covariates）的形式影响专利引用关系的形成，如专利之间的语义关联、地理距离、人际关联因素也会从外部影响专利引用关系的形成，网络二元关系协变量虽然与网络数据有着相似的结构，但其关注的中心是网络本身的协变量效应。因此，一个完整的解释专利引用关系形成的框架由上述3个部分构成[111]。

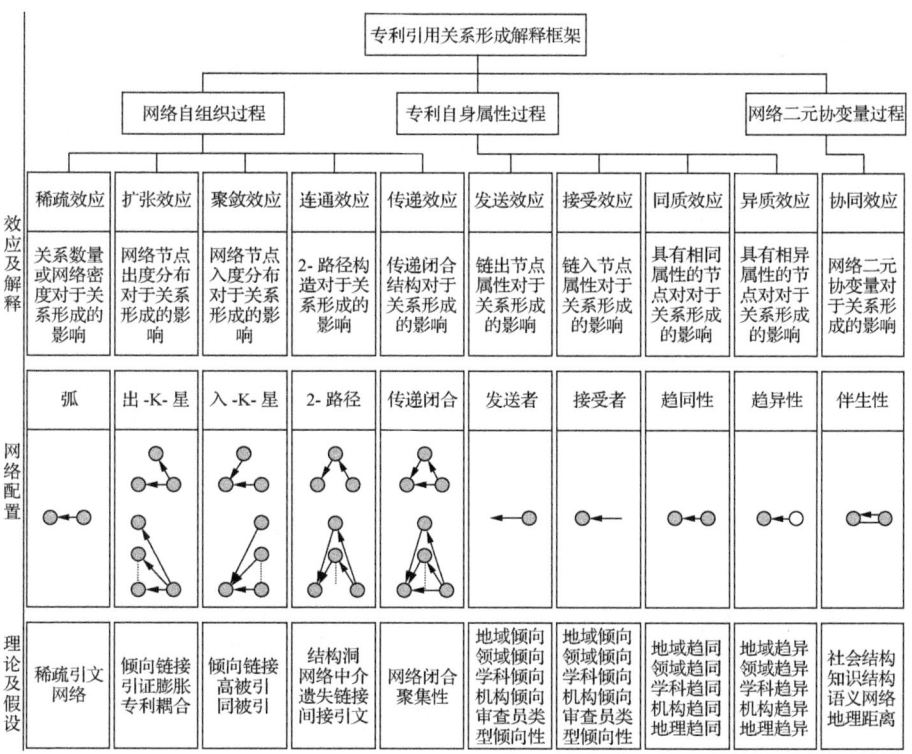

图 4-17 专利引用关系形成的解释框架

4.4.2.1 网络自组织影响过程

网络自组织过程是网络研究中的一个主要研究分支。在关系形成视角下，与专利引用关系形成相关的网络自组织效应主要有以下5种：稀疏效应、扩张效应、聚敛效应、连通效应、传递效应。

（1）稀疏效应

稀疏效应是指假定网络中其他因素不变的条件下，引文关系数量对于专利引用关系形成的影响。就专利引文的数量而言，以往的文献主要归纳了2种特征：E. Yan 提到专利引文网络是极为稀疏的网络[112]；A. B. Jaffe 提出专利引文数量随着时间推移存在"引证膨胀"的现象[113]。虽然同时存在上述两点特征，但稀疏性往往会表现得更为突出，随时间变化，专利引文网络稀疏特征的增长规模（增长专利数的平方）要远大于专利引文增长的数量[114]。因此，通常网络中的关系数量效应对于专利引用关系形成的影响是较小的，甚至是负向的。之所以要考虑关系数量效应，主要是该效应是简单随机图产生的依据，代表了网络中最大不确定性的范围，是比较研究的基础。在网络统计模型中，测量这种稀疏效应所对应的网络配置如图4-18中弧（Arc）所示。

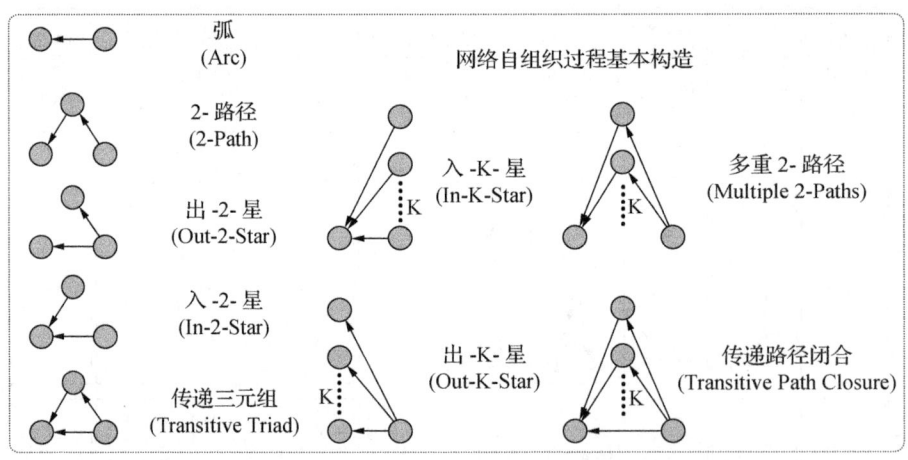

图4-18　专利引文网络自组织效应所对应的网络配置

（2）扩张效应

扩张效应（Popularity Effect）是指假定网络中其他因素不变的条件下，节点出度分布对专利引用关系形成的影响。扩张效应所对应的网络配置是一个星形结构，从中心节点链接出2条或者多条弧，具体到专利引文网络中，表示某一专利参考引用其他多项专利的行为，该行为所对应的扩张效应可以用节点出度来测量；同时，从三元组视角观察，扩张效应所对应的网络配置类似专利耦合关系结构[115]，而从枢纽与权威视角观察，扩张效应所对应的网络配置也可以用来解释枢纽特征[74]。因此，上述两种专利引文网络中的现象也可以利用扩张效应所对应网络配置进行测量。如图 4-18 所示，网络统计模型中测量这种扩张效应的网络配置被称为"出 - 2 - 星"（Out-2-Star）或者是"出 - K - 星"（Out-K-Star）。

（3）聚敛效应

聚敛效应（Activity Effect）是指假定网络中其他因素不变的条件下，节点入度分布对于专利引用关系形成的影响。聚敛效应所对应的网络配置是一个星形结构，从中心节点链接入两条或者多条弧，具体到专利引文网络中，少量专利会被其他专利高频引用，而有些专利则很少被引用，这种特征在社会网络中通常被称为"富人俱乐部""马太效应"或者"倾向链接"现象，而上述问题正是聚敛效应要测量的内容。同时，从三元组视角观察，聚敛效应所对应的网络配置类似专利同被引结构[116]，也类似于枢纽与权威研究中的权威特征[74]。因此，上述两种专利引文网络中的现象也可以利用聚敛效应所对应网络配置进行测量。具体到统计网络模型中，测量这种聚敛效应的网络配置被称为"入 - 2 - 星"（In-2-Star）或者"入 - K - 星"（In-K-Star）。

（4）连通效应

连通效应是指假定网络中其他因素不变的条件下，2 - 路径配置对于专利引用关系形成的影响。连通效应所对应的 2 - 路径配置（无论是简单的还是多重 2 - 路径配置）是一种较为特殊的局部配置，一方面处于中心的节点接受从其他节点链入弧；另一方面它也链向其他节点。具体到专利引文网络中，从关系视角来看，它体现了两篇专利文献之间经由中间专利文献的联系形成了一种间接连通的关系，它类似于专利间接引文结构，也可以用于表示潜在"遗失链接"[81]。同时，从节点视角来看，处于两篇专利文献中心位置的专利文献又扮演着中介者的作用[117]。以上述两点研究为基础，2 - 路径配置还可以作为专利引文网络"结构洞"特征测量的手段。如图 4-18 所示，统计网络模型中测量这种连通效应的网络配置被称为"2 - 路径"（2-Path）或者"多重 2 - 路径"（Multiple 2-Paths）。

(5) 传递效应

传递效应是指假定网络中其他因素不变的条件下,传递闭合对于专利引用关系形成的影响。传递闭合(Transitivity Closure)也是专利引文网络研究中一种较受关注的结构,但在传统专利引文网络文献中更多表现为对聚集系数或者网络聚集特征的测量。然而,更全面地考虑传递闭合结构,其特点还表现为两个方面:一方面,传递闭合是在2-路径配置基础增加的一条弧,该弧的增加使得"遗失链接"显性化,配置内部的关系更为稳健,该特征可以用于分析专利技术的演化路径[117];另一方面,在传递闭合配置中,度分布并不均匀,某些节点具有更多的入度,而这种在传递闭合配置中的入度优势要优于单纯聚敛效应配置中的入度优势。因此,传递效应也可用于识别知识流动过程中的源头[118]。统计网络模型中测量这种传递效应的网络配置被称为"传递三元组"(Transitive Triad)或者"多重传递闭合"(Multiple Transitive Closure)。

4.4.2.2 专利自身属性影响过程

专利自身属性特征对于专利引用关系的形成也具有十分重要的影响。相关研究显示专利在地域、专利申请人、专利发明人、所涉技术广度与深度、审查员类型、技术领域及对于科学知识的依赖程度方面都存在较大的差异,这些与专利自身属性相关的因素也会在不同程度上影响了专利引用关系的形成。

(1) 发送者效应(或接受者效应)

在专利引文网络中,某些属性特征能够通过影响网络中其他专利参与引用行为的程度对专利引用关系的形成产生影响。对于有向网络而言,这种效应可分为以下2种。

一种是接受者效应(Receiver Effect),指假定网络中其他因素不变的条件下,专利自身所具备的某种属性能够影响该专利被其他专利更多的引用。例如,在美国申请的专利由于其在公开程度、专利质量及受市场关注程度上有别于他国专利。因此,如果一项专利具备"在 US 申请"的属性,那么,该专利就可能会被更多地引用[119]。该配置如图4-19中的接受者所示。

另一种情况是发送者效应(Sender Effect),具体到专利中是指假定网

第 4 章 专利数据的网络表示

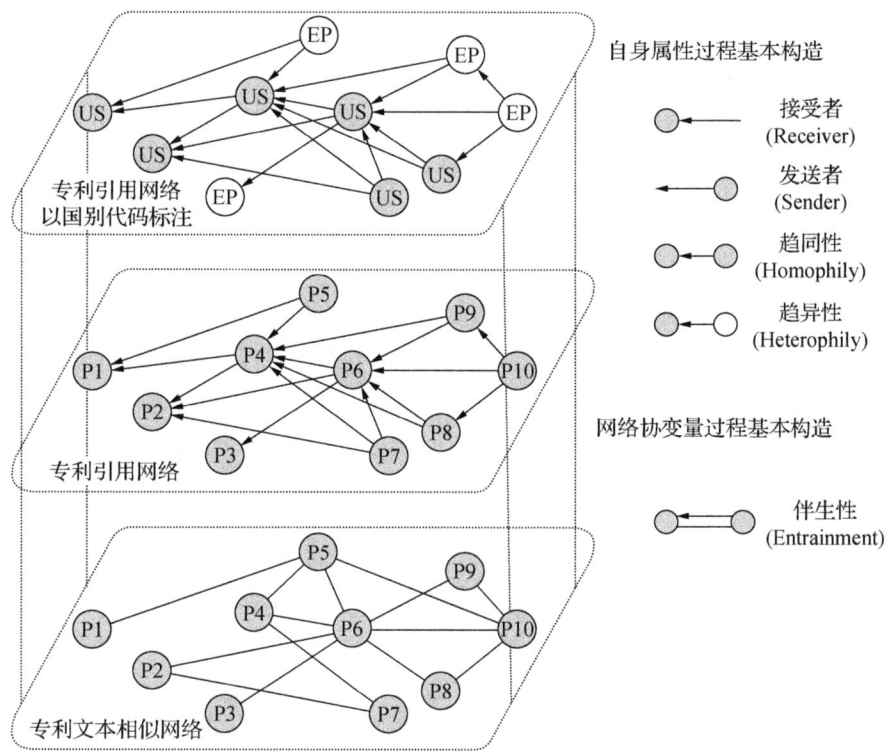

图 4-19 专利属性及网络协变量影响因素的网络配置

络中其他因素不变的条件下，专利自身所具备的某种属性能够影响该专利会更积极地引用其他专利。相关研究认为，美国专利局对专利引用行为规定了"举证责任"义务，如果专利申请人在申请过程中没有公开现有技术，在后期诉讼中将处于不利的地位，这样势必导致在美国专利局申请的专利的平均参考文献数量要多于其他国家[48]。对应在网络统计测量中，如果一项专利具备"在 US 申请"的属性，那么，该专利就可能倾向于引用更多的其他专利。该配置如图 4-19 中的发送者所示。

（2）同质效应（或异质效应）

除了考虑单方面的专利属性特征外，引用行为所涉及的双方专利的属性特征也会影响到专利引用关系的形成。这种影响因素可以被称为同质效应（Homogeneous Effect）或者异质效应（Heterogeneous Effect）。同质效应是指假定网络中其他因素不变的条件下，引用行为所涉及的双方专利具有同样属性将会对专利引用关系的形成产生影响，该效应所对应的配置如图 4-19 中的趋同性所示；异质效应则是指引用行为所涉及的双方专利具有不同的属性会对专利引用关系的形成产生影响，该效应所对应的配置如图 4-19 中的趋异性所示。例如，有学者证明在美国专利数据中，在美国专利局申请的专利会优先引用来自美国专利局授权的专利[120]，同样，学者也发现在欧洲专利局申请的专利也存在类似的现象[121]。根据上述相关文献，似乎说明存在基于共同专利受理国特征的专利引用倾向性；同样，在实际过程中，也可能会存在基于不同专利受理国特征的专利引用倾向性，这种倾向性就可以通过异质效应来检验。非专利引文问题也是专利引文研究中非常值得关注的问题，通常专利既可能引用专利文献也可能引用非专利问题，该问题的解决可以通过将专利审查员引文问题视为不同类型节点属性（专利文献、非专利文献）之间的关系问题，于是就可以采用同质性效应或异质性效应来解决上述问题。

4.4.2.3　二元关系协变量影响过程

相关的研究表明，在专利引用行为过程中，专利权人的合作关系、专利发明人流动关系、专利间文本的语义相似性、专利间技术分类相似性及地理距离等引用关系以外的特征也对专利引用关系的形成具有影响[25,78-79,112]。

协同效应是指假定网络中其他因素不变的条件下，二元关系协变量网络表现出的与专利引用关系的伴生性对于专利引用关系形成的影响。该效应所对应的网络配置见图 4-19 中的伴生效应，举例而言，图 4-19 中专利引文网络中专利 P9 与专利 P10 之间存在引用关系，同时在专利文本相似网络中，专利 P9 与专利 P10 之间存在本文相似关系，此时这两种类型网络的关系就构成伴生关系。在具体网络分析中，伴生性的表现形式有很多种类，包括专利权人的合作关系、专利发明人流动关系、专利间文本的语义相似性、专利间技术分类相似性及地理距离等，这些都影响到专利引用关系的形成。另外，专利审查员引文也可以通过协同效应进行检验。专利引用关系可分为审查员引文、申请人引文等，于是该问题可以被视为一个多类型关系问题（也可被称为多重关系、多层关系等），通过构建网络二元关系协变量，就可以检验审查员引文网络对于专利引用关系形成的影响，同时由于审查员引文和申请人引文之间并不具有重叠性。因此，测量二元关系协变量的结果实际上就可以解释：在考虑网络中其他条件不变的前提下，相对于专利申请人引文，专利审查员引文的增多对专利引用关系形成影响的效果。

4.5 小结

通过本章的论述，我们发现网络科学提供了一套基于图论、矩阵的框架，该框架通过将传统科学计量、专利信息分析中的各种元素通过实体、关系、属性、时序表现出来。这种分析框架极大扩展了当前传统科学计量、专利信息分析的观察视野，推断了科学评价、科学图谱绘制、学科演化研究的发展。

然而，随着研究的深入，尤其是进入20世纪后，越来越多的学者认为单一视角，无论是共被引、耦合，还是共词、主题都无法解释复杂科学网络的完整结构特征，需要综合利用多视角从不同的关系网络出发，通过融合各种关系网络所反映的结构特征，于是实践中对于多关系融合的需求就产生了，第5章将介绍单一关系网络下如何开展针对不同聚合层的网络测量方法，第6章将聚焦于针对多视角观察所形成的多关系矩阵进行融合。

第 5 章
专利数据的网络测量

社会网络分析已经形成了较为丰富的网络测量方法,这些方法可以帮助我们对专利信息产生有价值的洞见。这些网络测量方法大致可以分为以下 4 个部分。

①基础网络测量:主要是围绕网络一些基本拓扑特征开展的测量,其目的主要是用来理解网络差异、特征的工具,包括密度、平均路径长度、网络直径、聚类系数、最大子群数、三角形数量、四边形数量等。

②网络中心度测量:主要关注网络结构视角下网络节点、边所呈现的差异性。如度中心性、中介中心度、接近中心度、特征向量中心度等。

③相似性测量:主要关注网络节点之间相互接近的程度。相关的测量指标包括共同邻居指标、余弦相似性指标、杰卡德相似性指标、大度节点有利指标、大度节点不利指标、Adamic-Adar 指标、倾向链接指标、Katz 指标等。

④网络子群测量:这里主要讲述网络中子结构模式对于网络形成的影响。主要包括 k - 核、模块度、聚类与社群发现等。

上述 4 个部分的网络测量方法分别对应于 Yan 和丁颖教授所提出的学术网络研究框架(Framework of Scholarly Networks)中的宏观、中观、微观测量[106],基础网络测量对应于宏观测量,网络中心度测量与相似性测量则对应于微观测量,网络子群测量则对应于中观测量。

需要指出的是这里的网络测量主要是针对单一关系网络的测量方法,如果是包含多个关系网络的融合方法,我们会在第 6 章的融合章节里进一步介绍。

5.1 基础网络测量

5.1.1 基础网络测量指标

(1) 节点度

网络总的节点度 $k(n_i)$ 等于图中与该点相关联的边的条数。在无向网络条件下节点度表示为 $k(n_i) = \sum_{j=1}^{g} x_{ij} = \sum_{i=1}^{g} x_{ij} = x_{i+} = x_{+j}$；在有向网络条件下，点出度表示为 $k_{\text{out}}(n_i) = \sum_{j=1}^{g} x_{ij} = x_{i+}$；点入度表示为 $k_{\text{in}}(n_i) = \sum_{j=1}^{g} x_{ji} = x_{+i}$。

(2) 密度

密度 Δ 是指图中实际存在的边（弧）数与可能边（弧）数的比例。在无向网络条件下，$\Delta = \dfrac{2L}{N(N-1)}$；在有向网络条件下则变为：$\Delta = \dfrac{L}{N(N-1)}$。

(3) 平均度

平均度（Average Degree）可以用于判断网络的稀疏性。其通常的定义为 $Average\ Degree = \dfrac{\sum_{i=1}^{g} n_i}{N} = \dfrac{2L}{N}$。

(4) 平均路径长度

网络的平均路径长度（Average Path Length）<L>定义为任意两点之间距离的平均值，即：$Average\ Path\ Length = \dfrac{1}{\frac{1}{2}N(N-1)} \sum_{i \geqslant j} d_{ij}$，其中，$d_{ij}$ 表示两个节点之间的最短路径上边的数据，又称为捷径距离（Geodesic Distance）。平均路径越短意味着节点之间信息流转速度就越快。

(5) 网络直径（Diameter）

网络中任意两个节点之间距离的最大值称为网络的直径，记为：$Diameter = \max_{ij} d_{ij}$。

实际中，网络并不总是连通的，而是存在子群现象，因此，在计算节点之间直径时也往往仅选择有限距离的节点。进一步，研究过程中由于部分专利与其他专利存在较大的差异，少数专利的特征对于整个网络产生较大影响，而网络中绝大多数专利的特性才是关注的重点，因此，研究人员采用有效直径（Effective Diameter）作为测量标准，换言之，D 是使得至少 90% 以上连通的节点对可以相互达到的最小步数。有效直径比直径的概念更具有鲁棒性。图 5-1 说明了专利引文网络直径距离随时间演化而呈现越来越小的趋势，Leskovec 的研究表明，专利引文网络的直径存在"直径收缩现象"（Shrinking Diameters）[76]。

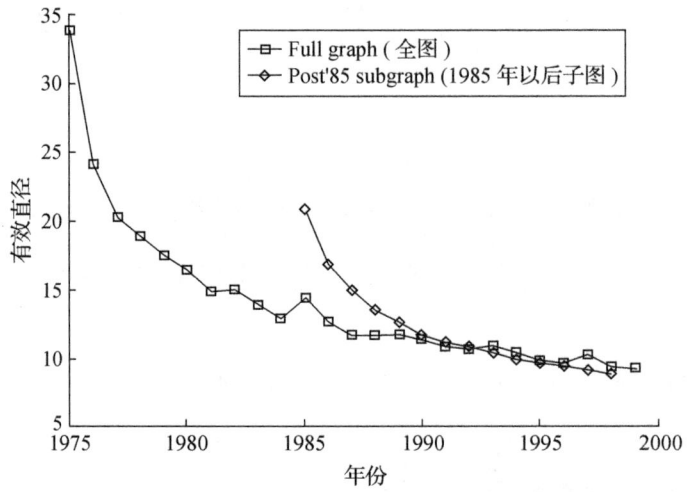

图 5-1 专利引文网络的直径收缩现象

（6）聚类系数

聚类系数（Clustering Coefficient）是用于刻画网络中节点聚集程度系数。这里采用通用的聚集稀疏表示方法，即以节点 i 为中心的连通三元组表示，包括节点 i 的 3 个节点并且至少在从节点 i 到其他 2 个节点的 2 条边，那么以节点 i 为中心的连通三元组的数目实际上就是包括节点 i 的三角形的最大可能数目，即 $k_i(k_i-1)/2$。给出聚类系数几何意义如下。

$$C_i = \frac{\text{包含节点 } i \text{ 的三角形的数目}}{\text{以节点 } i \text{ 为中心的连通三元组的数目}} = \frac{\sum_{j \neq i, k \neq j, k \neq i} a_{ij} a_{jk} a_{ki}}{\sum_{j \neq i, k \neq j, k \neq i} a_{ij} a_{jk}}。$$

(5-1)

一个网络的聚类系数定义为网络中所有节点的聚类系数的平均数，即：

$$Clustering\ Coefficient = \frac{1}{N}\sum_{i=1}^{N} C_i。 \quad (5-2)$$

（7）最大子群

最大子群（Largest Connected Component）测量的是一个网络连接的程度。一个最大子群是指网络中每一个节点都与其他节点之间至少有一条连接关系，即该子群内部的节点均相连。最大子群规模是指一个网络中最大的子群所包含节点的数量。即：

$$Size\ of\ LCC = N_S,\ N_S \leqslant N。 \quad (5-3)$$

（8）三角形数量

三角形数量（Triangle Count）统计的是网络中构成三角形连接的数量，如果针对有向网络，边的方向性通常会被忽略。

$$Triangle\ Count = \sum_{j\neq i, k\neq j, k\neq i} a_{ij}a_{jk}a_{ki}/6。 \quad (5-4)$$

（9）四边形数量

四边形数量（Square Count）统计的是网络中构成四边形连接的数量，如果针对有向网络，边的方向性通常会被忽略。

$$Triangle\ Count = \sum_{j\neq i, k\neq j, k\neq h, h\neq i} a_{ij}a_{jk}a_{kh}a_{hi}/8。 \quad (5-5)$$

5.1.2 专利引文与论文引文的网络拓扑结构差异

表 5-1 摘录了 KONECT 对于大型网络结构特征基本网络拓扑测量的研究成果，包含了 3 个网络：美国专利局专利引文网络、Citeseer 论文引用网络及 DBLP 论文引用网络，这 3 个网络均属于引文网络，但在规模上存在一定的差异，专利引文网络属于大型网络（300 万个节点），Citeseer 论文引用网络属于中型网络（38 万个节点），而 DBLP 论文引用网络则属于小型网络（包含约 1 万个节点）。通过对这 3 个引文网络数据的比较，我们不难发现以下几点：网络规模本身对网络有些指标的影响非常明显，如最大子群规模、三角形数量、四边形数量；而有些指标则对于网络的数据规模并不是非常敏感，更多反映了网络数据本身所具有的某种特征，如

同配性、直径等。

表 5-1 专利引文网络与论文引文网络基本网络拓扑测量

测量对象	美国专利局专利引文网络	Citeseer 论文引用网络	DBLP 论文引用网络
数据来源(Data Source)	http://www.nber.org/patents/	http://citeseer.ist.psu.edu/oai.html	http://dblp.uni-trier.de/xml/
节点类型(Vertex Type)	专利	论文	论文
边类型(Edge Type)	引用	引用	引用
有向/无向(Format)	有向	有向	有向
边权重(Edge Weights)	无权	无权	无权
引用类型(Metadata)	无环	有环	有环
节点规模(Size)	3 774 768	384 413	12 591
边规模(Volume)	16 518 947	1 751 463	49 743
平均中心度(Average Degree Overall)	8.7523	9.1124	7.9014
最大中心度(Maximum Degree)	793	1739	710
最大子群规模(Size of LCC)	3 764 117	365 154	12 495
三角形数量(Triangle Count)	7 515 023	1 351 820	43 801
四边形数量(Square Count)	341 906 226	25 382 500	784 677
直径(Diameter)	26	34	10
平均最短路径长度(Mean Shortest Path Length)	8.24	6.35	4.42
互惠性(Reciprocity)	0	0.0136	0.004 64
基尼系数(Gini Coefficient)	0.516	0.579	0.658
同配性(Assortativity)	0.167 68	-0.061 826	-0.045 808
聚集稀疏(Clustering Coefficient)	0.0671	0.0496	0.062

注:该统计数据来源于 http://konect.uni-koblenz.de/networks。

5.1.3 案例研究：拓扑结构分析

本节以 Xin Li "美国纳米专利引文网络（1975—2004）的拓扑分析"一文为例，分析利用专利网络拓扑结构测量可以获得什么样的认知。网络拓扑结构测量能够为大型专利网络分析提供更为深刻的洞见。拓扑结构分析与传统分析方法的互补能够使专利分析的结论更加深入，以及发现一些传统方法无法观察到的现象[122]。Xin Li 在对于纳米技术进行分析时同时采用了 3 种分析方法：核心网络分析（Core Network Analysis）、核心节点分析（Critical Node Analysis）及网络拓扑分析（Network Topological Analysis）。具体分析过程如图 5-2 所示。

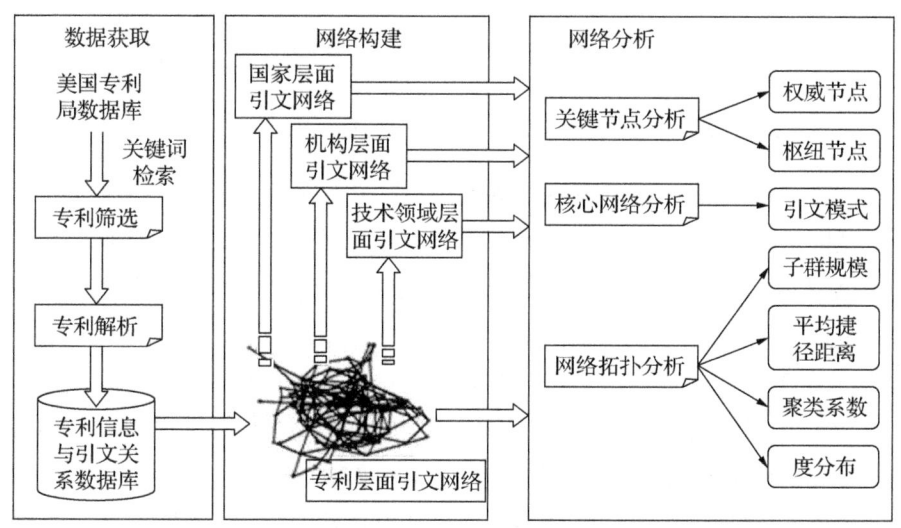

图 5-2 美国纳米专利引文网络（1975—2004）分析流程

文中分别从 4 个视角展开分析，国家层面引文网络、机构层面引文网络、技术领域层面引文网络及专利层面引文网络。在拓扑结构分析中，主要分析了 9 项指标：网络规模、子群规模、网络直径、平均捷径距离、聚类系数、平均度、度分布、入度及出度（表 5-2）。另外，该文还构建了一个随机模型作为对原始拓扑结构测量结果的比对。如随机网下的平均捷径距离（l_{rank}）、随机网下的聚类系数（C_{rank}）。

表 5-2 美国纳米专利网络拓扑测量

网络	平均度	平均捷径距离	随机网络平均捷径距离	聚类系数	随机网络的聚类系数	网络直径	子群数量	最大子群中的节点数量	最大子群中的链接数量
国家层面引文网络	8.305	1.926	1.926	0.841	0.143	4	1	59（100%）	423（100%）
机构层面引文网络	7.571	3.754	4.591	0.334	0.000	15	352	10 220（93.95%）	39 770（88.71%）
技术领域层面引文网络	58.31	2.007	1.472	0.716	0.49	6	3	395（99.49%）	14 485（99.98%）
专利层面引文网络	5.147	8.923	6.658	0.178	0.000	36	2969	45 717（83.53%）	133 769（94.95）

通过实证研究，笔者发现不同网络下拓扑结构呈现的如下特征。

国家层面引文网络：①该网络中，全部节点仅为 59 个，而网络的平均度就为 8.35，这表明通过引文所展示的国家纳米技术关联关系是十分紧密的。②而网络直径与平均捷径距离为 1.933，则显示国家之间的技术转移速率是较高的，通过进一步与随机网值进行比对发现：国家引文网络对于知识的转移过程而言是高效的。③观察聚类系数 0.841 比随机网的聚类系数 0.143 高出很多。对于国家引文网络而言，聚类系数越高说明与某一个国家相连的国家之间有较高的产生相互联系可能性。因此，可以判断在纳米技术领域存在较高的局部聚类倾向。

机构层面引文网络：①从子群数量上看，机构引文网络共有 352 个子群，但是最大子群包含了 10 220 个（93.95%）机构和 39 770 个（88.71%）的引用关系，可见，在机构引文网络中，大部分的机构仍然是关联的（通过直接或间接的方式）。②从平均捷径距离上看，机构引文网络为 3.754 较随机网络 4.591 略小，说明机构之间的知识转移的效率比随机网要高。③从聚类系数来看，机构引文网络为 0.334 较随机网络 0.0007 大很多，因此，初步判断机构更易于形成局部聚类现象，而有着共同关注点或者技术领域的机构之间往往会有高度密集的引用关系。

技术领域层面引文网络：①该网络共有3个子群，其中最大子群包含395个（99.49%）子技术领域及14 485条（99.98%）引用关系，可见该网络具有良好的连通特性；②网络中的平均度为58.317远高于国家引用网络和机构引用网络，说明技术领域引用网络之间具有更紧密的关系，也反映了NANO科学是一个具有跨学科特点的技术领域；③技术领域引文网络的平均捷径距离为2.007及直径为6，可见该技术领域之间的相关关联关系还是比较紧密的，任意一项技术领域仅需通过两步就可以将知识传递到其他技术领域。然而，对比随机网络1.472的平均捷径距离而言，技术领域之间的知识传递关系还有待提高。

专利层面引文网络：①专利引文包含2969个连接子群，最大子群包含45 717项（83.53%）专利及133 769条（94.95%）关系。②较之有着同样规模的随机网6.658而言，专利引文网络有着较大的平均捷径距离8.923，这一特征显著区别于其他大型规模的网络[123]，可见，专利引文网络并不是一个小世界网络。知识传递的效率较随机网逊色很多，可能是由于网络中缺乏短路径（Shortcuts）导致的。这一特点也会影响到纳米技术的产业研发，因为整体上显示纳米技术具有交叉学科与产业的特点，但是在创新过程的具体实施步骤中又往往被单一学科或技术领域所主导。③度分布特征：从图5-3中可以观察到，在双对数坐标下，无论是专利引文的入度（专利被引）还是出度（专利施引）都是符合幂律分布规律的，而幂律分布的存在说明在专利引文网络中，高入度或高出度的专利都是较稀少的，而少量高入度的专利可能通过对广泛技术知识的整合从而推动了技术领域的进步，而大量专利仅发挥了微弱作用。

通过观察文章对4类网络拓扑结构特征的分析，不难发现：网络的拓扑分析为专利分析提供了一种初步的分析工具，这种工具的存在使专利网络可以通过统一的刻度来刻画自身的特点，并通过与其他网络或者随机网络的比较，进一步发现专利网络背后隐含的深层次的特征，这也是其他分析方法无法做到的。

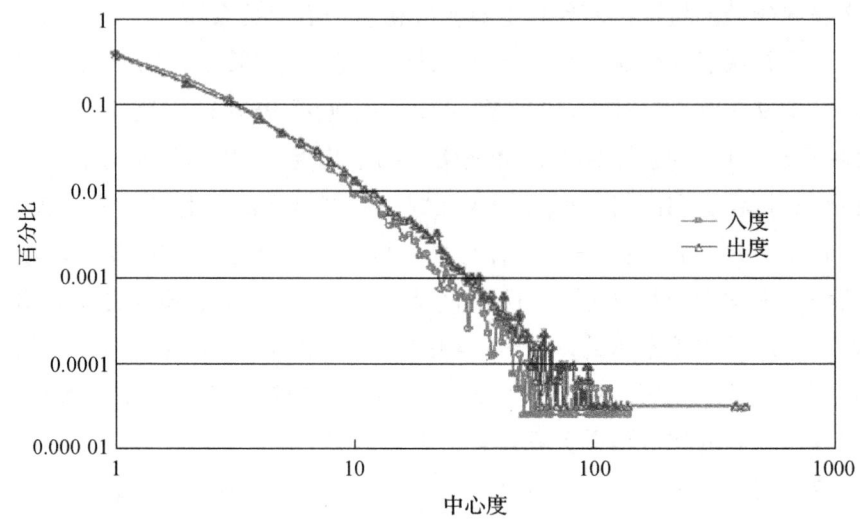

图 5-3 美国纳米专利引文网络的度分布

5.2 网络中心度测量

在专利信息过程中,核心专利或者占据网络中心位置的行动者(专利权人、发明人)一直是研究人员关注的焦点,因为通常假定这样的专利或者行动者处于网络的中心位置或者占据某个连通的关键位置就能够更大程度地影响到整个网络,或者能从网络中获得网络中更多的资源,具有更高的权威性和影响力,而这种权威性或者影响力在网络中如何表现,选择什么样的测量方法能够测度这种关键位置便是网络中心性测量研究内容。目前,就单一网络而言,社会网络学者已经对于中心度指标进行了深入而细致的研究,产生了众多中心度测量方法,其中应用的最为广泛的是以下 4 种。

5.2.1 度中心度

度中心度(Degree Centrality)是专利网络中最频繁使用的测量工具之一。它是关于节点在网络中性位置的测量概念,反映的是节点在专利网络位置中所具有的显著性。在社会网络中,网络节点的分布往往是符合幂律分布的,这就意味着极少数的节点往往具有高度的网络连接,因此,那些具有高入度中心度(连接数量)的节点就在网络中具有更高的影响,被认为更重要。其中,绝对度中心度的计算公式如下:

$$C_D(n_i) = d(n_i)。 \tag{5-6}$$

5.2.2 接近中心度

接近中心度(Closeness Centrality)是依据网络中各节点之间的紧密性或距离而测量的中心度,所测量出的总距离越短,说明网络的接近中心度越高。在信息网络中,接近中心度揭示了每一个节点在与其他节点进行信息传递过程中的消耗。其中,绝对接近中心度的计算公式如下:

$$C_C(n_i) = \left[\sum_{i=1}^{n} d(n_i, n_j)\right]^{-1}, \tag{5-7}$$

其中,d 表示两个节点之间的路径,于是接近中心度就是节点 n_i 与网络中其他节点之间所有路径距离和的逆。

5.2.3 中介中心度

中介中心度(Betweenness Centrality)。该方法核心是以两个不相邻的节点之间的相互作用依赖于网络集合中其他节点,尤其是处于两个节点之间路径上的其他节点,因为其他节点潜在地在某种程度上控制着这两个不相邻节点之间的相互作用,因此,可以利用这种位置上的特殊性作为评价网络节点重要程度依据。其中,绝对中介中心度的计算公式如下:

$$C_B(n_i) = \sum_{j<k} g_{jk}^{(n_i)} / g_{jk}, \tag{5-8}$$

其中,g_{jk} 是指节点 j 与节点 k 之间的捷径距离。$g_{jk}^{(n_i)}$ 是指节点 j 与节点 k 之间包含节点 i 的数量。

5.2.4 特征向量中心度

特征向量中心度(Eigenvector Centrality)是网络中心度测量中最为广

泛应用的方法,该方法的核心是认为那些具有高得分的节点与低得分节点不应该等同对待。该方法测量一个节点在多大程度上会连接那些业已具有较高影响力的节点的程度,其实现方法通过计算邻接矩阵的特征向量来获得。其计算步骤如下。

假定 A 表示一个邻接矩阵,对角线上的元素表示是节点的连接数量(度中心度),然后根据 n_i 连接的全部节点所对应的连接数量与全部节点连接数量的比值重新计算中心度得分:

$$x_i = \frac{1}{\lambda} \sum_{j \in M(i)} x_j = \frac{1}{\lambda} \sum_{j=1}^{N} A_{i,j} x_j, \tag{5-9}$$

其中,λ 是常数,N 是网络节点的总数量,$M(i)$ 是与 n_i 相连接的节点数据集。于是,特征向量可以重写为:

$$x = \frac{1}{\lambda} A x \text{。} \tag{5-10}$$

既然存在多种中心度测量方法,那么在专利分析时如何选择呢?Lee(2010)对导电聚合物纳米复合材料的专利引文网络进行分析的过程中,对于度中心度、接近中心度、中介中心度指标进行了全面测量,其中,度中心、中介中心度被视为测量技术转移的指标,而接近中心度则被视为测量技术影响力的指标,Lee 认为不同的中心度测量指标反映了技术演化机制过程中的不同方法,因此,综合起来观察会得到更全面的结论[124]。Wang(2010)利用中介角色来预测技术趋势,他认为处于不同发展阶段(初创阶段或者成熟阶段)的专利具有不同的中介能力,而中介能力能够促进利用相关信息和资源利用的效率,而这种位置上的优势适合通过中介中心度来测量[117]。Leydesdorff(2007)提出中介中心性更适合作为一个跨学科的评价指标。他认为中介中心性的特点在于是对关系的测量,而接近中心度则更关注对于距离的测量,对于节点之间关系的依赖程度较低,对于交叉学科之间的因子负载敏感度不足。因此,中介中心度更适合用来评价交叉学科,而接近中心度则适合用来评价多学科[125](图5-4)。

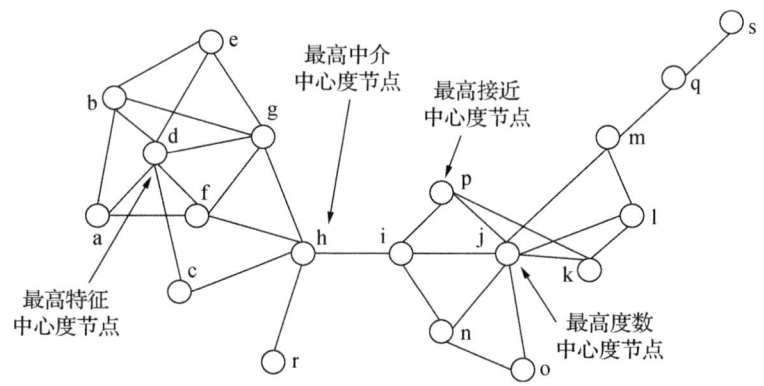

图 5-4　不同中心度测量方法的差异比较[126]

5.3　相似性测量

测量节点间的相似性是网络分析中非常重要的一个方向，与中心度测量不同，相似性测量关注的是节点之间的边（或者关系）问题。构造网络相似性的测度方法有两个方向：结构等价（Structural Equivalence）和正则等价（Regular Equivalence）。这两个定义虽不好理解，但其思想较为简单，即如果网络中的两个节点共享了很多相同的邻居节点，那么这两个节点之间是结构等价的。而正则等价则是放松了对结构等价的约束，两个规则定价的节点不必共享相同的邻居节点，但它们拥有的邻居节点本身要相似（表5-3）。例如，不同大学的两名历史专业的学生彼此之间没有共同的朋友，但是他们都认识历史专业的其他学生、历史专业导师等，从这个意义上说，这两名学生也是相似的。为了更进一步说明两者在思路上的区别，这里列举了 Wasserman 书中的案例[109]，展示两个相似定义方法的特征。

图 5-5 描绘了企业中经理和雇员的"监督关系"，是一个单一有向关系网络。在图中，满足结构均衡的行动者可以被划分为 7 类。

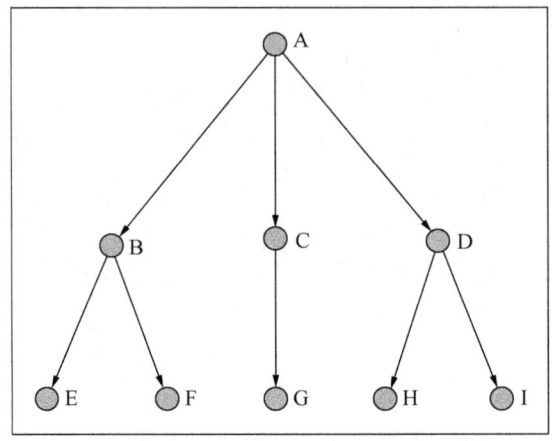

图 5-5 "监督关系"网络示意

表 5-3 结构等价与正则等价划分差异对照

序号	基于结构等价划分	基于正则等价划分
1	$\sigma_{(SE)_1} = \{A\}$	$\sigma_{(RE)_1} = \{A\}$
2	$\sigma_{(SE)_2} = \{B\}$	$\sigma_{(RE)_2} = \{B, C, D\}$
3	$\sigma_{(SE)_3} = \{C\}$	$\sigma_{(RE)_3} = \{E, F, G, H, I\}$
4	$\sigma_{(SE)_4} = \{D\}$	
5	$\sigma_{(SE)_5} = \{E, F\}$	
6	$\sigma_{(SE)_6} = \{G\}$	
7	$\sigma_{(SE)_7} = \{H, I\}$	

下面将分别介绍结构等价与正则等价的相似度测量方法。

5.3.1 结构等价相似性

共同邻居指标（Common Neighbors），该指标认为如果两个节点之间有很多的共同邻居，那么这两个节点就很相似。其核心思想来源于社会网络中的结构均衡（Structural Equivalence）。其正式定义为：对于网络中的节点 v_x，定义其邻居集合为 $\Gamma(x)$，则两个节点 v_x 和 v_y 的相似性就定义为它们共同的邻居数，其公式表示为：

$$S_{xy}=|\Gamma(x)\cap\Gamma(y)|。 \qquad(5-11)$$

其中，共同的邻居数量就等于 2 个节点之间长度为 2 的路径数量，即 $S_{xy}=(A^2)_{xy}$。以共同邻居为基础，如果考虑两端节点度的影响，则可以衍生出以下 6 种相似性指标。

①余弦相似性指标（Salton 指标），其定义为：

$$S_{xy}=\frac{|\Gamma(x)\cap\Gamma(y)|}{\sqrt{k_x k_y}}。 \qquad(5-12)$$

②杰卡德相似性指标（Jaccard 指标），其定义为：

$$S_{xy}=\frac{|\Gamma(x)\cap\Gamma(y)|}{|\Gamma(x)\cup\Gamma(y)|}。 \qquad(5-13)$$

③大度节点有利指标（Hub Promoted 指标），其定义为：

$$S_{xy}=\frac{|\Gamma(x)\cap\Gamma(y)|}{\min\{k_x,k_y\}}, \qquad(5-14)$$

其中，分母只由度数较小的节点决定，因此，大度节点（Hub）与其他节点之间更容易有更高的相似性。

④大度节点不利指标（Hub Depressed 指标），其定义为：

$$S_{xy}=\frac{|\Gamma(x)\cap\Gamma(y)|}{\max\{k_x,k_y\}}。 \qquad(5-15)$$

公式与大度节点有利指标最大的区别就在于：分母取两端节点的最大值。

在共同邻居指标的基础上，如果进一步考虑两节点共同邻居度的信息，则可以形成一系列新的指标，其中，最著名的是 Adamic-Adar 指标，该指标的思想是度小的共同邻居节点的贡献大于度大的共同邻居节点。例如，在微博中受关注较多的人往往是某一个领域的专家或者名人。因此，共同关注他们的人之间可能并不拥有特别相似的兴趣，相反，如果两个人共同关注了一个粉丝很少的人（非名人），那么说明两个人的确具有相同的兴趣爱好或者重叠的社交圈，也会有更高的概率建立联系。

⑤Adamic-Adar 指标。学者们发现不是所有邻居的值都是相同的，对于那些具有高度资源（连接）的节点而言，增加新的连接对相似度的影响有限，而对于那些仅具有较少联系的节点而言，增加新的连接对其相似度的影响则较显著，Adamic-Adar 指标根据共同邻居节点的度为每一个节

点赋予一个权重值，该权重等于该节点度的对数分之一，即：

$$S_{xy} = \sum_{z \in \Gamma(x) \cap \Gamma(y)} \frac{1}{\log(k_z)} \text{。} \quad (5-16)$$

在 Adamic-Adar 指标的基础上，周涛教授提出了资源分配指标（Resource Allocation），其与 Adamic-Adar 指标有异曲同工之妙。该指标考虑到网络中没有直接连接的 2 个节点 v_x 和 v_y，从 v_x 可以传递一些资源到 v_y，而在此过程中，他们的共同邻居就成了传递的媒介，假设每一个媒介都有一个单位的资源并且将平均分配传递给它的邻居，则 v_y 可以接收到的资源数就可以定义为 v_x 和 v_y 的相似度，即：

$$S_{xy} = \sum_{z \in \Gamma(x) \cap \Gamma(y)} \frac{1}{k_z} \text{。} \quad (5-17)$$

以上方法均是考虑网络中路径为 2 的邻居节点间的相似关系，实际上，我们可以突破这一概念直接考虑网络中所有路径上邻居节点所构成的相似关系。

⑥Katz 相似性。该指标考虑了网络中所有的路径，其定义为：

$$S_{xy} = \sum_{l=1}^{\infty} \alpha^l \cdot | paths_{xy}^{<l>} | = \alpha A_{xy} + \alpha^2 (A^2)_{xy} + \alpha^3 (A^3)_{xy} + \cdots, \quad (5-18)$$

其中，$\alpha > 0$ 为控制路径权重的可调参数，$| paths_{xy}^{<l>} |$ 表示连接节点 v_x 和 v_y 路径长度为 l 的路径数。如果上述级数收敛，即参数 α 小于邻接矩阵最大特征的倒数，则此定义还可以表示为：

$$S = (I - \alpha \cdot A)^{-1} - I, \quad (5-19)$$

其中，A^{-1} 是 A 的逆矩阵，I 表示单位矩阵，其对角元为 1，其他元素都为 0。Katz 相似关系实际上突破了原始相似性仅考虑 2 - 路径的框架，极大扩展了结构等价相似的范畴，正在成为当前的研究重点[127]。

5.3.2 正则等价相似性

5.3.2.1 REGE 算法

Everett 根据正则均衡的概念提出了正则均衡的测算方法（REGE 算法）[128]，这种测度方法的思想是：假定 M_{ij}^{t+1} 表示行动者 i 和行动者 j 正则

均衡程度的叠加 $t+1$ 次估计，这个量是行动者 i 与所有行动者之间发出和接收的关系与行动者 j 和所有行动者之间发出和接收关系的匹配程度的函数。行动者 i 与某一行动者 k 之间发出和接收的联系和行动者 j 在关系 x_r 的某个行动者 m 之间发出和接收的联系的匹配程度，被量化为：

$$_{ijk}M_{kmr} = \min(x_{ikr}, x_{jmr}) + \min(x_{kir}, x_{mjr}) \text{。} \quad (5-20)$$

因为，行动者 k 和行动者 m 可能不是完全正则均衡的，因此通过前次迭代（M_{ij}^t）的行动者 k 和行动者 m 估计正则均衡对 $_{ijk}M_{kmr}$ 进行加权，并计算其横跨关系的总和，如果行动者 i 与其他行动者之间的关系类型与行动者 j 与其他行动者之间的关系类型完全匹配，则 REGE 算法的分母是分子的最大可能性，并且他们的所有其他行动者都是正则等价的。具体 REGE 的计算公式如下：

$$M_{ij}^{t+1} = \frac{\sum_{k=1}^{g} \max_{m=1}^{g} \sum_{r=1}^{R} M_{km}^t (_{ijr}M_{kmr}^t + _{jik}M_{kmr}^t)}{\sum_{k=1}^{g} \max_{m} * \sum_{r=1}^{R} (_{ijr}\max_{kmr} + _{jir}\max_{kmr})} \text{。} \quad (5-21)$$

REGE 算法的效果在于：通过第一次迭代就可以区分 4 种类型的行动者：具有正入度和正出度的行动者、具有零入度和零出度和正出度的行动者，具有零出度和正入度的行动者及孤立的行动者。在第一次迭代中，这 4 种类型的每一种行动者都将是正则等价的。在第二次迭代中，根据他们与其他 4 种类型之间是否收发联系，REGE 算法初步在这 4 种类型的每一个行动者之间进行区分。第三步迭代进一步追踪联系链。

5.3.2.2 CATREGE 算法

从算法的角度，正则均衡是通过对行动者进行分类来实现的。Borgatti 提出了正对多值、定类数据（也适应于多重关系）的 CATREGE 算法[129]。该算法的核心思想是：通过迭代次数将点对之间的关系划分为不同级，并将整个网络迭代计算的步骤都保存起来，作为行动者分派的标准。

步骤 1：通常而言，第一次迭代将网络的全部行动者都视为正则均衡（除非自定义初始分派）。

步骤 2：在后续每一次迭代测试过程中，都对上一次筛选的均衡节点根据其领域是否类型相等判定是否属于正则均衡。如果节点符合上述条件则节点间继续保持均衡，否则，筛选下的节点将不进入下一次迭代测试。

步骤3：继续迭代直到整个网络不在有任何变法，算法终止。相关含义如下：如果节点在第一次迭代后，被完全分割开来，证明整个网络属于完全不同的关系类型，因为第一次迭代的主要区分标准是根据点对之间的关系类型来确定的。如果他们在第二次迭代中被分割开来，意味着点对之间存在某些相似的基本类型，但他们的邻域不包含与他们相同的关系类型组合；如果点对永远不会被分割开，则说明他们之间是完全均衡的。

实际上，上述方法非常复杂，而且解释性也不好，有一些其他类似的相似性测量方法也可以达到上述的目的。

5.3.2.3 CONCOR 法

CONCOR 法（迭代相关系数收敛方法）是建立在迭代相关关系的收敛集中基础上的。它通过反复计算矩阵行（或列）之间的相关系数，获得一个仅包含 +1 和 -1 元素的相关系数矩阵。而且这种 +1 和 -1 元素的相关系数矩阵的出现呈现一种模式，由此，节点可以根据相关性被分为两个子集，其中相同子集所有的节点之间相关系数都为 +1，不同子集间的节点之间相关系数都等于 -1。

上述方法均是通过不断迭代计算的方式，将相似节点进行归类从而进行相似度判断的方法。这两种方法虽然简单，精确性不足，但可操作性较高。

5.4 网络子群测量

本章开始首先论述了网络的整体拓扑结构测量方法，然后又分别从节点的视角论述了中心度测量、从节点对的视角论述了相似性测量方法，本节从子群的视角来论述相关测量方法。

5.4.1 子群与 k - 核

首先，介绍几种子群的概念。团（Clique）是指无向网络中的一个最大节点集合，在该子集中任何两个节点之间都有一条边直接相连。所谓

"最大"是指在保证子集内每两个节点都直接相连的条件下，网络中其他节点都无法再加入该子集。对于进行网络研究而言，这种条件过于苛刻了，仅是一种理论上的存在。因此，学者们很自然想到放松对该子群概念的约束。

解决思路之一：k-丛（k-plex），大小为 n 的 k-丛是网络中节点数为 n 的最大子集，该子集的每个节点都至少和子集中的另外 $n-k$ 个节点连接。这种方式非常直接地放松了对原始团概念的约束。假如 $k=1$，则与最初团的概念定义一致，即该子集中每个节点都至少和子集中的另外 $n-1$ 个节点相连，就是要求完全相连。当 $k=2$ 时，子集中的节点就有可能并不是完全相连的状态。这种方法实际中的应用范围很广，例如，专利引文网络往往过于稀疏，采用删除悬挂点、孤立节点的方式如仍不能起到作用，我们可以利用 k-丛方法指定每一项专利与一定比例的其他专利之间需要具有联系，该比例可以选择 75%，这样网络可以通过简单处理进行简化与增加网络聚集度的效果。

解决思路之二：k-核（k-core）是网络节点的一个最大子集，该子集中的每个节点至少与子集中的 k 个节点相连。k-核与 k-丛概念非常相似，最大的差异在于：根据 k-核的概念，k-核彼此之间不能重合，而 k-丛则允许这种重合，当如果两个 k-核彼此共享一个节点时，就会合并成为一个更大的 k-核。

k-核在专利网络分析中是一种应用较为广泛的方法，其核心的目标是揭示成分（Component）的轮廓，其可以通过以中心度的测量实现。Seidman 提出 k-核分析，是指运用最小度标准去确定团聚度高和低的区域，从而对成分结构进行研究，并认为 k-核结构是对密度测量的一种补充。一个 k-核是一个最大子图，其中的每个点都至少与其他 k 个点连接；k-核中每个点的度数都至少为 k。这样，一个简单的成分就是一个"$1k$-核"，其中所有点都相连，因而其度数至少为 1。为了确定"$2k$-核"，需要忽略所有度数为 1 的点，进而考察剩余各点之间的关联结构，$2k$-核由那些度数为 2 的剩余关联点组成。同理，确定一个 $3k$-核要去掉度数为 2 和 1 的点，以此类推[130]。可以推出，一个 k-核便是在整个图中的一个凝聚力相对较高的区域，但是它不一定是最大的凝聚子图，因为有可能存在一些相互之间的联系松散,却有很高凝聚力的区域。

5.4.2 模块度

模块度(Modularity)方法是网络分析中应用的非常广的方法,在同配混合、社群发现中都会使用。具体而言,其是一种利用网络量化手段进行子群划分的方法。这里以同质性的检验为例说明模块度的方法如何应用。

假定在专利引文网络中,通常不同专利具有不同的国籍、发明人、语言、技术领域等特征,那么,我们如何判断在该专利引文网络中,具有共同语言(或者技术领域)的专利之间更倾向于引用呢?回答这个问题,我们需要寻找一种具备统计意义的测量指标,如果具备共同语言的专利对之间更倾向于引用,那么这个测量指标的结果就应该是一个较大的值,而如果具备共同语言的专利对之间并不是更倾向于引用,那么这个测量结果就应该是一个较小的值[131]。

模块度指标实现上述目标的思路如下:首先,找到连接同类(如同属英语)节点的边所占的比例,然而减去在不考虑节点类型时,随机连接的边中2个同类节点的边所占比例的期望值。而只有当同类节点之间的边的比例显著大于随机条件下的期望值时,观测的结果才是正值。

用其数学形式表达:令 c_i 表示节点 i 的类型,类型用整数值 $1, \cdots, n_c$ 表示,其中 n_c 是节点类型总数,那么同类节点之间的边数总和表示为:

$$\sum_{m(i,j)} \delta(c_i, c_j) = \frac{1}{2} \sum_{i,j} A_{ij} \delta(c_i, c_j), \qquad (5-22)$$

其中,$\delta(m, n)$ 是克罗内克 δ 函数①,将系数设定为 $1/2$ 是因为节点 i 与节点 j 之间在右边的求和公式中被计算了2次。

计算随机条件下的同类之间边的期望值稍微复杂一些。考虑连接到节点 i 的一条特定边,该节点的度为 k_i,根据定义,整个网络中有 $2m$ 个边的端点,其中,m 是边的总数,那么,如果所有连接都是随机的(保持

---

① 是一个二元函数,得名于德国数学家利奥波德·克罗内克。克罗内克函数的自变量(输入值)一般是两个整数,如果两者相等,则其输出值为1,否则为0。

节点度分布不变前提下），特定边另一端连接到 k_i 的节点 j 的概率是 $k_j/2m$。计算连接到节点 i 的所有 k_i 条边，节点 i 和节点 j 之间的边数的期望值是 $k_ik_j/2m$，进而同类节点之间边的期望值是：

$$\frac{1}{2}\sum_{ij}\frac{k_ik_j}{2m}\delta(c_i,c_j), \tag{5-23}$$

其中，系数 $\frac{1}{2}$ 与前面的含义是一样的，都是为了避免重复计算两个节点之间的边。现在，将两个公式相减，就能够得到网络中同类节点之间边的实际值与期望值的差值：

$$\frac{1}{2}\sum_{i,j}A_{ij}\delta(c_i,c_j) - \frac{1}{2}\sum_{ij}\frac{k_ik_j}{2m}\delta(c_i,c_j) = \frac{1}{2}\sum_{i,j}\left(A_{ij}-\frac{k_ik_j}{2m}\right)\delta(c_i,c_j)。 \tag{5-24}$$

通常情况下，我们并不是计算此类边的数目，而是计算此类边所占的比例，因此，将边数除以网络总边数 m 即可：

$$Q = \frac{1}{2}\sum_{i,j}\left(A_{ij}-\frac{k_ik_j}{2m}\right)\delta(c_i,c_j), \tag{5-25}$$

其中，Q 被称为模块度，用来测量网络中同类顶点之间的连接程度。

5.4.3 聚类与社团发现

网络分析中还有一种常见的应用场景，就是需要将高度聚集的网络划分为一定的群组、社团等，以便于研究人员进一步深入分析、发现模式。而一种最自然的想法就是通过这种划分方法能够实现同一群组内部的节点都紧密连接，而不同群组之间则仅有少数边。社会网络分析中实现上述功能的方法有两种：图划分和社团发现（Community Detection）。图划分方法是计算机科学中较经典的研究方向，而社团发现方法则是近年来兴起的一个研究热点，其与图划分方法的主要区别在于：研究人员在采用图划分方法时，往往需要首先设定群组数量和规模，而社团发现方法则没有这个要求；从研究目标而言，图划分方法通常是用来把网络划分为多个更小、更容易管理的碎片，如为了进行数值计算的目的，而社团发现则通常是作为了解网络结构的工具，通过该方法可以发现那些在原始网络拓扑结构中不容易直接观察到的连接模式。正因为此，显然社团发现方法更适合于专利信息分析的研究,因此,此章节将着重介绍社团发现的相关内容。

(1) 基于边中介中心度的方法

一种较为常用的方法是:寻找网络中位于两个社团之间的边,如果能找到该边,移除这些边就可以获得剩下的社团。如 5.2.3 节所介绍的,网络节点的中介中心度是网络中经过该节点的最短路径数,同样,我们可以定义网络中边的中介中心度(Edge Betweenness)为经过该边的最短路径数。具体计算边中介中心度的方法就是对每条边都计算有多少这样的路径经过该边,通常位于两个社团中介位置的边的边中介中心度都较高。

具体的基于边中介中心度的社团发现算法如下:计算网络中所有边的中介中心度,然后寻找值最大的边并移除,在移除边时会改变一些边的中介中心度。由于以前经过被移除边的任意最短路径,现在将改为经过其他边,因此需要重新计算边的中介中心度。然后再搜索值最大的边并移除,以此类推。当一条接一条边被移除时,最初连通的网络最终会被划为两部分、三部分。

算法的执行过程可以用系统树图(Dendrogram)表示,系统树图最顶端的虚线显示网络被划分为两个社团,而每个团体都包含 6 个节点,而系统树图第 2 条虚线(从上向下)则显示网络被划分为了 4 个社群,其所分别包含节点数为 3、3、5、1。这种算法的好处在于:它将给出多种不同粒度的对于网络社团的划分,而最终由研究者来确定那种社团划分更有价值。

(2) 层次聚类方法

层次聚类方法(Hierarchical Clustering)是最早的社团发现方法之一,其是一种进行层次分解的算法。实际上,该方法不能算是一种算法,而是有各种变形和替代组合的一种算法。层次聚类方法是一种合并技术(Agglomerative),先从网络的单个节点开始,然后把它们逐步合并为群组的过程。该方法与前面提到的基于中介中心度的社团发现方法正好相反,该方法采用的是一种分解技术(Divisive)。层次聚类方法的基本思想是:基于网络结构定义一种节点之间的相似性测度或者节点之间的连通强度测度,然后将最接近或最相似的节点合并为群组的过程。

完整的层次聚类方法如下。

①选择一个相似度测量并计算所有节点对的相似度。

②每个节点都自成一个群组,每个群组中只有一个节点。因此,群组之间的最初相似度即为节点之间的相似性。

③找到相似性最大的两个群组,将它们合并为一个。

④选择(单一连接聚类、完全连接聚类、平均连接聚类)之一,计算合并群组与所有其他群组之间的相似性。

⑤从第③步开始重复过程,直到所有节点合并成为一个群组。

图5-6展示的系统树图是将层次聚类方法应用到空手道俱乐部网络(Karate Club,注释社会网络中的经典案例)得到的结果,这里使用了余弦相似度作为节点相似性的测量。最终采用了平均连接层次作为计算群组之间相似性的方法,实现对整个网络进行划分的过程。

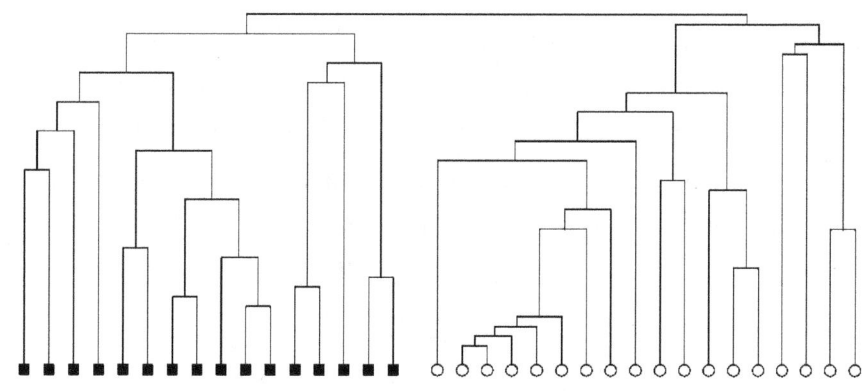

图5-6 空手道俱乐部网络的平均连接层次聚类划分

每种社团发现都有自己的问题与不足,如基于边中介中心度的社团发现算法能够简单易行,但其采用的重复计算边中介中心度的算法严重影响了其计算效率;同样,虽然层次聚类的计算效率较高,但其更适合擅长选出哪些节点之间高度相似的群组,而不擅长将边缘节点分配到对应群组中。这就要求我们实际应用过程中,需要根据需求进行选择[108]。

第 6 章 专利数据的关系融合

6.1 复杂专利数据的关系视角

专利信息的复杂性源于其内在数据的丰富性。通常认为，专利信息包括法律信息、经济信息、技术信息等。而从数据的视角来理解，这些复杂信息的表现形式是由多种不同关系构成的。以 PATSTAT 全球专利数据库为例，该数据库是一个当前主流的研究专利题录及法律事件信息的关系型数据库。在该数据库所提供的概念架构中，我们可以看到专利申请号码信息表居于核心地位（这是 PATSTAT 一种独特的以申请号码为中心的组织方式）[132]，该概念框架能够有助于我们理解专利数据的复杂性，因为整个数据库的物理框架就是在上述概念框架的基础上建立的（图 6-1）。

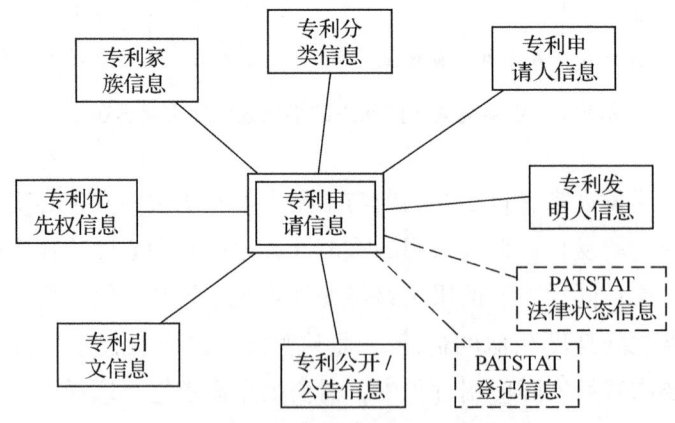

图 6-1　PATSTAT 数据库的概念框架

图 6-1 的概念框架能够帮助我们洞悉整个复杂专利信息的特征，即专利信息实际是由多个关系构成的，如专利申请信息与专利引文信息、专利申请信息与专利优先权信息、专利申请信息与专利家族信息、专利申请信息与专利分类号信息、专利申请信息与专利申请人信息、专利申请信息与专利发明人信息、专利申请信息与专利公开信息、专利申请信息与专利法律状态信息、专利申请信息与专利注册信息。因此，要理解并分析专利，我们需要融合复杂数据所表现出来的多种关系的特征，方能获得对于专利信息更深刻的洞见。

6.2 关系融合的原则

在进一步介绍关系融合方法之前，我们需要首先回答的一个问题是：为什么要进行关系融合？这个问题可以进一步解释为：在认可复杂专利信息是由多种关系构成的前提下，为什么要采用关系融合的方法来进行分析呢？

回答这个问题需要借用数据融合的相关理论。必须承认并不是所有的分析在采用关系融合之后就一定会获得好的效果，有效的关系融合方法需要满足这两个原则中的至少一个，或者说是为这两个原则中至少一个服务的。同时，下面两个原则也揭示了关系融合的假设。

①互补性原则。这一原则要求采用多关系融合的方法能够使得数据更为全面与完整。从数据的复杂性而言，任何基于单一关系产生的方法仅是从单一视角提出的解决问题的方法，但如果能够融合多种关系进行综合观察、分析则能够将通过多源信息弥补各种观察视角之间的偏差。

②一致性原则。一致性原则是另外一种方法，假定不同关系维度所反映出来的信息本质是一致的，但由于多视角观察的结果导致所体现出来的信息存在差异，那么，一致性原则的目标就是要最大化各独立视角之间的一致性。

这 2 个原则对于关系融合方法的构建而言非常重要，它们为关系融合指明了方向。很多研究是基于一致性原则开展的，研究的假设是相似观察视角所体现出的内容是一致的，因此，通过检验不同视角下观察的网络数据，进行比对验证可以获得对于待观察问题更全面的认知，其中，较有代表性的做法就是一致性聚类（Consensus Clustering）。当然，也有很多的研究则是基于互补性原则开展的，即希望能通过融合不同观察视角的数据源，对于待分析问题更佳的洞见，然而，如果假定不同数据来源所构成的网络展现的视角不同，我们就还需要解决以下几个重要问题，不同层次网络之间相关性问题、信息冗余及融合时的权重问题等。

6.3 关系融合的阶段

如前所述，专利信息是复杂的，从不同分析目标出发（如针对专利的价值评价，或者技术前沿追踪），研究人员从不同的视角出发会获得多视角观察的关系网络，这些网络由不同的分析对象（也被称为实体）、联系（也被称为关系）所构成。最终，研究人员需要对多种关系网络进行融合实现对分析目标更为综合性的洞见，这个融合过程又是符合一致性或互补性原则要求的。本书根据融合阶段及融合对象将整个关系融合的研究方法划分为 2 个阶段：网络表示融合与聚类融合。当前，关系融合研究还处于快速发展期，本分类并不能保证分类的完备性，因此，本分类仅是启发性的，感兴趣的读者可以参考文献［133］［134］。

网络表示融合是指选择适当的网络表示方法将多层面、多关系类型的数据通过单一的矩阵、图、张量、网络配置形式进行表示，经过线性加权、线性代数转化、正则均衡计算等汇聚方法，就可以将各种适用于单一关系网络的分析方法嫁接进来，从而实现对于多关系网络的分析（图 6-2）。这种方法是传统多重网络分析最常使用的方法[54]。

聚类融合（Ensembel Clustering），又称为聚类集成是针对不同视角下多个网络测量结果的融合，聚类融合主要是从局部出发，采用单一关系网络适用的网络算法进行测量，然后采用一定的融合处理（如一致性聚类、模块度最大化、随机游走特征）等方法，对单一网络测量结果进行融合[135]（图 6-3）。该方法在节点权威度评价、社群发现方面应用较为广泛[136]。

上述 2 种方法最大的差异还在于融合阶段上，网络表示层面的融合通常要早于聚类融合。

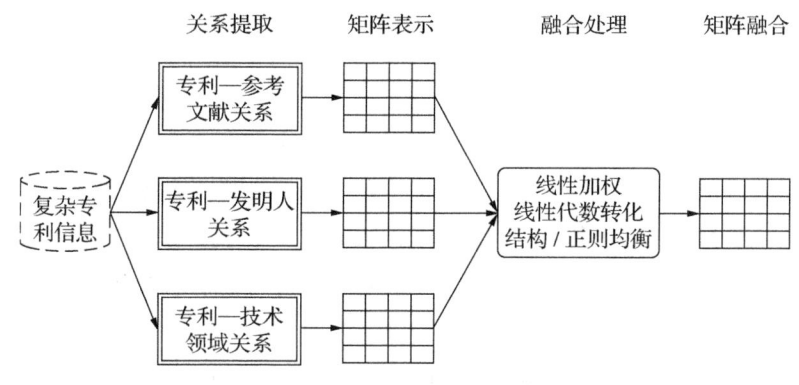

图 6-2　网络表示融合过程

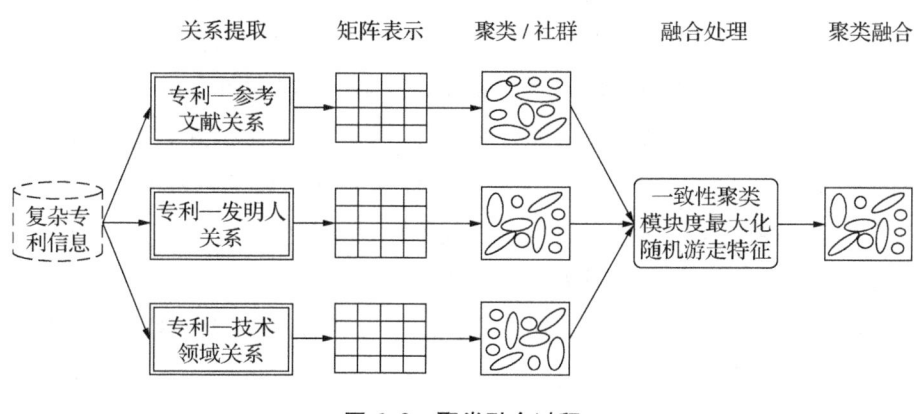

图 6-3　聚类融合过程

6.4　网络表示融合

专利数据是复杂的，因此，旨在表现复杂专利数据特征的网络表示方法也应该尽可能地适合专利复杂数据的特征。当逐步认识到了专利数据之间关系的复杂性后，学者们开展了大量的网络表示融合的尝试，希望能够弥补单一网络视角网络表示方法的不足，使得网络模型与方法能够更加适合专利复杂数据的特征。在网络表示的融合方面主要存在以下 5 种方法：①矩阵集成表示方法；②核融合表示方法；③超邻接矩阵表示方法；④张量表示方法；⑤随机图的网络配置表示方法。

6.4.1 矩阵集成表示方法

多重关系网络的特点在于包含由多个类型关系组成的多个网络分别表示不同层次的节点之间的关系，这种符合的关系用矩阵进行表示可以简单地视为包含多个具有相同行列的矩阵，很自然的，我们可以考虑按照一定的规则对表示不同关系的多个矩阵进行集成，从而形成新的矩阵进行分析。

这种思路被称为矩阵集成（Aggregation），早期的社会网络分析实际就对于多重关系网络非常关注，但是由于当时方法的限制，早期多重关系网络分析主要是通过构建多个网络，然后对比发现不同网络的区别或者相互依赖关系，早期对于佛罗伦萨家族商业与婚姻关系网络的研究就是承袭思路。随着研究的进展，需要有更有效的分析工具能够在数学上对多重关系网络的差异性、一致性、依赖关系进行分析，于是多矩阵集成的网络表示技术就逐步产生了。这里，我们可以根据矩阵集成后的结果是二值变量、加权变量或是分类变量将矩阵集成进行一定的区分。矩阵集成的思路大致可以分为如下 3 种（图 6-4）。

①矩阵比较。传统对于多重关系网络的分析方法是将包含同一实体的多个关系网络包含在一个超社群网络（Supersocialmatrix）中，该超社群网络由 3 个独立关系网络构成，如图 6-4a 所示，比较方法上，则可以直接针对 3 个网络进行比较，可视化展现 3 个不同视角观察所体现的差异。

②根据规则建立判定矩阵。根据一定规则，例如，重叠规则将多矩阵转化为单一二值矩阵（Simplex Matrix），如任何原始邻接矩阵中均存在一条边的关系，则新的二值矩阵中对应的元素就为 1，最终形成一个二值矩阵，如图 6-4b 所示。

③矩阵加权融合，这种矩阵集成方式的核心就是要设立一种权重方案对多个矩阵中对应的数值关系进行加权汇总，如图 6-4c 所示[137-138]。

上述 3 种方法虽然简单便于理解，但也存在问题，3 种方法均假定各种关系网络之间是独立的，同时忽略了不同网络所隐含的应用情景[138]。举例而言，在包含朋友关系和敌人关系的社交关系网络中，如果我们仅是

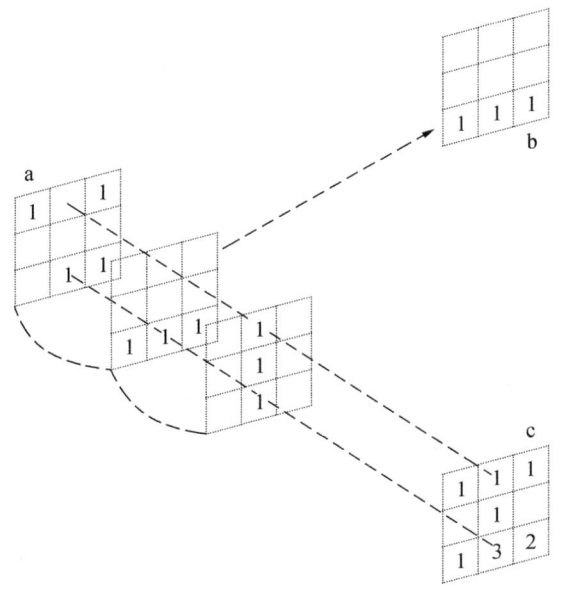

图6-4 矩阵集成的3种方法示例

针对两个网络的加权,而不考虑朋友关系和敌人关系之间的相关依赖关系,则结果很有可能既是朋友,又是敌人的关系,这显然和研究的初衷是背离的。后续产生了一系列的网络表示集成方法,其核心都在于改进不同关系网络之间的依赖关系。

回到矩阵集成思路上来,该思路中的第3种方法矩阵加权融合方法本质上也是希望通过加权框架来解决关系网络之间的依赖关系问题的,因此,围绕加权框架后续也有很多研究进行了进一步探索。

F Janssens 是在信息分析方面较早采用矩阵集成表示方法的先驱。Janssens 的目标是希望组合文本信息和引文信息来提升聚类效果,从而改进科学图谱的分析精度。他针对基于论文的术语矩阵和文献耦合矩阵的加权矩阵特征,提出了两种进行矩阵集成的方法,分别是加权距离矩阵的线性组合方法(Weighted linear combination of distance matrices)及 Fisher's 逆卡方方法(Fisher's inverse chi-square method)[139]。这两种方法实际就是上面所说的将多矩阵转化为加权矩阵的实例,两种方法核心的区别就是在计算权重的方式上,加权距离矩阵的线性组合方法是采用的线性加权:

$$D_i = \alpha \cdot D_T + (1 - \alpha) \cdot D_{BC}, \tag{6-1}$$

其中，D_T 是文本术语距离矩阵，而 D_{BC} 则是文献耦合距离矩阵，D_i 则是集成后的距离矩阵。

类似地，Fisher's 逆卡方方法的核心也是寻找合适加权方法，其中这里关键是确定 p 值，这是一个集成加权统计量 p_i，其计算公式如下：

$$p_i = -2 \cdot \log(p_1^\lambda \cdot p_2^{1-\lambda}), \tag{6-2}$$

其中，p_1 是文本术语距离矩阵 D_T 所对应的累积分布函数所对应的 p-value；而 p_2 是文本术语距离矩阵 D_{BC} 所对应的累积分布函数所对应的 p-value，λ 则是用于调整 2 种不同信息源质量或者重要性的参数。

上述 2 种矩阵融合的方法都较易于理解，但在实践中存在一些问题：对于加权距离矩阵的线性组合方法而言，该方法忽略了不同数据来源网络数据分布的差异性。因此，如果权值选择不当会导致数据无法代表不同矩阵数据的特征，从而达不到综合分析的效果，尤其是当采取简单平等加权做法时，最终的整合网络容易出现极大值和极小值的现象。Fisher's 逆卡方方法正是考虑到了不同网络数据分布的差异性，通过汇集多个网络中累积 p 值从而实现对新的网络矩阵 p 值的确定，然而，该方法的缺陷也是明显的，即 p 值仅说明了事件的偶然发生率，并没有对网络的结构特征有任何帮助，即该方法能够评价哪一种网络更好，但无法进一步评价各网络之间的差异（图 6-5）。

6.4.2 核融合表示方法

在数据融合中，基于核的学习方法（Kernel-Based Learning Methods，KMs）是一种较为主流的研究方法，其含义是将数据映射到高维特征空间，然后直接对这个高维空间的数据进行分析，而这个将数据映射到高维特征空间的过程就是我们这里要说的关键问题，将多维网络数据通过核函数转化到一个高维空间的网络表示问题。

解决融合问题的一个基本思路是，很多在低维空间线性不可分的问题，在高维空间就有可能通过简单的线性分割。而这个升维的方法可以使用从输入空间（Input Space，x）到特征空间［Feature Space，$\phi(x)$］的转化实现，但如果直接进行这个转化过程代价会非常高，因为我们获得的

第 6 章 专利数据的关系融合

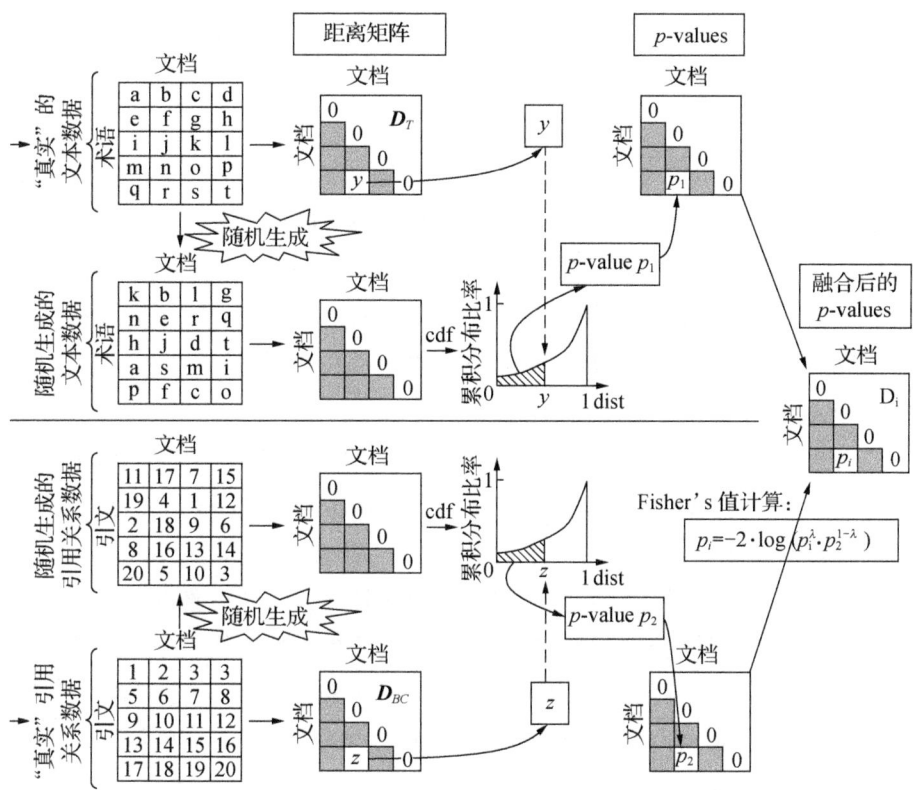

图 6-5 Fisher's 拟卡方矩阵融合方法

特征空间往往是非常高维的,甚至是无限维的,高维数会使得我们遇到"维度灾难"(Curse of Dimensionality)。而核方法则显示将输入空间中的每一个点 x 变化到特征空间中的映射点 $\phi(x)$。相反,输入对象用它们之间的 $n \times n$ 成对相似度值来表示,即相似度函数,称为核(Kernel),代表高维空间中的一个点乘,于是不需要直接构造 $\phi(x)$ 就可以计算核[140]。

令 τ 表示输入空间,该输入空间可以由任何对象集合构成。令 $D = \{x_i\}_{i=1}^{n} \subset \tau$ 为输入空间中包含 n 个对象的数据集。我们可以将 D 中点之间的成对相似性表示为一个 $n \times n$ 的核矩阵(Kernel Matrix),定义为:

$$K = \begin{pmatrix} K(x_1,x_1) & K(x_1,x_2) & \cdots & K(x_1,x_n) \\ K(x_2,x_1) & K(x_2,x_2) & \cdots & K(x_2,x_n) \\ \vdots & \vdots & \ddots & \vdots \\ K(x_n,x_1) & K(x_n,x_2) & \cdots & K(x_n,x_n) \end{pmatrix}, \quad (6-3)$$

其中，$K: \tau \times \tau \to R$ 是输入空间中任意两点的一个核函数。对所有的 x_i，$x_j \in \tau$，核函数应当满足条件：

$$K(x_i, x_j) = \phi(x_i)^\tau \phi(x_j)。 \quad (6-4)$$

核函数之所以成为当前的一种主流数据挖掘方法，其核心的特点就是并不要求显示地将输入点到特征空间之间的关系展现出来，而是将其关系转化为 $n \times n$ 的核矩阵 K，然后，所有相关的分析都可以在 K 上进行，例如，距离计算可以表示为特征空间的距离、角度计算可以表示为特征空间的角度等。于是，关系融合问题就被转化为了两个网络所对应点对之间核矩阵的问题。

将核融合方法应用到文献分析领域较早的是刘新海，其在 2009 年提出了 AKKL（Adaptive Kernel K-means Clustering）算法，该算法提出利用核融合方法解决了核融合过程中的自动加权问题[141]。刘新海认为，核融合方法、技巧对于异构网络数据的表示而言是一种非常优雅的方式，因为通过这种方式能够将异构网络数据表示为同等规模的网络数据，然而如果将表示不同语义关系的网络均视为等同则并不符合真实异质网络的特征，因此，需要采用一种自适应的方法对于融合的矩阵赋予不同的权重可能更符合实际。

Liu 提出了一种通过权重设计实现对两种方法进行整合的分析框架，如图 6-6 所示。该方法的优势在于通过核融合方法能够 ANMI 算法（平均标准化互信息）下与聚类融合的结果进一步结合起来为提升聚类优化的效率提供帮助[142]。

在实践过程中，核融合方法总是结合谱聚类一起使用的，后面在社群发现（聚类）中我们将进一步介绍这种方法。这里我们需要介绍核融合方法的不足之处，通常，核融合方法仅仅适用于两维数据的集成，无法扩展到更高维度。另外，这种方法缺乏一种统一集成各类数据的框架，虽然，核方法也可以扩展到融合网络数据和多维度属性数据。

6.4.3 超邻接矩阵表示方法

在研究多重关系网络的过程中，我们发现复杂的网络关系当考虑层的概念后会扩展为 3 种关系类型。

第 6 章　专利数据的关系融合

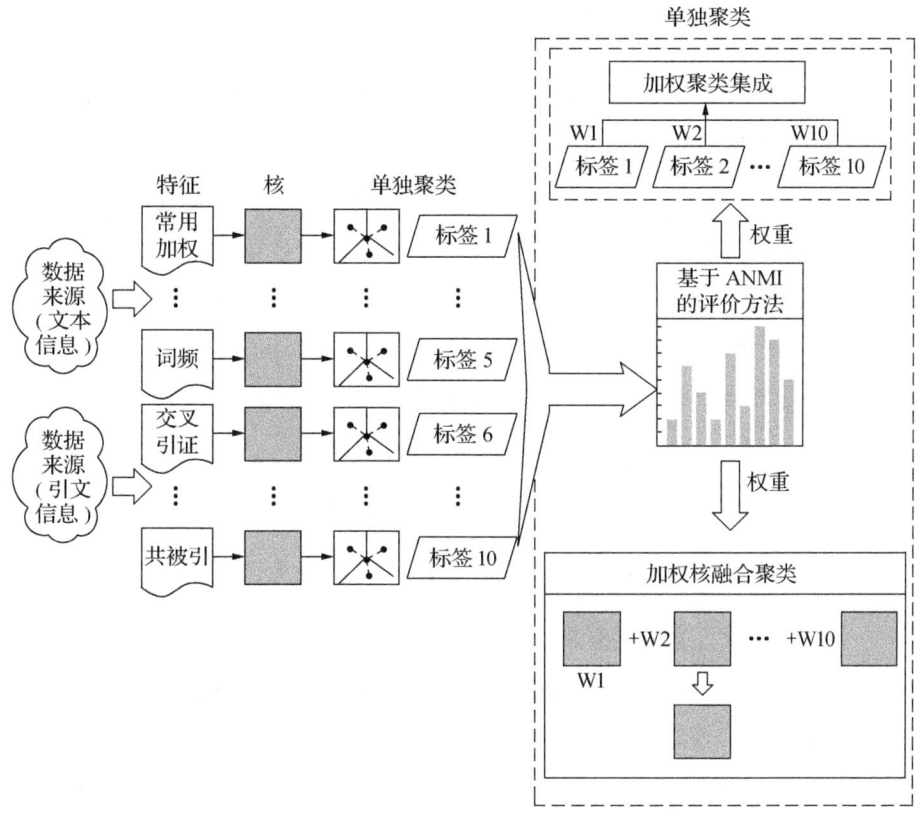

图 6-6　ANMI 权重方案示例

①单一网络层次内部的节点间的关系,也称为网络内连接（Intralinks）。

②不同网络层次网络间节点间的关系,也称为网络间连接（Interlinks）。

③网络间关系的特例是：某些节点分属于不同网络层次的关系,这种关系被称为网络间耦合关系（Couplings）。

由于存在上述 3 种复杂的关系类型,所以学术界对于多重关系网络的研究也随着对上述类型包含的丰富程度不断扩展。在研究的过程中也诞生了多重关系网络（Multiple Networks）、时序网络（Temporal Networks）、关联网络（Interconnected Networks）、多维度网络（Multidimensional Networks)、依赖网络（Interdependent Networks）、多层次网络（Multilevel Networks）、多层网络（Multilayer Networks）等一系列概念。究其原因，上述不同网络概念之间的关键差异就在于能够在多大程度上包含上述所提到的3种类型的关系[143]。

在这里研究方向上较晚出现的理论是多层网络（Multilayer Networks）理论，因此，从理论框架上该理论包含了对3种关系类型的考虑。而支撑多层网络框架的关键工具就是超邻接矩阵（Supra-adjacency Matrix）。这里，我们先给出多层网络的一般概念。

一个多层网络可以由以下三元组构成：

$M = (Y, \vec{G}, G)$，其中 Y 表示网络的集合。$Y = \{\alpha | \alpha \in \{1, 2, \cdots, M\}\}$，其中 M 表示单个网络的数量，Y 的基数为：$M = |Y|$。

另外，$\vec{G}$ 表示一个有序的网络几何，可以用来刻画 α 层网络 $\alpha \in \{1, 2, \cdots, M\}$ 之间的关联关系：$\vec{G} = (G_1, G_2, \cdots, G_\alpha, \cdots, G_M)$。其中，$G_\alpha = (V_\alpha, E_\alpha)$，$G_\alpha$ 表示 α 层网络的网路，α 层网络的节点集由 V_α 表示，而 α 层网络的节点集之间的连线则由 E_α 来表示。这里 E_α 所表示的连线也被称为网络内连接（Intralinks）。其中，N_α 是节点集 V_α 的基数，$N_\alpha = |V_\alpha|$。

最后，一个由 $M \times M$ 构成的二模网络集 G 用来刻画不同层次网络之间的相关关系，G 所对应的元素 $G_{\alpha,\beta}$ 表示为：$G_{\alpha,\beta} = (V_\alpha, V_\beta, E_{\alpha,\beta})$。

当 $\alpha < \beta$ 且 $\alpha, \beta \in \{1, 2, \cdots, M\}$。这里 $G_{\alpha,\beta}$ 表示的是由节点集 V_α、节点集 V_β 和连边集 $E_{\alpha,\beta}$ 构成的二模网络关系。而其中 $G_{\alpha,\beta}$ 网络之间的连线显示的是 α 层网络和 β 层网络之间的网络间连接（Interlinks）。

有了上述对于多层网络概念的基本描述，下面我们就可以利用超邻接矩阵来表示不同的网络概念。

(1) 多重关系网络

在一个由 M 个包含 V_α 的节点集的多重关系网络中，其中，$\alpha_{ij}^{[\alpha]}$ 是一个邻接矩阵用来表示多重关系网络中的 α 层网络 $G_\alpha = (V_\alpha, E_\alpha)$ 的网络内连接：

第6章 专利数据的关系融合

$$\alpha_{ij}^{[\alpha]} = \begin{cases} 1 & \text{在 } \alpha \text{ 层网络节点 } i \text{ 与节点 } j \text{ 连接} \\ 0 & \text{其他} \end{cases}$$

接下来，我们在关注网络间连接 $A_{i\alpha,j\beta}$ 的元素为：

$$A_{i\alpha,j\beta} = \begin{cases} \alpha_{ij}^{[\alpha]}, & \text{如果 } \alpha = \beta \\ \delta(i,j), & \text{如果 } \alpha \neq \beta \end{cases},$$

其中，$\delta(i,j)$ 表示克罗内克函数。上述规则实际源于多重关系网络的定义，其特点主要有两点：多重关系网络是由一组包含多种类型关系的重复节点集构成；多重关系网络通常不考虑网络间连接。因此，超邻接矩阵 A 可以用一个块结构形式表示为：

$$A_{\text{多重关系网络}} = \begin{pmatrix} \alpha^{[1]} & I & \cdots & I \\ I & \alpha^{[2]} & \cdots & I \\ \vdots & \vdots & \ddots & \vdots \\ I & I & \cdots & \alpha^{[M]} \end{pmatrix}, \quad (6-5)$$

其中，单位矩阵 I 表示为 $N \times N$ 邻接矩阵，单位矩阵 I 就正好用于表示多个网络中的重复节点集耦合关系。

(2) 时序网络

在一个由 M 个包含 V_α 的节点集的时序网络中，其中，$\alpha_{ij}^{[\alpha]}$ 是一个邻接矩阵用来表示时序网络中的 α 层网络 $G_\alpha = (V_\alpha, E_\alpha)$ 的关联关系：

$$\alpha_{ij}^{[\alpha]} = \begin{cases} 1, & \text{在时间间隔}[(\alpha-1)\delta t, \alpha \delta t] \text{中形成的网络中节点 } i \text{ 与节点 } j \text{ 连接} \\ 0, & \text{其他} \end{cases}$$

因此，跨层次网络 G 的网络间连接中的边集合 $E_{\alpha,\alpha+1} = \{[(i,\alpha),(i,\alpha+1)] \mid i \in \{1,2,\cdots,N\}\}$，其中，如果 $\beta \neq \alpha+1$ 则 $E_{\alpha,\beta}$ 的边集合为空。这里正好 $E_{\alpha,\beta} = \emptyset$。

同样的，上述规则实际源于时序网络的定义，时序网络的特点主要有两点：每一层网络表示一个独立的时间截面（Snapshot）；网络间连接代表一个时序序列。单位矩阵 I 表示为 $N \times N$ 邻接矩阵，单位矩阵 I 就正好用于表示两次时间截面间的重复节点集耦合关系（Couplings）。

对应地，超邻接矩阵 A 可以用一个块结构形式表示为：

$$A_{\text{时序网络}} = \begin{pmatrix} a^{[1]} & I & 0 & \cdots & 0 & 0 \\ 0 & a^{[2]} & I & \cdots & 0 & 0 \\ \vdots & \vdots & \vdots & \ddots & \vdots & \vdots \\ 0 & 0 & 0 & \cdots & a^{[M-1]} & I \\ 0 & 0 & 0 & \cdots & 0 & a^{[M]} \end{pmatrix} \quad (6-6)$$

(3) 多层次网络

不难观察到多重关系网络和时序网络的主要问题在于仅考虑网络内连接而没有考虑网络间连接。多层次网络从定义上就考虑了2种类型：每一个网络 G_α 由 $N_\alpha \times N_\alpha$ 元素所构成的邻接矩阵 $a^{[\alpha,\alpha]}$ 表示；二部网络 $G_{\alpha,\beta}$ 表示网络层 α 与网络层 β 节点的关联关系，对于多层无向网络而言，$a^{[\alpha,\beta]}$ 的元素表示为：

$$a^{[\alpha,\beta]} = \begin{cases} 1, \text{如果节点}(i,\alpha)\text{和节点}(j,\beta) \\ 0, \text{其他} \end{cases}$$

超邻接矩阵 A 的一个优势就是能够同时集成这2种类型，超邻接矩阵 A 是一个由 $\hat{N} \times \hat{N}$ 的元素矩阵构成。其中，$\hat{N} = \sum_{\alpha=1}^{M} N_\alpha$

于是，超邻接矩阵 A 可以用一个块结构形式表示为：

$$A_{\text{多层网络}} = \begin{pmatrix} a^{[1,1]} & a^{[1,2]} & \cdots & a^{[1,M]} \\ a^{[2,1]} & a^{[2,2]} & \cdots & a^{[2,M]} \\ \vdots & \vdots & \ddots & \vdots \\ a^{[M,1]} & a^{[M,2]} & \cdots & a^{[M,M]} \end{pmatrix} \quad (6-7)$$

多层次网络的示意如图6-7所示，包含了3种类型的关系。

当然，超邻接矩阵也不是完全没有问题，首先，采用一个单一的超邻接矩阵来表示一个完整的复杂网络，有些情况下仍无法揭示复杂网络的全部特征。主要有两个方面的不足：首先，邻接矩阵本身仅是考虑了两个层面的相关关系，但很多时候，很多跨层的关系模式可能在更多层次上的组合才能表现出来；其次，从目前的单一超邻接矩阵可能无法同时兼顾网络层次间耦合关系所体现出的动态演化特征。

6.4.4 张量表示方法

张量（Tensor）是高维数组的总称，举例而言，一阶张量就是一个向

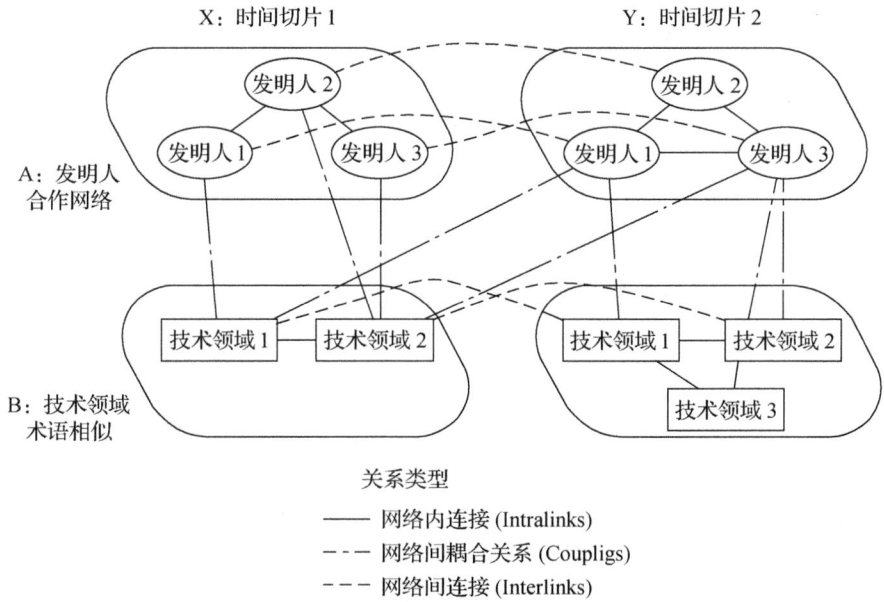

图 6-7 多层次网络示意

量,二阶张量是矩阵;而三阶张量或者更高维度张量被称为高阶张量。因此,定义张量的模式(Mode)为张量维度大小,例如,张量 $X \in R^{I_1 \times I_2 \times \cdots \times I_N}$ 的模式为 N,又称为阶。

矩阵展开(Matrix Unfolding)是一个将高阶张量 $X \in R^{I_1 \times I_2 \times \cdots \times I_N}$ 的元素按照第 N 模式展开,并以矩阵形式展现的过程。一个张量 $A \in R^{I_1 \times I_2 \times I_3}$ 的 n($n=1,2,3$)模矩阵展开式 $A_{(1)}$,$A_{(2)}$,$A_{(3)}$ 如下:例如,矩阵展开式 $A_{(1)}$ 是一个由第 I_1 行的数量与对应列数量的乘积所构成的矩阵,而这里对应列则是由其他模全部维度的乘积所构成,即 $I_2 \times I_3$。一个三阶张量的矩阵展开式如图 6-8 所示。

一个张量可以乘以一个矩阵。假定存在一个张量 $A \in R^{I_1 \times I_2 \times I_3}$ 和一个矩阵 $B \in R^{J_1 \times I_1}$,$C \in R^{J_2 \times I_2}$,$D \in R^{J_3 \times I_3}$,那么就有一个 1 模积为 ($A \times_1 B$)、2 模积为 ($A \times_2 C$)、3 模积为 ($A \times_3 D$),具体定义为:

$$(A \times_1 B)_{j_1 i_2 i_3} = \sum_{i_1=1}^{I_1} a_{i_1 i_2 i_3} b_{j_1 i_1}, \forall j_1, i_2, i_3, \qquad (6-8)$$

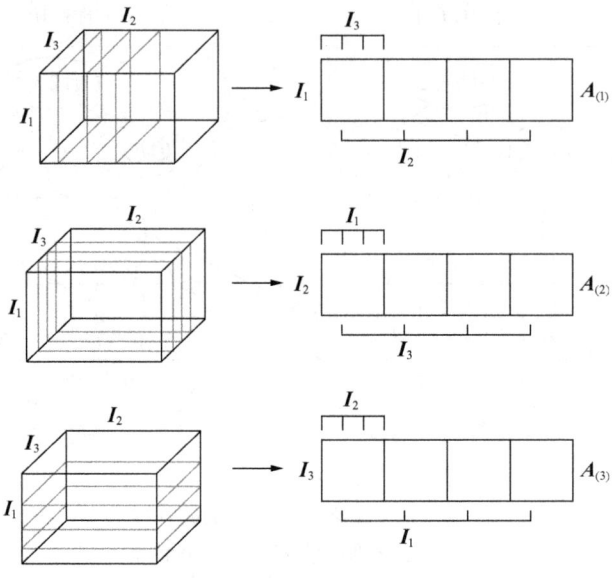

图 6-8　一个三阶张量的矩阵展开

$$(\boldsymbol{A} \times_2 \boldsymbol{C})_{i_1 j_2 i_3} = \sum_{i_2=1}^{I_2} a_{i_1 i_2 i_3} c_{j_2 i_2}, \ \forall \ i_1, j_2, i_3, \quad (6\text{-}9)$$

$$(\boldsymbol{A} \times_3 \boldsymbol{D})_{i_1 i_2 j_3} = \sum_{i_3=1}^{I_3} a_{i_1 i_2 i_3} d_{j_3 i_3}, \ \forall \ i_1, i_2, j_3。 \quad (6\text{-}10)$$

张量分解模型（HOSVD），又称高阶奇异值分解，是对于矩阵奇异值分解的延伸。张量分解的目的在于能够通过矩阵相乘的方法将张量分解为一个核心张量（Core Tensor）[144]。张量分解有多种模式，其中最常用的模式是 Tucker 分解方法，其核心是将 N 阶张量分解为一个核心张量和 N 个因子矩阵乘积的形式：

$$\boldsymbol{A} = \boldsymbol{B} \times_1 \boldsymbol{U} \times_2 \boldsymbol{V} \times_3 \boldsymbol{W}, \quad (6\text{-}11)$$

这里，$\boldsymbol{U} \in \boldsymbol{R}^{I_1 \times I_1}$，$\boldsymbol{V} \in \boldsymbol{R}^{I_2 \times I_2}$，$\boldsymbol{W} \in \boldsymbol{R}^{I_3 \times I_3}$，也被称为因子矩阵或者因子，它们都被视为张量在每一个维度上的主成分，因子矩阵 $\boldsymbol{U}$、$\boldsymbol{V}$ 及 $\boldsymbol{W}$ 被假定为按列正交的。而 $\boldsymbol{B}$ 则被称为核心张量，在 MLSVD 中，$\boldsymbol{B}$ 有一个非常特殊的结构，即它满足"全正交"及"有序"限制。其中，$\boldsymbol{B}$ 的元素展现了不同成分间的交互关系的层次[145]。

利用张量来表示多重关系网络并建模的思路非常自然，易于被理解。但关键是如何构建一个张量为后续的综合分析提供支持，通常而言，张量的构建方法包括两种：一种方法是叠加多个对象—特征矩阵来构建一个张量，这种张量构建方法仅能应用于同质数据源，因为这种方法要求矩阵的特征空间是完全相同的；实际上，专利、文献数据源本身是异质的，专利的文本维度与专利的专利权人维度不可能是完全一致的。另一种方法是利用多个相似网络来构建张量，这样每一个相似度矩阵就可以视为张量的一个切片，它们的维度是完全相同的。当张量构建完成后，我们可以利用基于张量的谱聚类的方法对聚类结果优化，相应的研究请参考刘新海的研究[140]。

6.4.5 随机图的网络配置表示方法

与之前的网络表示方法最显著的差异在于：指数随机图模型不是一种全局的网络表示方法，相反，指数随机图模型理论认为：网络结构的形成是通过不断地局部子结构的累积过程实现的，而局部子结构模式又是通过个体关系形成来实现。

因此，指数随机图模型的特点之一在于：它并不关注于网络对于个体行为的影响，相反，它关注于哪些关系模式能够有助于解释关系形成的过程。在这个过程中用于表示关系模式的形式就是网络配置（Network Configurations）。这种网络配置的形式有很多种，如表6-1所示，如果针对多重关系网络，指数随机图模型通过构建针对多关系类型之间特征模式的配置方式来回答诸如不同关系类型的网络之间是如何互动的？这种互动关系如何影响到某一种具体网络的结构等问题[59]。

ERGM 也被认为是广义线性模型，尤其是对数线性模型，给定一个 ERGM，关系 X_{ij} 存在及关系不存在之间的概率的对数比率，当网络中其他关系保持不变时可以表示为：

$$\log \frac{P(X_{ij} = 1 \mid X_{-ij} = x_{-ij}; \theta)}{P(X_{ij} = 0 \mid X_{-ij} = x_{-ij}; \theta)} = \sum_{k=1}^{K} \theta_k [s_k(x^+) - s_k(x^-)]。 \quad (6-12)$$

这里 X_{-ij} 是除了 X_{ij} 之外所有关系变量的集合，而 x^+ 表示存在 x_{ij} 边时，这样网络存在的概率，而 x^- 表示不存在 x_{ij} 边时，这样网络存在的概率。

于是我们可以利用类似在逻辑斯提克回归模型中的方式解释 ERGM 参数。例如，三角形性的参数值越大，当网络中其他因素保持不变时，增加一条边会导致增加更多三角形的数量的概率就会增加。具体而言，ERGM 模型可以通过以下网络配置参数来刻画网络的局部结构[146]。

表 6-1　网络属性及对应的统计参数

网络属性	统计项		
	无向网络	有向网络	
密度	边	弧	
互惠		交互二元组	
度分布	交互二元组	出星	入星
连通性	二路径	二路径	
连通性	三角形	循环	传递闭合
三角形聚类	多重-k-三角形	多重传递三角形	多重-3-循环
二路径聚类	多重-k-路径	多重-k-2路径	

进一步，指数随机图模型还可以通过构建一个二元关系协变量的方式来测量网络间效应（Cross-network Effects）。二元关系协变量所对应的网络配置根据网络是否是有向关系网络可以分为以下3种：首先，如果两个网络均是无向网络，则两个网络层之间的边存在共生关系（Co-occur），而如果两个网络均是有向网络，则需要根据连线的方向确定是属于夹带（Entrainment）还是交换（Exchange）关系（表6-2）。

表6-2 二元协同网络的二元组配置参数

EdgeAB（co-occur）	ArcAB（entrainment）	ReciprocityAB（exchange）

对应的共生关系的相关统计量表示为：

$$Z_{L_{AB}} = \sum_{i<j} x_{ijA} x_{ijB} \text{。} \tag{6-13}$$

夹带关系的相关统计量为：

$$Z_{L_{AB}} = \sum_{i<j} x_{ijA} x_{ijB} \text{。} \tag{6-14}$$

交换关系的相关统计量为：

$$Z_{L_{AB}} = \sum_{i<j} x_{ijA} x_{jiB} \text{。} \tag{6-15}$$

其中，$Z_{L_{AB}}$表示网络层A与网络层B之间的二元关系。

在指数随机图模型中，通过引入网络间效应的配置（上述3个基本的二元关系协变量），可以检验网络之间的依赖关系，通过与未加入网络间效应的配置进行比较，可能会对网络内效应的理解进一步加深，因为在有些条件下，有时一些表现为非常显著的网络内效应可以被网络间的效应所解释。例如，在专利引用关系形成的分析中，专利引用关系的协同关系，如专利语义关系网络、专利权人关系网络都在一定程度上与专利引用关系之间存在相关性，如果在不考虑这些因素的条件下，某些属性因素（如引用者与施引者国别的同质性）会表现出很强的解释力，但如果增加了二元关系协变量的检验，我们发现这些属性因素的解释力下降了，甚至是不显著了，就说明可能不同关系类型网络之间的影响作用要大于专利自身属性因素的影响。

6.5 关系融合中的相关性

在绝大多数的多重关系网络中，各个网络之间是存在高度相关的结构特征的，这使得如果我们将复杂的网络关系视为一个孤立的网络进行观察，往往会导致极大的偏差。上一节网络表示方法中我们已经介绍了多重关系存在3种类型的网络关系，传统网络分析中对于网络内连接的相关性的研究已经非常深入了，涌现出了一系列的相似性算法，但针对网络间连接的相关性问题研究还并不深入，随着关系融合研究的深入，也逐渐出现了一些专门研究网络间相关性的论文，其研究内容包括以下几个方面：①网络层间节点度的相关性；②网络层间的关系重叠；③网络层间多关系连接模式。

6.5.1 网络层间节点度的相关性

同一节点在不同网络层次之间的度中心性可能存在某种相关性，多重关系网络中任意两个网络之间，往往在一个网络中具有高影响力的节点在另外一个网络也会体现出高影响力的特征，或者相反。假定存在两个网络层次（包含完全相同节点），那么我们就有可能通过节点度中心度的相关性测量来判断该节点。例如，在引文/合作关系所构成的多重网络中，如果科学家所对应的节点具有正的度相关性，就说明在引文网络中处于中枢地位的科学家，往往也会与科学家之间有着较多的合作关系。

在多重关系网络中，我们通常用 $P(k)$ 来表示度分布，如果对应的网络层次 α 上，对应的度分布公式可以表示为：

$$P(k) = \prod_{\alpha}^{M} P^{[\alpha]}(k^{[\alpha]}), \qquad (6-16)$$

在多重关系网络中，一个节点在网络层次 α 上具有度中心度 $k^{[\alpha]}$，在网络层次 β 上具有度中心度 $k^{[\beta]}$ 的概率为：

$$P(k^{[\alpha]}, k^{[\beta]}) = \frac{N(k^{[\alpha]}, k^{[\beta]})}{N}, \qquad (6-17)$$

其中，$N(k^{[\alpha]}, k^{[\beta]})$ 是在网络层次 α 上具有度中心度 $k^{[\alpha]}$，在网络层次

β 上具有度中心度 $k^{[\beta]}$ 节点的数量。通过这个矩阵,完整的网络层次 α 和网络层次 β 之间的相关度就可以计算出来。进一步我们可以通过可视化展现 2 个维度,进而观察 2 个层次网络之间是否存在同配或异配倾向。更通常的情况是,会计算 2 个层次网络的互信息(Mutual Information)$NI_{[\alpha,\beta]}$:

$$NI_{[\alpha,\beta]} = \sum_{k^{[\alpha]},k^{[\beta]}} P(k^{[\alpha]},k^{[\beta]}) \ln \frac{P(k^{[\alpha]},k^{[\beta]})}{P^{[\alpha]}(k^{[\alpha]})P^{[\beta]}(k^{[\beta]})} \circ \quad (6-18)$$

如果互信息为 0 说明 2 个层次的网络没有度相关性,而如果互信息值较高说明 2 个层次之间的度中心性序列存在高度的相关性。该技术主要用于测度 2 个层次网络的总体相关性,但有些情况下,如果节点度过小则不适合采用这种测量方式,可以考虑进一步对节点度进行分组[142]。

当获取了多重关系网络中两个层次网络的度中心性相关性后,我们就可以利用该测量对网络间的连线进行重组,具体来讲,重组的方法有 3 种:最大正相关(Maximally Positively Correlated, MP)多重网络,或者是最大负相关多重网络(Maximally Negatively Correlated, MN),假定多重关系网络中包含 2 层网络,其中,2 层网络所对应的度中心度序列为 $\{k_i^{[1]}\}_{i=1,2,\cdots,N}$ 及 $\{k_i^{[2]}\}_{i=1,2,\cdots,N}$。首先,我们对两个层次的网络度中心度均按降序排列,最大正相关多重网络仍然保持了原始网络的两个层次,但节点对之间的连线不同于原始网络,实际上,复制节点是那些在两个网络层次上具有相同度中心度排序的节点;相反,如果第 1 个层次网络的度中心度按升序排列,第 2 个层次网络的度中心度按降序排列,那么,通过匹配两个不同序列中具有相同排序节点所对应的复制节点,我们就可以生成一个最大负相关多重网络(Maximally Negatively Correlated, MN)。实际上,最大负相关多重网络可以将多重网络中那些最大负相关的节点展现出来。而不相关(Uncorrelated, UC)多重网络则仅随机生成两个层次网络的关联关系从而便于重复节点生成的机制[147],如图 6-9 所示。

另外一种测量多重关系网络中跨网络间节点度分布异质性特征的方法是利用熵值(Entropy)[148],这里跨网络层次的节点度分布的熵 H_i 值可以表示为:

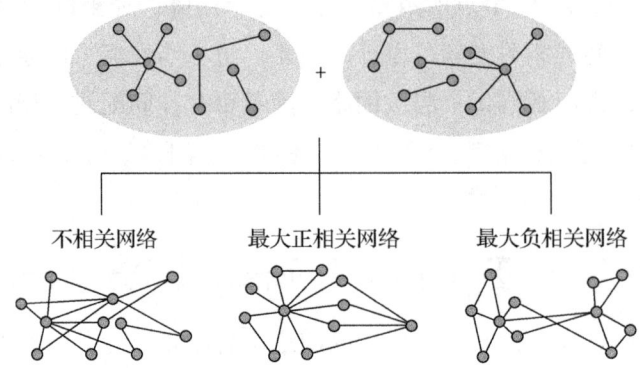

图 6-9　针对网络关系的重组

$$H_i = -\sum_{\alpha} \frac{k_i^{[\alpha]}}{S_i} \ln\left(\frac{k_i^{[\alpha]}}{S_i}\right), \quad (6-19)$$

其中，$S_i = \sum_{\alpha} k_i^{[\alpha]}$ 表示是节点 i 的聚合强度。因此，H_i 可以用来评价节点 i 在跨多个网络层次时所表现出的度分布的异质性。$H_i = 0$ 是最小值，说明节点 i 仅在一个网络层次上存在连接现象，这也是最大异质性的体现，而 $H_i = \ln M$ 为最大值，表明节点 i 在多个网络层次上均表现出相同的度中心性，说明仅具有极小的异质性。

6.5.2　网络层间的关系重叠

多重关系网络中关系重叠（Link Overlap）是一种较为常见的现象。这意味着在一定比例的节点对在多个层次的网络上均显现出相连关系。这种关系重叠现象在社会网络中是一种较为常见的现象。例如，在科学家合作/引用网络中，科学家网络可以通过引用关系呈现在一个科学家网络中，同时科学家之间的合作网络也可以通过一个网络来呈现，这个网络是不同的，但相关研究显示两个合作的作者之间也经常引用对方的论文。

有 2 种测量方法可以用于测量两个层次网络之间的关系重叠程度，这 2 种方法分别是：整体关系重叠度（Total Overlap）和局部关系重叠度（Local Overlap）[149]。假定存在 2 个层次的网络，网络 α 和网络 β，其整体关系重叠度 $O^{[\alpha,\beta]}$ 的定义为网络 α 和网络 β 均存在的连接的总数量，对于无向网络而言，可以表示为：

$$O^{[\alpha,\beta]} = \sum_{i<j} a_{ij}^{[\alpha]} a_{ij}^{[\beta]}, \tag{6-20}$$

其中，$\alpha \neq \beta$。

而局部关系重叠度则是指在节点 i 在网络 α 和网络 β 中所拥有的共同相邻节点的总数可以表示为：

$$O_i^{[\alpha,\beta]} = \sum_{j=1}^{N} a_{ij}^{[\alpha]} a_{ij}^{[\beta]}。 \tag{6-21}$$

为了便于比较不同多重关系网络的关系重叠度，需对上述关系重叠度进行一定的标准化处理，其过程可以采用 Jaccard 系数的形式，具体为：

$$\hat{O}^{[\alpha,\beta]} = \frac{\sum_{i<j} a_{ij}^{[\alpha]} a_{ij}^{[\beta]}}{\sum_{i<j} (a_{ij}^{[\alpha]} + a_{ij}^{[\beta]} - a_{ij}^{[\alpha]} a_{ij}^{[\beta]})}, \tag{6-22}$$

$$\hat{O}_i^{[\alpha,\beta]} = \frac{\sum_{j=1}^{N} a_{ij}^{[\alpha]} a_{ij}^{[\beta]}}{\sum_{j=1}^{N} (a_{ij}^{[\alpha]} + a_{ij}^{[\beta]} - a_{ij}^{[\alpha]} a_{ij}^{[\beta]})}。 \tag{6-23}$$

6.5.3 网络层间多关系连接模式

除了前面提到的多层网络间存在关系的重叠因素之外，多层网络之间还可能存在一些显著的连接模式。多关系连接（Multilink）是一种用来刻画多重关系网络中节点对连接模式的方法。例如，对于一个层次 $M=2$ 的网络而言，如图 6-10 所示，这里可能有 4 种不同的连接类型 $\{(1, 1)$，$(1, 0)$，$(0, 1)$，$(0, 0)\}$。具体而言，节点 2 和节点 3 在 2 个网络通过多关系连接（1，0）的模式相连，而节点 4 和节点 3 则通过多关系连接（0，1）的模式相连，虽然节点 2 和节点 3，与节点 4 和节点 3 在连接的数量上相同（关系重叠上相同），但两者的多关系连接模式不同[150]。

考虑图 6-10 中所显示的两层次网络，通常而言，在一个由 M 层网络构成的多重关系网络中，我们将多关系连接定义为一个向量：

$$\vec{m} = \{m^{[1]}, m^{[2]}, \cdots, m^{[\alpha]}, \cdots, m^{[M]}\}, \tag{6-24}$$

其中，元素 $m^{[\alpha]} \in \{0, 1\}$，任何经过多关系连接 $\vec{m}$ 相连的节点对 i 和 j，

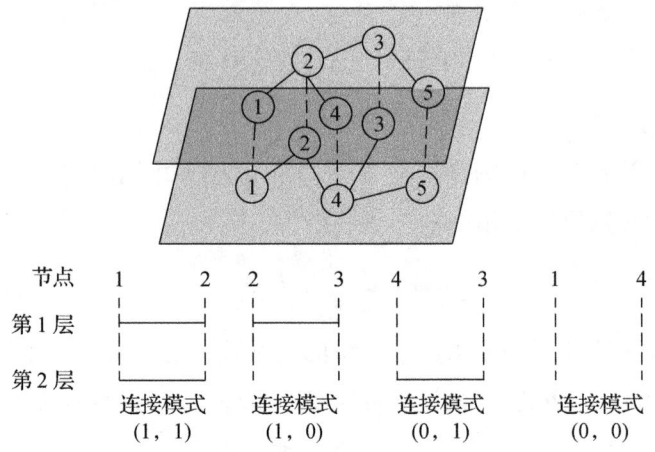

图 6-10　多层网络中多关系连接模式

当且仅当节点对在每一层网络都相连,并且 $m^{[\alpha]}=1$,或者它们在每一层网络都不连接,那么,它们的 $m^{[\alpha]}=0$。

在一个无向网络中,任何经过多关系连接 $\vec{m}$ 相连的节点对 i 和 j 可以表示为:

$$\vec{m}_{ij}=\{a_{ij}^{[1]},a_{ij}^{[2]},\cdots,a_{ij}^{[\alpha]},\cdots,a_{ij}^{[M]}\}。 \qquad (6-25)$$

需要注意的是:在单层网络中,节点对 i 和 j 之间或者相连或者不相连,但在多重关系网络中,节点对 i 和 j 的多关系连接类型则可能更为复杂,因为任何一层网络中两个节点间可能相连或者不相连,而对于整个多重关系网络而言,可能的多关系连接类型则是 2^M。

于是,我们可以用一个多重邻接矩阵来表示整个多重关系网络(无权)如下:

$$A_{ij}^{\vec{m}}=\prod_{\alpha=1}^{M}[a_{ij}^{[\alpha]}m^{[\alpha]}+(1-a_{ij}^{[\alpha]})(1-m^{[\alpha]})]。 \qquad (6-26)$$

6.6　关系融合下的社群发现

多层网络中社群可能会跨域多个不同的层次网络,例如,科学合作网络的社群可能多半会围绕着科学主题社群形成。因此,不同层次的科学合作网络中的社群可能存在着高度相关性。在这些情景下我们将跨不同网络层次的社群识别为多层次网络社群,为了去评价多层次网络社群的特征,学者们提出了不同的方法。针对多重关系的社群分析方法大致可以划分为以下几类:①模块度优化的社群发现;②聚类一致性的社群发现;③基于张量分解的社群发现。

6.6.1 基于模块度优化的社群发现

多层网络社群发现算法的核心是同时考虑了每一层网络中的节点关系及节点所对应的多层网络之间的关联关系。因此,该算法可以广泛地应用于多重关系网络及多切片时序网络分析中[151]。该算法的核心是明确地使用了重复节点之间的关联关系,并将此作为跨不同层次网络的重要特征。该论文采用贪婪算法来对多层网络的社群进行探测,其核心方法是优化通用模块度 Q^M。这个通用模块度 Q^M 用来识别在多层次网络中哪些社群与随机假定的社群有着显著区别的。这里,一个较为适合多层网络结构的随机假定是:假定层次 α 是一个多层网络中的一个不存在相关关系的独立随机网络,这种假设下,层次网络 α 相连的节点对 i 和 j 之间的概率 $p_{ij}^{[\alpha]}$:

$$p_{ij}^{[\alpha]} = \frac{k_i^{[\alpha]} k_j^{[\alpha]}}{\langle k^{[\alpha]} \rangle N}, \tag{6-27}$$

其中,$k_i^{[\alpha]}$ 表示的是节点 i 在层次网络 α 上的度中心度。多层网络社群发现的任务是要去决定什么情况下重复节点 (i, α) 与网络社群 $g_i^{[\alpha]} \in \{1, 2, \cdots, P\}$。通用模块度方法通过与随机假定进行比较的方式来测定多层网络社群的紧密联系程度。通用模块度 Q^M 的公式如下:

$$Q^M = \frac{1}{\mu} \sum_{i,j,\alpha,\beta} \left\{ \left(A_{i\alpha,j\beta} - \gamma^{[\alpha]} \frac{k_i^{[\alpha]} k_j^{[\alpha]}}{\langle k^{[\alpha]} \rangle N} \right) \delta_{\alpha,\beta} + \omega A_{i\alpha,j\beta} \delta_{ij} \right\} \delta(g_i^{[\alpha]}, g_j^{[\beta]}), \tag{6-28}$$

其中,$A_{i\alpha,j\beta}$ 是一个超邻接矩阵,$\mu = \sum_{i,j,\alpha} A_{i\alpha,i\alpha} + \omega A_{i,\alpha,j\beta}$,这里 $\delta(g_i^{[\alpha]}, g_j^{[\beta]})$ 是克罗内克函数。于是,整个多层网络的模块度优化过程就可以表示为由两个参数 ω 和 $\gamma^{[\alpha]}$ 构成的一个社群网络最优化的过程,上述两个参数又被称为分辨率参数。通用型模块度 Q^M 算法是根据贪婪优化算法进行最大化的过程,该步骤与 Louvain 算法都遵循相同的步骤。

当 $\omega=0$ 且 $\gamma^{[\alpha]}=1$ 时，通用模块度 Q^M 和任何给定层次网络 α 的平均模块度 $Q^{[\alpha]}$ 成正比，例如：

$$Q^M = \frac{1}{\mu}\sum_{\alpha=1}^{M} Q^{[\alpha]}, \quad (6-29)$$

这里，

$$Q^{[\alpha]} = \frac{1}{\langle k^{[\alpha]}\rangle N}\sum_{i,j}\left(A_{i\alpha,j\alpha} - \frac{k_i^{[\alpha]}k_j^{[\alpha]}}{\langle k^{[\alpha]}\rangle N}\right)\delta(g_i^{[\alpha]}, g_j^{[\beta]})。 \quad (6-30)$$

如果我们将参数 ω 设定为不为 0，那么，通用模块度 Q^M 算法就能够支持对不同层次网络之间社群是否同时存在现象的观察。另外，参数 $\gamma^{[\alpha]}$ 也可以用于调整算法产生更大或者更小的社群。实际上，如果设定 $\gamma^{[\alpha]} = 1$，那么，网络所产生的社群分派结果往往并不能反映真实的社群结构，通过设定 $\gamma^{[\alpha]} < 1$ 则往往容易形成更多的社群，如果 $\gamma^{[\alpha]} > 1$ 则结果往往仅仅包含较少社群数量。因此，检验不同分辨率下社群发现算法的计算结构可能对于我们考虑多层网络的中观结构提供额外的洞见。

Gao Yuan 利用社群发现算法识别专利网络的技术变化及网络动态特征。在该研究中，研究者将每一个 IPC 的子类视为一个节点构建技术网络，同时考虑了 1980—2013 年的时间区间，采用 Louvain 方法进行社群发现，通过上述方法，作者监测了技术分类社群随时间动态演化的趋势[152]。在该研究中，作者检验了分辨率对于社群数量的影响，如图 6-11 所示，如果选择最低的分辨率，在所有年份上，网络的社群数量是最多的，而如果分辨率设定为 1.8 或者 2.0，则会有最少的网络社群数量。作者给出的解释是：社群数量通常会随着时间的延续而逐渐保持稳定。

6.6.2　基于聚类一致性的社群发现

大量的社群发现方法是针对单层网络的，而其中很多社群发现方法又一定程度上依赖于随机种子及例外事件。Lancichinetti 提出了一种方法能够从哪些社群发现的随机分派方法中提取更为稳定、准确的结果。这种方法也可以应用于多层次网络及时序网络的分析[153]。

首先，我们简要地概述一下该算法的核心思想。该算法的步骤如下：

① 选择一种社群发现算法，该算法应该能够适应于加权网络，同时该

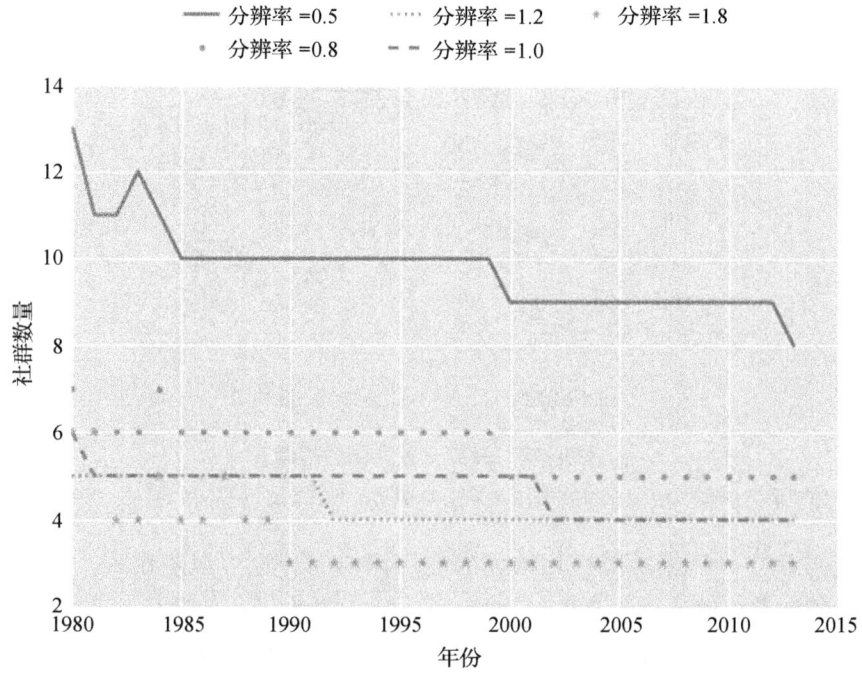

图6-11 不同分辨率下技术社群的数量变化

算法的运行都是基于随机分派过程的,如 Louvain 方法或者 Infomap 算法。

②运行该算法 n_P 次,获得 n_P 随机分派结果。

③构建一个加权一致性图,对应的加权邻接矩阵 $\boldsymbol{D}$ 所对应矩阵元素为:

$$\boldsymbol{D}_{ij} = \frac{n_{ij}}{n_P} \text{。} \tag{6-31}$$

式中:n_{ij} 是节点 i 和节点 j 同时被分派到一个聚类中的数量。

④如果矩阵中数值定于某一个阈值 τ 则将其设为 0,同时网络应该保持连通。

⑤应用选择的社群发现算法对加权一致性图进行 n_P 次计算,使其形成 n_P 个分派。

⑥如果分派完全相同则停止,否则,退回到步骤③。

在该方法中,笔者显示其通过一致性聚类算法改进了社群发现分派的稳定性和准确性（图6-12）。

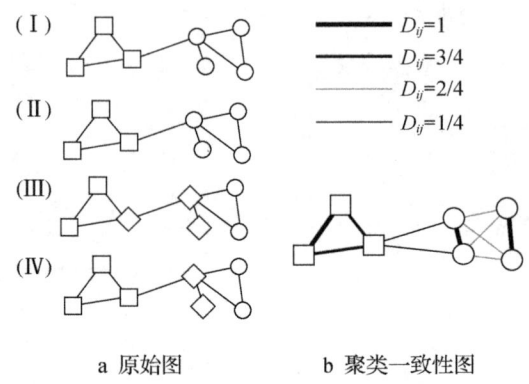

a 原始图　　　　　b 聚类一致性图

图6-12　聚类一致性图的构建

注：聚类一致性图所对应的加权邻接矩阵 D 中元素的值如图6-12b所示。

当考虑一个由 M 层切片构成的时序网络时，也可以应用聚类一致性图应用到多层网络中，我们可以设定一个时间窗口 r。例如，第一个时间窗包括1到 r 的网络社群分派切片，而第2个时间窗则包括2至 $r+1$ 等。这里不同时间窗内网络分派可能会存在差异，这种差异性可能来源于2种情形：①单层网络社群分派过程的随机性所导致的；②时序网络内在的网络动态变化所导致的。而一旦我们确定了采用聚类一致性图来确定每个滑动视窗内的社群分派，那么我们可以通过 Jaccard Index 将那些在不同时间窗内聚类的差异识别出来，该论文正是通过这种算法来研究 APS 引文的多切片时序网络的。这种技术可以用来显示随着时间变化的科学主题的演化与显现。我们通过图6-13可以观测到包含"网络"关键词 APS 论文所构成的引文网络体现出来的科学领域的时序演化特征。

6.6.3　基于张量分解的社群发现

张量计算的研究进展使得我们可以利用张量来表示多重关系网络或者多切片网络，从而可以利用张量计算的方法分析这些网络的结构特征。

Gauvin 提出可以利用一种非负张量分解方法对多切片（多重关系）网络的社群结构进行发现，时序多切片网络可以被表示为一种包含元素 $T_{ij\alpha}$ 的三维张量 $\boldsymbol{T} \in \boldsymbol{R}^{N \times N \times M}$，这些元素用来表示在网络层 α 上节点 i 和节点 j

第 6 章 专利数据的关系融合

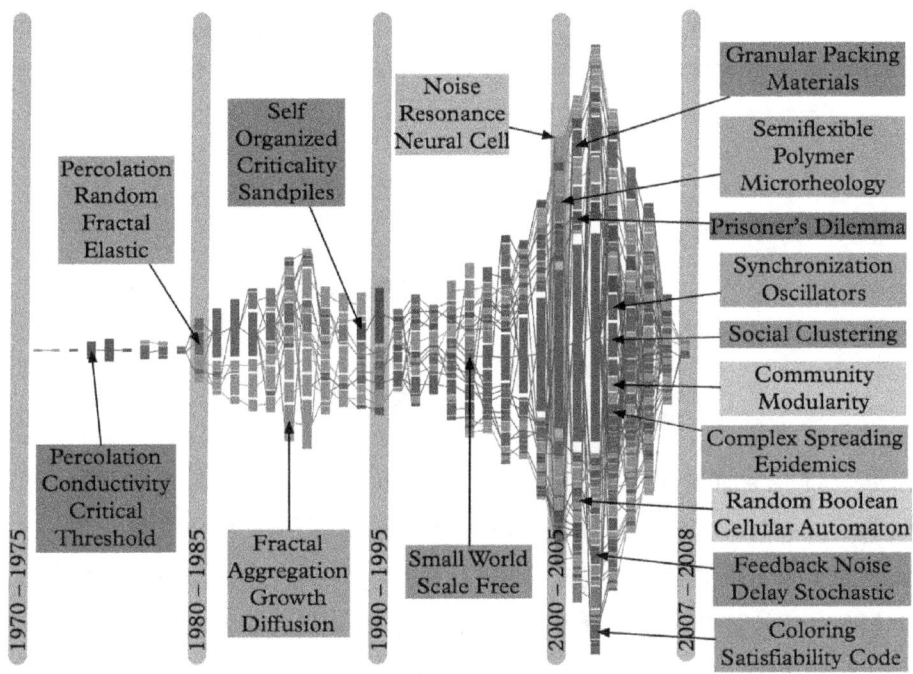

图 6-13 网络科学关键词的可视化

之间的关系，这其中 $i \in 1, 2, \cdots, N$，$\alpha \in 1, 2, \cdots, M$。于是，根据下面的矩阵分解方法，一个张量可以被因子化为 3 个秩为 1 的张量的乘积：

$$T = \sum_{r=1}^{R_T} a_r \otimes b_r \otimes c_r, \quad (6-32)$$

这里 a_r，b_r，$c_r \in \mathbf{R}^N$ 是 3 个向量。上述公式中的 R_T 的取值不超过张量的秩。图 6-14 展示了一种张量分解的过程，这个过程又被称为 Kruskal 分解。这里 3 个秩为 1 的张量 a_r，b_r，c_r 被称为时序网络的分量（Components），其中每一个 r 值都可以由交叉点集（a_r，b_r）和一个对应的时间序列集 c_r 所表示。

虽然每一个秩为 3 的张量都可以根据上面的张量分解公式进行精确的分解，但这种分解方法对于社群的分解而言往往过于精细了。因此，为了将张量分解为适应社群发现的更少同时更相关的分量，我们可以采用一种 PARAFAC 分解方法。这种方法的目的就是最小化张量 T 和张量 3 个向量 a_r，b_r，c_r 的外积间的差值：

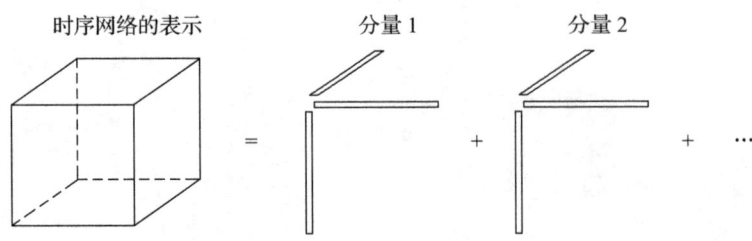

图 6-14 时序网络的张量分解过程

$$\min_{\{a_r,b_r,c_r\}} \left\| T - \sum_{r=1}^{R} a_r \otimes b_r \otimes c_r \right\|_F^2, \quad (6\text{-}33)$$

这里，$\|\tilde{T}\|_F$ 是弗罗贝尼乌斯范数（Frobenius Norm），简称 F - 范数。在此基础上，Gauvin 进一步提出了一个评价张量因子分解的质量方法，从而改进了基于张量的社群发现算法的稳健性[154]。上述过程被应用到了对于包含时序特征的小学生社交网络分析中，在该研究中社群发现的过程同时考虑学生之间的关系因素及交往的时效特征；这其中大多数的社群关系的形成与学生所处的年级有强关联，然而由于该技术也能够对不同年级之间共同发生的行为进行观察，如午餐行为和自由运动等。

6.7 关系融合的评价方法

关系融合是一种策略，既可以针对聚类任务，也可以针对分类任务。就目前的研究而言，关系融合最主要的任务还是面对聚类任务。因此，本书的评价方法主要是针对关系融合的聚类评价方法。

由于要求分簇的类型和数据固有的特性不同，聚类方法也所有区别。正是由于聚类算法及其参数的多样性，设计评价聚类结果的客观标准非常重要。根据 Mohammed J. Zaki《数据挖掘与分析》一书中对于聚类评价的论述[3]，聚类的评价至少可以包含外部验证和内部验证 2 种类别：①外部验证。外部验证度量采用与数据无关的标准，可以是关于分簇的先验知识或专家知识等。②内部验证的度量则采用从自身导出的标准。例如，可以用簇内和簇间距离来得到分簇紧凑度的度量和分离度的度量。

实际上，针对聚类效果进行内部验证和外部验证的评价方法有几十种之多，包括一些变体，因此，本书在参考了 Frizo Janssens 及刘新海的相关文章后选择了以下 6 种进行聚类评价的方法[140,155]。其中，包括 4 种外部验证度量：条件熵（Conditional Entropy）、归一化互信息（Normalized Mutual Information）、Jaccard 系数、Rand 统计量（Rand Index）和两种内部验证度量：轮廓系数（Silhouette Coefficient）、模块度（Modularity）。

6.7.1 外部验证度量

顾名思义，外部验证度量假设事先知道准确的或真实的聚类。真实的分簇标签（即外部信息）用于评估一个给定的聚类。通常我们是不知道准确的聚类，但外部度量可以用于测试和验证不同的聚类方法。例如，我们如果有一个标注好技术分类的标签，我们就可以利用这个标签来评估聚类算法的准确性。

令 $D=\{x_i\}_{i=1}^n$ 为一个包含 d 维空间中 n 个点的数据集，并划分为 k 个分簇。令 $y_i \in \{1, 2, \cdots, k\}$ 代表分簇情况的真实值或每个点的标签信息。真实值聚类给定为：$T=\{T_1, T_2, \cdots, T_k\}$，其中分簇 T_j 由所有标签为 j 的点构成，同时令 $C=\{C_1, C_2, \cdots, C_k\}$ 代表将同样的数据集划分 r 个分簇的一个聚类，该聚类是通过某个聚类算法得到的，令 $\hat{y}_i \in \{1, 2, \cdots, r\}$，这里我们允许 $k \neq r$ 存在。

外部评估度量尝试衡量同一划分中的点在同一分簇中出现的程度，以及不同划分中的点在不同分簇中出现的程度。根据上面的概念，外部验证度量又可以分为至少两个方向：成对度量方法与基于熵的度量方法。

成对度量方法的含义是：给定聚类 C 和真实划分 T，成对度量利用划分和簇标签信息对所有点对进行分析。令 $x_i, x_j \in D$ 为任意两个不同的点 $i \neq j$。如果根据一个聚类算法，x_i 和 x_j 属于同一个分簇，即 $y_i = \hat{y}_i$，则称正事件（Positive Event），若它们属于不同分簇，则称为负事件（Negative Event）。根据分簇标签和划分标签是否相同，有以下 4 种可能性。

① 真阳性（True Positive，TP）：x_i 和 x_j 属于 T 的同一个划分，且属于 C 中的同一个分簇。

② 假阴性（False Negative，FN）：x_i 和 x_j 属于 T 的同一个划分，且不

属于 C 中的同一个分簇。

③假阳性（False Positive，FP）：x_i 和 x_j 不属于 T 的同一个划分，且属于 C 中的同一个分簇。

④真阴性（True Negative，TN）：x_i 和 x_j 既不属于 T 的同一个划分，也不属于 C 中的同一个分簇。

这样，对于一共有 $N = \binom{n}{2} = \dfrac{n(n-1)}{2}$ 的点对，可得如下等式：

$$N = TP + FN + FP + TN 。 \quad (6-34)$$

（1）Jaccard 系数

Jaccard 系数度量了真阳性点对的比例（不考虑真阴性点对）。定义如下：

$$Jaccard = \dfrac{TP}{TP + FN + FP} 。 \quad (6-35)$$

如果聚类 C 和真实划分 T 完全符合，那么 Jaccard 系数为 1，因为这种情况下就没有假阳性（FP）和假阴性（FP）的值。Jaccard 系数关于真阳性和真阴性的考虑并不是完全对等的，因为它不考虑真阴性。它强调既属于聚类又在真实值划分中出现的点对的相似性，但它会忽略互不相干的点对。

（2）Rand 统计量

Rand 统计量在 Jaccard 系数的基础上考虑了真阴性的情况，即：

$$Rand = \dfrac{TP + TN}{N} 。 \quad (6-36)$$

Rand 统计量是对称的，它度量了聚类 C 和真实划分 T 相符的点对的比例。

（3）基于熵的度量

1）条件熵

一个聚类 C 的熵定义为：

$$H(C) = - \sum_{i=1}^{r} p_{C_i} \log p_{C_i}, \quad (6-37)$$

其中，$p_{C_i} = \dfrac{n_i}{n}$，是分簇 C_i 的概率。同样，划分 T 的熵定义为：

$$H(T) = -\sum_{i=1}^{r} p_{T_i} \log p_{T_i}, \quad (6-38)$$

其中，$p_{T_i} = \dfrac{m_i}{n}$ 是分簇 T_i 的概率。

T 的分簇熵，即 T 关于分簇 C^i 的相对熵，定义为：

$$H(T \mid C_i) = -\sum_{j=1}^{k} \left(\dfrac{n_{ij}}{n_i}\right) \log\left(\dfrac{n_{ij}}{n_i}\right)。 \quad (6-39)$$

给定聚类 C，划分 T 的条件熵定义为：

$$H(T \mid C) = \sum_{i=1}^{r} \left(\dfrac{n_i}{n}\right) H(T \mid C_i) = -\sum_{i=1}^{r}\sum_{j=1}^{k}\left(\dfrac{n_{ij}}{n_i}\right)\log\left(\dfrac{n_{ij}}{n_i}\right)$$

$$= -\sum_{i=1}^{r}\sum_{j=1}^{k} p_{ij}\log\left(\dfrac{p_{ij}}{p_{C_i}}\right),$$

$$(6-40)$$

其中，$p_{ij} = \dfrac{n_{ij}}{n_i}$ 是分簇 i 中的一个点同时也属于划分 j 的概率。一个分簇中的点越是分散到不同的划分中，条件熵就越大。如果聚类 C 和划分 T 完全符合，条件熵的值为 0，而在最坏的情况下条件熵的值为 $\log k$。

2）归一化互信息

互信息也是聚类外部验证度量中通常使用的方法。互信息（Mutual Information）旨在量化聚类 C 和划分 T 之间的共享信息量，其定义为：

$$I(C, T) = -\sum_{i=1}^{r}\sum_{j=1}^{k} p_{ij}\log\left(\dfrac{p_{ij}}{p_{C_i} \cdot p_{T_j}}\right)。 \quad (6-41)$$

互信息度量了 C 和 T 的联合概率 p_{ij} 和期望联合概率 $p_{C_i} \cdot p_{T_j}$（独立假设下）之间的相关性。如果 C 和 T 是彼此独立的，则 $p_{ij} = p_{C_i} \cdot p_{T_j}$，因此，$I(C,T) = 0$。为了方便度量，可以对互信息进行归一化。归一化互信息（Normalized Mutual Information，NMI）可以定义为两个独立熵的几何平均数：

$$NMI(C,T) = \sqrt{\dfrac{I(C,T)}{H(C)} \cdot \dfrac{I(C,T)}{H(T)}} = \dfrac{I(C,T)}{\sqrt{H(C) \cdot H(T)}}。 \quad (6-42)$$

6.7.2 内部验证度量

在真实的聚类任务中，经常面临缺乏真实划分结果的情况。由于缺乏真实划分结果,因此,内部验证度量的核心是在于评估聚类的质量,内部度量主要是利用分簇内的相似度或紧凑度,以及分簇间的分离度,在最大化这两个目标的时候需要进行权衡。

(1) 轮廓系数

轮廓系数(Silhouette Coefficient)是关于分簇的结合度与分离度的度量。该系数基于离最近的其他分簇的平均距离与同簇的点的平均距离之差。对于每一个点 x_i,它的轮廓系数 s_i 计算为:

$$s_i = \frac{\mu_{out}^{min}(x_i) - \mu_{in}(x_i)}{\max\{\mu_{out}^{min}(x_i), \mu_{in}(x_i)\}}, \quad (6-43)$$

其中,$\mu_{in}(x_i)$ 是点 x_i 到与它同簇(簇标号为 $\hat{y}_i$)的点的平均距离:

$$\mu_{in}(x_i) = \frac{\sum_{x_j \in C_{\hat{y}_i}, j \neq i} \delta(x_i, x_j)}{n_i \hat{y}_i - 1}, \quad (6-44)$$

且 $\mu_{out}^{min}(x_i)$ 为点 x_i 到最近的其他分簇中的点的平均距离:

$$\mu_{out}^{min}(x_i) = \min\left(\frac{\sum_{y \in C_{\hat{y}_i}} \delta(x_i, y)}{n_j}\right)。 \quad (6-45)$$

一个点的 s_i 值的取值范围是 [-1, +1]。如果接近 +1 说明 x_i 更接近同簇的点而远离其他簇的点。接近于 0 的值表示 x_i 更接近两个分簇的边界。最后,接近于 -1 的值表示 x_i 更接近另一个簇而非它所在的簇,说明该点可能分错了。

轮廓系数定义为所有点的 s_i 值的均值:

$$SC = \frac{1}{n} \sum_{i=1}^{n} s_i。 \quad (6-46)$$

(2) 模块度

模块度的测量方法也可以作为聚类的内部测量,由于模块度的概念在 5.4.2 章节已经详细解释了,这里不再赘述。模块度能够度量簇内边的权值实际观察的比例与期望比例之间的差距。模块度 Q 值越小,聚类质量就越高,即簇内距离要小于预期。

第 7 章 企业技术竞争优势综合评价模型研究

7.1 研究背景

社会网络分析方法（Social Network Analysis，SNA）是对社会网络结构及其动态演化过程进行系统研究的理论及方法。格兰特维特曾说过："社会网络分析方法能够帮助企业管理者理解和预测经济产出。"[156] 社会网络分析方法应用到企业技术创新领域的重要特征在于：突破"投入—产出"式的评价指标模式，更加关注企业间的各种关系，关注企业技术创新行为、市场的影响、产业的格局等因素；而不仅仅根据企业自身的内在属性，将企业视为"被孤立的个体"，为解决企业技术竞争优势研究的"黑箱"问题提供了思路[157]。社会网络分析方法是一套以关系为中心的理论与方法，它更专注于由多维因素构成的关系形式如何共同影响网络成员的行为，其对于关系的研究方法同样适用于对企业技术创新的研究。

目前，虽然学界已经开始将社会网络分析方法引入企业技术创新评价中来，如 OECD 的《奥斯陆手册》（第三版）就将"创新过程中的联系"作为创新要素评价的一个重要方面[158]，但在理论和实践中，多数研究仅仅从单一关系视角来观察企业创新网络，缺乏对企业创新网络中多重关系的综合思考。企业的技术创新过程是一个多重关系交互作用的过程，这种关系既可以是企业间的合作研发关系，也可以是企业间的知识流动关系，抑或者是产业链上下游企业间的互惠关系等[159]。采用单一关系视角的分析，会对整个企业创新网络结构理解不完整；而采用多重关系视角的综合分析，则能够更全面地解释企业技术竞争优势的形成及动态演化的成因[160]。

7.2 文献综述

7.2.1 企业技术竞争优势的概念

企业技术竞争优势是指企业在市场竞争中体现出来的区别于其他竞争对手的某种或多种特质,是企业引进变革或创新战略设计的前提。企业技术竞争力与企业技术竞争优势有所区别,前者是"内涵"的竞争力,显示的是社会组织所具有的竞争能力,是一种实力的反映;后者是"外显"的竞争力,体现社会组织所具有的竞争地位,是一种优势的反映。

企业技术竞争力可表现为技术创新竞争力、技术垄断竞争力和技术利用竞争力3个方面[161]。相应地,企业技术竞争优势也体现在3个方面:技术创新优势、技术垄断优势和技术利用优势。技术创新优势是企业通过提升研发水平,具有适合市场需求的新产品、新工艺的优势,集中体现在企业对整体技术发展趋势的引领、导向[162];技术垄断优势是企业通过采取独占技术领域(主动式)或者技术保密与封闭(防御式)等措施,确保其在技术、市场上具有领先地位的优势,反映的是企业对所拥有的技术的控制能力,集中体现在企业对于核心技术及核心技术领域的控制[163];技术利用优势是企业通过整合社会资本、拓宽合作渠道获得的对于行业、产业链、市场的影响力,代表了企业利用技术进行效益最大化的能力,集中体现在企业对于技术网络的整合能力上[164]。

7.2.2 网络视角下企业技术竞争优势的评价

目前,对于企业技术竞争网络存在一种误解,即将技术创新网络或技术竞争网络等同于企业技术合作网络。用单一的合作关系网络来代替创新网络的做法显然是对创新网络概念的一种狭隘解释[165]。企业创新网络是企业所有创新关系的总和,合作关系只是整个企业创新网络构成要素的一部分。在技术创新优势的测度方面,王舒等认为专利间的引用关系反映了引用专利对被引用专利技术的推荐和继承,不同企业间的专利引用关系则反映了引用企业对被引用企业的认可和需求，因此，专利权人引用网络可以用于评价企业技术影响力[166]，王贤文等利用专利权人共被引网络对世界 500 强的企业进行了技术竞争能力的测度[167]；在技术垄断优势的测度方面，杨冠灿等利用隶属网络方法测量了 Wi-Fi 联盟内部企业间的竞争态势，并根据隶属网络的二元性特征（Duality）认为企业在隶属网络中的地位是由其所属技术在整体技术网络中所处的地位决定的[168]；在技术利用优势的测度方面，Schilling M. A. 等利用专利数据研究了合作网络结构对组织创造力的影响，结果表明网络结构对组织的创新绩效有着重要的影响，拥有较高聚集度和较高可达性（节点之间的平均路径较短）的网络结构，组织的创新能力较强[87]。

综上所述，企业技术竞争优势是技术创新竞争优势、技术垄断竞争优势和技术利用竞争优势 3 种优势的有机融合，如图 7-1 所示。因此，对企业技术竞争优势进行评价，需要综合地考虑 3 种优势，任何单一维度的竞争优势测评都是不全面的。

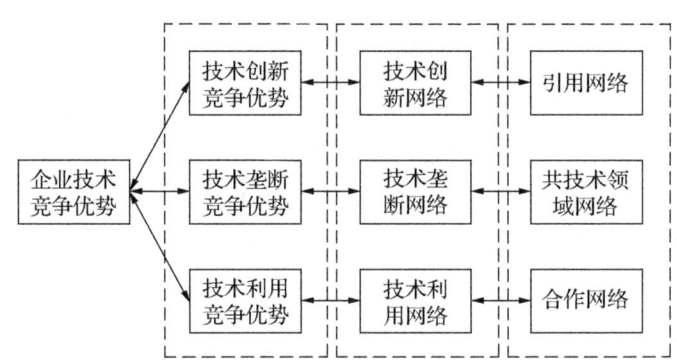

图 7-1 网络视角下企业技术竞争优势概念转化

7.3 多重关系视角下的企业技术竞争优势综合评价模型

7.3.1 建立以企业为中心的多重关系

在多重关系视角下，企业技术网络由 4 个部分组成：企业由一组节点表示，$N = \{n_1, n_2, \cdots, n_g\}$；关系由一组边表示，$L = \{l_1, l_2, \cdots, l_L\}$，以及依附于边上的一组值，$V = \{v_1, v_2, \cdots, v_L\}$；关系类型则表示为 $R = \{X_1, X_2, \cdots, X_k\}$。整个企业技术网络可以表示为 $\psi = \{N, L, V, R\}$。

传统专利分析视角下，往往采用基于专利权人的合作网络、基于专利的引用网络、基于专利分类号的共词网络（位于表7-1对角线上），而要对企业的技术竞争优势进行综合评价，首要需要解决的问题就是将多重关系统一到专利权人视角上来，形成专利权人合作网络、专利权人引用网络及共专利权人网络（位于表7-1第2行）。这也是实现多重关系视角下综合测度的基础。

表7-1 专利权人的多重关系转化

	合作关系	引用关系	隶属关系
专利权人	专利权人合作网络	专利权人引用网络	共专利权人网络
专利	—	专利引用网络	—
分类号	—	—	共技术领域网络

根据现有文献，学者主要对4种以专利权人为主体的关系进行了研究：专利权人合作关系、专利权人引用关系、专利权人分类号共现关系及共专利权人关系。陈云伟等以中国科学院自我中心视角对前3种类型网络分别进行了分析[171]。与前者不同，本书特点在于对多重关系进行综合评价；在关系的选择上，使用共专利权人网络代替专利权人分类号共现关系。原因在于：共专利权人网络是通过二模隶属关系转化而来，根据网络的二重性，专利权人间的关系是由其所各自占据的技术领域的位置所决定，因此，共专利权人之间的关系更能够体现专利权人在技术领域的垄断地位。

7.3.2 多重关系的矩阵构建

在构建专利权人的多重关系矩阵之前，先构建3个基础关系矩阵：专利权人—专利矩阵（AP）、专利直接引用关系矩阵（PCI）及专利分类号—专利矩阵（CP）。

(1) 专利权人—专利矩阵（**AP**）

专利权人—专利矩阵是一个二值二模矩阵，矩阵的行为专利权人，列为专利文献，该矩阵描述了专利权利归谁所有的关系：

$$AP_{ij} = \begin{cases} 1, & \text{如果专利权人 } i \text{ 有第 } j \text{ 项专利被授权} \\ 0, & \text{其他} \end{cases}$$

(2) 专利直接引用关系矩阵（**PCI**）

专利直接引用关系矩阵是一个二值有向邻接矩阵，矩阵的行为施引专利，列为被引专利，该矩阵表示专利文献之间的引用关系，即专利 i 到专利 j 之间存在一条有向连边：

$$PCI_{ij} = \begin{cases} 1, & \text{如果专利 } j \text{ 被第 } i \text{ 项专利所引用} \\ 0, & \text{其他} \end{cases}$$

(3) 专利分类号—专利矩阵（**CP**）

专利分类号—专利矩阵是一个二值二模矩阵，矩阵的行为专利分类号，列为专利文献，该矩阵表示一项专利技术领域所属关系：

$$CP_{ij} = \begin{cases} 1, & \text{如果专利 } i \text{ 具有第 } j \text{ 项专利分类号} \\ 0, & \text{其他} \end{cases}$$

然后，构建以专利权人为中心的专利权人共现矩阵（**ACA**）、基于直接引用关系的权利人矩阵（**ACI**）、基于分类号共现关系的专利权人矩阵（**ACC**），各项转化公式如表 7-2 所示。

表 7-2 专利权人的多重关系矩阵转化公式

	合作关系	引用关系	共词关系
专利权人	$ACA = AP \times AP^{\mathrm{T}}$	$ACI = AP \times PCI \times AP^{\mathrm{T}}$	$ACC = AP \times PCC \times AP^{\mathrm{T}}$

1) 专利权人共现矩阵（**ACA**）

专利权人共现矩阵（**ACA**）是在专利权人—专利矩阵（**AP**）的基础上转化而来，表征的是专利权人间的研发合作关系。专利权人 i 和 j 的共现数可以用 **AP** 矩阵对应行的乘积表示，即 $aca_{ij} = \sum_{k=1}^{N} ap_{ik} ap_{jk}$，专利权人共现矩阵转化公式如下：

$$ACA = AP \times AP^{\mathrm{T}} \tag{7-1}$$

2) 基于直接引用关系的权利人矩阵（**ACI**）

基于直接引用关系的权利人矩阵（**ACI**）是在专利直接引用关系矩阵（**PCI**）基础上，通过关系代数转化构建的矩阵，表征的是专利权人之间的相互引用关系。**ACI**是一种有存在时序的、非对称、有向、多值网络矩阵。专利权人引用网络矩阵可以表示为：

$$ACI = AP \times PCI \times AP^{\mathrm{T}}。 \quad (7-2)$$

3) 基于分类号共现关系的专利权人矩阵（**ACC**）

基于分类号共现关系的专利权人矩阵（**ACC**）是在专利分类号—专利矩阵（**CP**）基础上转化而来，表征的是基于技术领域共同所属的专利权人之间的关系。基于分类号共现关系的专利权人矩阵是一种无向、多值、非对称的邻接矩阵，转化公式为：

$$ACC = AP \times PCC \times AP^{\mathrm{T}}。 \quad (7-3)$$

7.3.3 企业技术竞争优势综合评价模型

本书提出一种面向企业技术竞争优势评价的综合评价模型。该评价模型是通过测量企业在3种不同关联类型网络下的位置，获得对于企业技术竞争优势（技术创新竞争优势、技术垄断竞争优势、技术利用竞争优势）更为全面的评价结果，并对该结果进行加权汇总得出关于企业技术竞争优势的综合评价得分。评价模型如下。

$W_1, W_2, \cdots, W_i$ 分别代表不同关系技术竞争优势网络的权重值。其中，$\sum_{i=1}^{n} W_i = 1, W_1, W_2, \cdots, W_r > 0, r$ 代表模型评价关系的类型。

D_i^r 代表企业在不同关系网络中的度中心度。其中，对专利权人合作网络、共专利权人网络而言，相对度中心度的计算公式为：

$$D_i^r = \frac{\sum_i x_{ij}}{N-1}。 \quad (7-4)$$

而对专利权人引用网络而言，相对入度中心度的计算公式为：

$$D_i^r = \frac{X_{+i}}{N-1}, \quad (7-5)$$

其中，i 代表企业数量。由于不同关系网络下的 D_i^r 在量纲上存在差异，因此，选择采用标准分法消除不同关系网络下度中心度分值的差异，标准化公式为：

$$Z_i^r = \frac{D_i^r - \overline{D_i^r}}{\sqrt{\frac{1}{N}\sum_{i=1}^{n}(D_i^r - \overline{D_i^r})^2}}, \quad (7-6)$$

其中，$\overline{D_i^r}$ 是 D_i^r 的平均值。最终，多重关系视角下的企业技术竞争优势综合评价模型计算公式为：

$$TCI = \sum_{r=1}^{n} W_r Z_i^r。 \quad (7-7)$$

7.4 企业技术竞争优势综合评价模型——以 Wi-Fi 专利为例

如前所述，本书已经论述了多重关系视角下的企业技术竞争优势评价较传统单一关系视角评价所具有的优势。下面将通过一个实证分析验证该模型是否适用于企业技术竞争优势评价。验证工作从 3 个方面进行：①从评价内容和数据的代表性上论述，模型评价范围是否更加全面，较单一关系视角下的评价方法具有何种优势；②从模型评价结果的指数及幂率分布上进行评述，模型评价结果是否具有区分度，是否适合企业技术竞争优势评价；③通过对企业技术竞争优势得分排名前 10 位企业的案例分析，检验模型评价结果是否具有实践指导意义。

7.4.1 Wi-Fi 技术介绍

Wi-Fi（Wireless Fidelity，无线保真）是一种无线联网技术，即利用无线路由器通过无线电波来连接电脑及其他设备，并且在电波覆盖的有效范围都可以采用 Wi-Fi 连接方式进行联网。Wi-Fi 的最大优点就是传输速度较快，可以达到 11 Mbps，有效距离也很长。Wi-Fi 既是一种无线联网的技术，也是一种商业认证，只有通过 Wi-Fi 联盟认证的产品、技术才能被称为 Wi-Fi 技术。

7.4.2 数据来源及数据处理

本书以 DERWENT 专利数据库作为数据来源，截至 2011 年 12 月 31

日，在 DERWENT 专利数据库中检索出以"Wi*Fi"作为主题词的 Wi-Fi 相关专利家族共 2160 项，共有 682 家企业被纳入技术创新网络，专利申请时间跨度为 2002—2011 年，根据 IPC 分类三级指标分类共有 128 个技术类别。

7.4.3 Wi-Fi 技术网络描述性统计

对邻接矩阵进行整体网络特征与中心度分布描述性统计，参见表 7-3。

表 7-3　Wi-Fi 技术网络特征描述性统计

指标	专利权人合作网络	专利权人引用网络	共专利权人网络
图形类型	无向	有向	无向
节点数（企业）	134	2770	682
独立关联数	69	5448	75 495
最大捷径距离	3 家	8 级	4 家
平均捷径距离	0.7003	3.7819	1.6881
图形密度	0.0077	0.0007	0.3221

Wi-Fi 技术网络有如下特征。

（1）3 类网络节点与关联分布不均衡

如表 7-2 所示，共专利权人网络的节点数为 682 个，该数量为整个专利网络权利人的数量；合作网络中的节点数为 134 个，仅有约 1/5 的专利权人参与了技术合作；引用网络中的节点数为 2770 个，Wi-Fi 技术创新网络企业通过引用关系采纳外部技术领域企业的创新技术，使整个引用网络参与专利权人数是共专利权人网络参与专利人数的 4 倍。

（2）捷径距离的特征

合作网络中，最大捷径距离指企业最多直接与 3 家企业进行合作；引用网络中，最大捷径距离指专利引文的最长引文层级为 8 级；共专利权人网络中，最大捷径距离是指与某一企业拥有同样技术领域布局的其他企业最多为 4 家。

第 7 章　企业技术竞争优势综合评价模型研究

（3）创新网络密度特征

合作网络的图形密度为 0.0077，该密度相对较低，说明 Wi-Fi 领域正处于快速发展期，企业间合作或者产学研合作还不够密切；而引用网络的图形密度为 0.0007，说明专利权人之间的引用关系也是相对稀疏的。共专利权人网络的图形密度为 0.3221，比例相对正常，可能说明 Wi-Fi 行业内企业在各自垄断的子技术领域有明确的分工，竞争多发于子技术领域内部，较少会出现跨技术领域的竞争。

Wi-Fi 技术网络中心度有如下特征。

在整个 Wi-Fi 技术网络中（表 7-4），合作网络的中心度分布中最高的度中心度仅为 3，可见各企业间合作的紧密度不足，中心度平均值为 1.0303，说明合作企业的平均合作频次仅为 1 次；观测数仅为 132，表明单一的专利权人合作网络代表性不足。引用网络的入度中心度的方差为 20 959.5017，说明引文分布极不均匀，大量企业具有较少的被引，而少数企业被大量引用；观测数为 682，与网络节点数保持一致，说明引文网络的代表性较好。共专利权人网络的中心度分布的平均数为 4.0480，表明每一专利权人至少关注 4 个技术子领域，这与专利分类号的特征是一致的；观察数为 458，表明单一的隶属网络的代表性也有所欠缺。

表 7-4　Wi-Fi 技术网络中心度描述性统计

指标	专利权人合作网络中心度分布	专利权人引用网络中心度分布	共专利权人网络中心度分布
平均数	1.0303	221.3929	4.0480
标准差	0.4086	144.7739	9.8920
方差	0.1670	20 959.5017	97.8532
峰度	9.5878	-0.3400	23.2502
偏度	1.5906	0.4101	4.4589
求和	136	150 990	1854
观测数	132	682	458
置信度（95.0%）	0.0703	10.8847	0.9083

7.4.4 Wi-Fi 技术网络的中心度分布与图形观察

通过 Wi-Fi 技术网络中心度分布及图形观察，可以发现：

专利权人合作网络图形（图 7-2a）比较稀疏，在一个共有 682 家企业（节点）构成的网络中，仅存在 69 条独立的关联数量，说明各企业间的合作范围不广；由于专利合作事关商业利益，因此合作双方选择较为谨慎，企业连接的范围也不是很广，合作者仅在较小的范围内选择合作；因此，采用单一的合作网络来评价企业技术竞争优势会存在代表性不够，对部分中小企业评价缺失的问题。

专利权人引用网络图形（图 7-2c）是一种十分密集型的网络图形，专利权人引用网络基于专利权人之间"知识流"的假定，采用入度中心度测量方法，其测量结果会偏向于具有技术研发基础的企业，有少部分企业具有高频次的被引数量，然而在实际企业技术竞争过程中，技术本身往往并非是最终的决定因素，企业只要在适当的技术领域内具备一定的技术竞争创新能力及技术整合运作能力，就能够在市场竞争中取胜。

共专利权人网络图形（图 7-2e）十分紧凑，这是因为共专利权人网络的图形密度远远大于其他网络；共专利权人网络的度中心分布（图 7-2f）不均衡，较为零散；共专利权人网络矩阵是基于共同所属技术领域所形成的，在共专利权人网络中拥有高中心度的节点，表明该企业在绝大多数的技术领域都存在技术布局，或者在重点技术领域拥有大量技术；然而，这种方法的缺陷在于，由于仅考虑了技术领域的数量，以及重点技术领域的数量，因此，无法全面反映技术的质量因素。

7.4.5 模型验证及结论

（1）模型评价结果验证

模型评价结果同样需要具备 2 个特征：评价结果具有区分度，结果分布符合关系数据分布规律。单一关系视角的研究方法由于缺乏代表性问题，导致评价的结果不完整。而根据综合评价模型进行的评价效果如下。

根据式（7-7）对 Wi-Fi 技术网络企业技术竞争优势综合指标进行计算，发现指标数值符合 $y = -2.131\ln x + 14.07$，且该指数函数拥有较高的

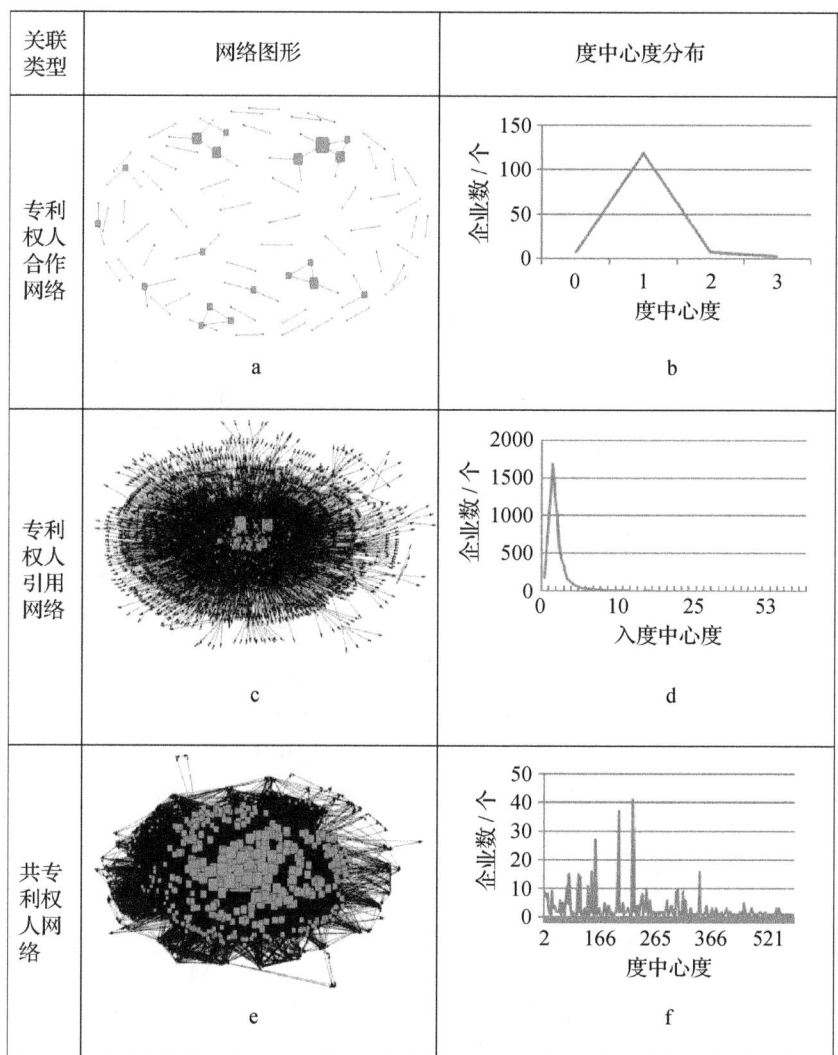

图 7-2　3 类关系网络的图形及中心度分布

拟合优度，$R^2 = 0.9904$。而且该函数分布体现出长尾效应，符合企业技术竞争生态的实际，能够显著区分企业技术竞争优势的差异，如图 7-3 所示。

根据对上述 3 种中心度的 Pearson 相关系数检验显示：专利权人合作网络中心度、专利权人引用网络中心度、共专利权人网络中心度并不存在

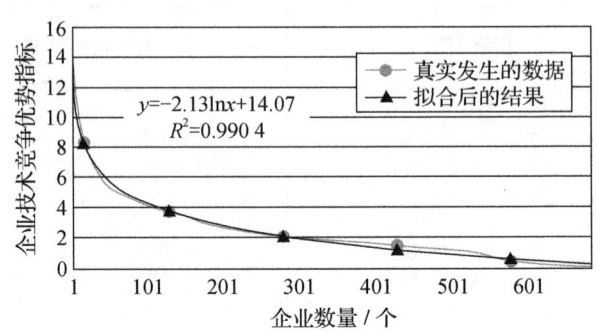

图 7-3　Wi-Fi 技术网络的企业技术竞争优势指标指数函数分布

显著相关关系，可见 3 种不同的中心度指标实际反映了 3 种不同的企业技术竞争优势评价方向，如表 7-5 所示。因此，在企业技术竞争优势评价的实际过程中，应该将 3 种因素综合考虑才能更好地获得符合技术市场规律的评价模型。

表 7-5　3 类关系网络中心度相关性测量

项目	专利权人合作网络中心度指标（D_i^{PCA}）	专利权人引用网络中心度指标（D_i^{PCI}）	共专利权人网络中心度指标（D_i^{COP}）
专利权人合作网络中心度指标（D_i^{PCA}）	1	0.0216	0.1760
专利权人引用网络中心度指标（D_i^{PCI}）	0.0216	1	0.4769
共专利权人网络中心度指标（D_i^{COP}）	0.1760	0.4769	1

进一步，本书将企业技术竞争优势指标评价得分（$\ln y$）与评价得分在整体分数的排名（$\ln x$）在双对数坐标下进行统计分析，利用最小二乘法判断其是否符合线性分布，并由此判断该企业技术竞争指标测评结果是否符合幂律规律。

结果显示,企业技术竞争优势指标评价得分与其排名呈现显著的线性关系,$\ln x$ 的回归系数为 -0.75,拟合优度为 0.8456,F 值为 454.65,在 0.5% 水平下显著,如图 7-4 所示。通过幂律分布拟合可以发现,企业技术竞争优势综合指标符合企业技术竞争优势动态变化的一般规律。

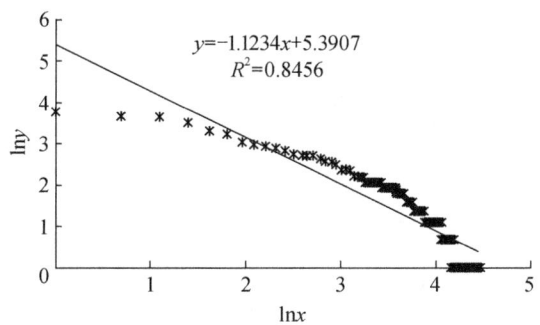

图 7-4　Wi-Fi 技术网络的企业技术竞争优势指标幂律分布

(2) TOP10 企业案例分析

企业技术竞争优势评价模型是否具有实践指导意义,关键在于分析结果能否发现企业现有技术发展轨迹、优势与不足,为企业未来的技术战略提供决策依据。根据表 7-6 显示,NOKIA 公司的 TCI 排名最高,从构成 TCI 指标的 3 项中心度指标分别来看,NOKIA 公司的引用网中心度为 84,在 TOP10 公司中最高,表明 NOKIA 公司在 Wi-Fi 的技术创新竞争力是最强的;其共专利权人中心度指标为 526,表明 NOKIA 公司在 Wi-Fi 技术的深度和广度上都具有优势;未来,NOKIA 公司可以考虑通过扩大研发合作链来促进其整体技术竞争优势的提升。相比较而言,HONGFUJIN(富士康)公司积极通过寻求扩大合作,以及控制 Wi-Fi 技术关键技术领域来提升自身竞争优势,然而,由于其技术创新能力不足,仍然无法获得较高的技术竞争优势,因此,下一步 HONGFUJIN 公司应该加大科技创新的投入,增加更多技术领先优势的产品。同理,通过对于各项指标的分析,能够清晰地了解企业技术竞争过程存在的优势、弱势,为企业进一步的战略决策提供实践指导。

表 7-6　Wi-Fi 技术领域 TOP10 公司排名

企业名称	企业技术竞争优势指标（TCI_i）	专利权人合作网络中心度指标（D_i^{PCA}）	专利权人引用网络中心度指标（D_i^{PCI}）	共专利权人网络中心度指标（D_i^{COP}）	企业专利申请数/项
NOKIA	14.5792	1	84	526	25
MICROSOFT	14.3752	2	53	595	71
MOTOROLA	11.2818	0	72	580	33
BELLSOUTH	11.1612	1	45	581	62
HONGFUJIN	11.0126	3	0	524	14
QUALCOMM	10.9770	1	38	570	96
LUCENT	10.2281	1	36	558	18
ERICSSON	9.9428	0	64	493	10
INTEL	9.8708	2	15	499	7
TOSHIBA	9.8660	1	36	539	16

第8章
基于专利综合引用网络的专利价值评价研究

8.1 研究背景

专利信息由于包含了充分的技术、市场、法律信息，是评价技术进步、技术战略、市场趋势及所有权归属的重要手段。近年来，以专利信息为基础的专利价值评价逐渐成为企业创新、绩效管理、科技评价的重要依据。在各种专利价值评价指标中，专利引文指标无疑是研究的最为集中与深入的，利用专利引文进行专利价值评价的设想基于如下假设：一项专利获得的被引数量越多，就具有更高的专利价值。近年来，学者们对基于引文频次的专利价值评价方法进行了大量研究与反思，发现在专利引文方面存在若干问题：引文膨胀、时间截面[170]、审查员引文[120]、引文遗失现象[171]及引文是否反应知识流动的问题[98]等。归集起来不难发现，问题的核心在于：单一的专利直接引文无法避免人为或者随机产生的引文噪声和倾向问题，亟须有新的方法来改进或替代[172]。

目前，改进或者替代方法的思路主要有两种：①提出了一系列的修正指标，如考虑时间截面、技术领域差异、技术生命周期等因素影响，修正专利引文相关算法[173]，使不同时间、不同类型的专利在统一的量纲下具有可比性，这种思路的缺陷在于忽略了引用专利之间的关联、结构特征，对于结果的解释力较差；②利用网络分析方法，通过中心度指标[174]、关系强度[175]、结构均衡[176]等指标分析专利质量及相关问题，该方法尚处于起步阶段,虽产生了大量的研究成果,但多是针对单一引用关系(直接引用、间接引用、专利耦合、专利共引)的分析,对于引用网络的复杂性认知不足,分析过程犹如"盲人摸象",看似合理但又失之偏颇[50]。因此,近期学者们开始对单一的专利引用方法进行反思,希望通过多重引用关系整合方法,实现对专利引用网络的多视角综合观察,获得更加适合专利筛选的专利综合引用网络。

本章以矩阵转化方法为基础,尝试对 4 种专利引用关系(直接引用、间接引用、专利耦合、专利共引)进行合并、筛选、重组,建立了一种专利综合引用(Comprehensive Patent Citation,CPC)网络,并利用该网络入度中心度作为专利价值评价指标。本章通过对 CPC 网络的网络结构观察(网络拓扑属性、度分布特征及引用时滞等网络特性)发现其较单一引用关系所构建网络的优势,通过对专利家族和专利持续时间的数据验证,进一步发现通过 CPC 网络的入度中心度作为专利价值评价指标在评价准确度、范围上的优势,为进行更精细的专利价值评价提供思路。

直接引用关系是最早进入研究人员视野的引用类型[177];耦合关系(Coupling)的概念由 Kessler 最早提出[70];文献共引或称同引文献(Co-citation)的概念由 Small 教授提出[72];间接引文(Indirect Citation)概念的产生受到了网络科学理论的影响[178]。直接引用关系、间接引用关系、耦合关系、共引关系构成 4 种最基本的引用关系类型,这些引用关系类型也逐步被引到专利分析中来,不同引用关系类型的引入对于专利分析研究的深入提供了有力的支持[179-180,169,181]。网络视角下,上述 4 种基础关系类型可以转化为对应的 4 种引用关系网络[182]。

8.1.1 研究动因

真实世界里的网络是复杂的,包括多种引用关系类型,直接引用关系只是一种引用关系类型。当然,其他类型的引用关系(间接引用、专利耦合、专利共引)也都是来源于直接引用数据的,我们可以通过直接引用关系数据计算出其他种类型关系的数据。但通过简单分析后发现这些数据并不是一致的,可能有重复也可能存在差异。Shibata 和 Boyack 等分别对不同引用网络针对技术前沿分析的评价效果进行了比较研究,发现不同引用网络的评价效果存在差异[78,116]。于是，学者们开始探讨对多种引用网络进行整合，Atallah 认为间接引用关系也能够在一定程度上反映技术流动，并提出考虑间接引用关系的加权专利质量评价模型[178]；Wartburg 等则认为技术创新过程的测量需要采用多阶段分析方法，多阶段的测量方法需对3种关系（直接引用关系、间接引用关系、耦合关系）进行组合，才能完整体现技术创新过程[183]；Chen Dar-Zen 等通过研究发现，专利直接引文存在遗漏引文现象，而通过辅助耦合关系则能更加识别出遗漏引文，从而更加全面展现完整的引用关系网络[171]；Small Herry 认为单一引文数据过于稀疏，不利于进行技术前沿的聚类分析，而通过综合其他类型的引用关系（间接引用、专利耦合、专利共引）可以使网络更加紧密的联系到一起，有利于进行技术前沿的聚类[182]。

本章尝试对4种专利引用关系（直接引用、间接引用、专利耦合、专利共引）进行合并、筛选、重组，建立了一种专利综合引用网络，专利综合引用网络数据来源于真实的专利引用关系数据，是对真实数据的一种更为全面的重构过程，通过这种重构能够使我们的观察更为全面，避免采用单一引用网络时引用关系遗漏的弊端。

8.1.2 网络构建

相对而言，直接引用关系网络是比较直观且易于构建的，而间接引用、耦合、共引关系在网络构建方式上一直存在两种思路：①阈值设定方法，即根据一定的规则首先确定网络筛选阈值，然后对剩余专利两两选择专利对构建专利网络，在阈值选择上往往参考洛特卡定律、齐普夫定律、布拉福德等集中离散规律确定[184]；②矩阵转化方法，该方法采用关系代数思想、乘积运算来实现网络构建，然后再根据标准（阈值）选择是否对网络精简。两种思路各有优势，阈值设定方法的优势在于对原始网络进行适当精简，并以小的分析成本获得较为全面的网络结构认知；矩阵转化方法的优势则能够更好地保留网络信息的原貌，但计算量也成倍增加了。然而，阈值设定方法每次需要针对一类引用关系网络进行筛选，并仅筛选具有高阈值的专利构建网络，在进行网络整合时会出现关系丢失现象；而矩阵转化方法则能够更完整的保留专利对之间的关系，是更适合多种关系整合的方法，随着计算技术的发展，矩阵转化方法是实现多重专利引用网络整合的更好方法[185-186,112]。

8.1.3 筛选与整合

当新的引用网络被构建起来之后，原先简单的网络被极大丰富了，但仍需要对来源不同类型网络的数据进行区分、筛选与整合，实现去粗取精。目前，对于多种不同类型网络进行重构的整合方法主要有3种：①随机模型方法。Ansari 在随机模型的基础上提出了一种整合统计模型[187]。②权重加权方法。该方法是通过对多重关系数据的权值进行加权计算来实现，Liu Xinhai 等提出一种加权混合聚类方法，通过整合聚类组合和核融合聚类方法对多重关系网络进行整合[142]，该方法虽实现了综合分析，但忽略了不同类型网络之间的差异性，可能造成对最终结果的扩大或缩小，限制了对网络整体结构特征的观察。③定类组合方法。受社会网络分析方法的启发[188]，在对不同类型网络进行合并时，将不同类别或类别组合区别对待，从而用于发现不同的类型组合模式对于整合网络的影响效果。陈达仁在对直接引用网络和耦合网络进行整合的过程中，通过对耦合网络和直接引用两类网络进行合并，构成一个专利综合引用网络，用于识别遗失的专利引用关系[171]。该方法的特点在于不同类型网络关系的特征被保留，有利于比较多网络类型的差异，现有相关研究不多。本章的研究采取的是以定类组合为基础的分析。

8.1.4 专利价值评价效果的验证

验证 CPC 网络的价值评价效果需要借用一定的参考指标。由于缺乏直接对专利价值进行测量的参照，研究人员提出了一系列的间接测量方法和替代方法。专利持续期与专利权保护范围是除专利引文之外最常用的专利价值替代指标。相关研究认为，由于维护专利的时间与范围是需要投入成本，因此，可以假定如果专利持有人持续对专利进行投入，那么该发明一定具有较高的经济价值[3]。大多数的专利体系中，专利持续费用会随着专利权人要求保护时间增加而逐年增长，未及时缴纳的后果将会造成专利失效，相关发明将不再享有专属权利。Griliches 认为在不同持续期限的比率相

第 8 章 基于专利综合引用网络的专利价值评价研究

对应的专利维持费用方案,能够作为专利价值评价的替代判断标准[189]。专利家族的范围优势也反映了一项发明可能的市场覆盖范围,专利家族数量越多,该专利就越具有可能的潜在商业利润。Lanjouw 发现了专利质量与专利家族规模之间存在正相关关系[190]。本章将通过专利家族及专利持续期的数据来验证基于 CPC 网络的入度指标在评价专利价值方面的效果。

8.2 综合引用网络构建

8.2.1 引用网络的基本类型

直接引用关系是最基本的引用关系类型,它是二元关系视角下对"引用专利—被引专利"关系的描述。随着研究的深入,学者们不再限于专利对之间的二元关系,也关注专利对之间的三元关系问题,包括间接引用关系、耦合关系、同被引关系。三元关系视角下的引用类型特点是同时考虑了 3 项专利,并考虑除直接引用专利对之外其他两项专利之间的关系。4 种基础专利引用关系如表 8-1 所示。

表 8-1 4 种基础专利引用类型

关联类型	直接引用关系	间接引用关系	耦合关系	共引关系
简称	CIT	IDC	BIC	COC
图形				
专利引用对				
关系类型	引用关系	引用关系	对偶关系	对偶关系
方向	有向	有向	无向	无向
值	二值	多值	多值	多值
对称性	传递性	传递性	非传递性	非传递性

8.2.2 引用网络的关系代数转化

（1）直接引用（Citation Relationship，CIT）

表示专利之间的引用—被引用关系，专利由点表示，引用关系则由有向连边表示。若专利 i 到专利 j 之间存在一条有向连边，则表示专利 j 被专利 i 所引用。以直接引用关系为基础，构建直接引文（CIT）网络表示为：

$$CIT_{ij} = \begin{cases} 1, \text{如果专利} j \text{被专利} i \text{所引用} \\ 0, \text{其他} \end{cases} \quad (8-1)$$

（2）间接引用（Indirect Citation Relationship，IDC）

表示专利之间隔一代的引用关系（长度为 2 的路径），多代间接引用的专利网络可以用 $CIT[n]$ 来表达。如果存在节点 k，使得 $cit_{ki}cit_{kj} = 1$，则 $idc(2)_{ij} = \sum_{k=1}^{N} cit_{ik}cit_{kj}$；间接引用（IDC）网络矩阵转化公式为：

$$IDC = CIT^2 \text{。} \quad (8-2)$$

（3）耦合关系（Bibliographic Coupling，BIC）

表示两个专利同时引用其他专利的数量。如果专利 i 和 j 都有边指向专利 k，那么 $cit_{ik}cit_{jk} = 1$；否则 $cit_{ik}cit_{jk} = 0$，因此，专利 i 和 j 的耦合数 $bic_{ij} = \sum_{k=1}^{N} bic_{ik}bic_{jk}$，专利耦合（BIC）网络矩阵转化公式为：

$$BIC = CIT \times CIT' \text{。} \quad (8-3)$$

（4）共引关系（Co-citation，COC）

表示两个专利同时被其他专利引用的数量，如果专利 k 同时有两条出边分别指向专利 i 和 j，那么 $cit_{ki}cit_{kj} = 1$；否则 $cit_{ki}cit_{kj} = 0$。专利 i 和 j 的共引数 $COC_{ij} = \sum_{k=1}^{N} cit_{ki}cit_{kj}$；专利共引（COC）网络矩阵转化公式为：

$$COC = CIT' \times CIT \text{。} \quad (8-4)$$

8.2.3 专利多重引用关系集合

如前所述，单一专利引用网络在分析专利价值过程中不够全面，因此，本章首先将 4 种单一专利引用网络进行合并，形成一个适合专利价值评价的专利多重引用关系集合（Multiplex Citation Relationships Aggregation，MUCA）。由于各类型引用网络存在一定的差异，因此，在合并前需要对各类型网络进行二值化，去对角线及非对称处理，以确保各网络矩阵能够合并。

首先，对 IDC、BIC、COC 进行二值化处理，处理的目的在于仅关注专利对之间是否存在某一类型的关系而忽略关联强度；然后，对 **IDC**、**BIC**、**COC** 进行去除对角线处理，在矩阵合并计算过程中，对角线上的对角元并没有实际意义，因此需要去除对角线数据并将对角元均设为 0；最后，由于 **CIT**、**IDC** 矩阵为非对称矩阵，**BIC**、**COC** 为对称矩阵，因此，需要对 4 类网络进行归一化处理，留下矩阵的下三角数据（本章后期主要考虑对入度进行评价，因此，不考虑矩阵上三角数据）。上述过程均可以利用 UCINET 软件实现。经过数据处理后，可以得到 $IDCp$、$BICp$、$COCp$。专利多重引用关系集合（MUCA）为：

$$MUCA = CIT + IDCp + BICp + COCp, \qquad (8-5)$$

其中，$i > j$，$muca_{ij} \neq muca_{ji}$，$muca_{ii} = 0$。

8.2.4 专利多重引用网络的筛选

引用网络存在关系属性、关联强度、关系重叠 3 个特征。

（1）关系属性（Relationship Property）

在 4 种基础专利引用类型中，直接引用关系是基于专利申请人或审查员人为判断建立的"实在关系"，而间接引用、耦合、共引关系则是基于传递、对偶关系产生的"虚拟关系"[191]。通常，单一的"实在关系"已经能够初步证明专利对之间存在"知识流"传递，而虚拟关系则用来进一步证明"知识流"的存在。辅助证明虚拟关系"知识流"的手段包括多重关系重叠或者关系强度。

（2）关联强度（Relationship Strength）

专利对之间存在的连线不仅反映了传递、对偶关系的存在，还反映了其关联强度。判断虚拟关系"知识流"是否存在的一个重要手段就是通过对关联强度设定一定阈值进行筛选。关联强度越大，专利对之间的"知识流"就越明显。

(3) 关系重叠（Relations Overlap）

在真实的网络中，很少存在单一关系的形态，复杂现象总是体现出多重关系交叉、重叠的特征。4 种不同的专利引用类型下专利对存在一定数量的关系重叠现象。此外，重叠特征还有助于筛选出"知识流"传递的主要路径，尽可能避免由于引用关系数据中存在的人为因素、方法误差因素造成的影响。

根据上述特性，MUCA 网络可以被划分为相互独立的 4 个层次。

(1) 多重关系重叠层（Multi-relationships Overlap Level，MOL）

专利多重引用关系集合 MUCA 由于合并了 4 种类型的有向、二值引用网络，因此，**MUCA** 矩阵中的值实际代表了引用网络中重叠关系的数量。例如，$muca_{ij}=2$，表示该专利对存在两种引用关系重叠。多重引用网络的重叠现象是一种非常重要的结构特征，MOL 层网络的筛选算法为：

$$MOL = \begin{cases} 1, muca_{ij} > 1 \\ 0, 其他 \end{cases} \quad (8-6)$$

其中，$i > j$，$muca_{ij} \neq muca_{ji}$，$muca_{ii} = 0$。

(2) 单一直接引用关系层（Single Real-relation Level，SRL）

直接引用关系是基于专利申请人或审查员人为判断建立的"实在关系"，是判断专利对之间"知识流"的基础，因此可以单独作为一个层次。处于该层次的关系对会随着时间动态变化，进入 MOL 层。SRL 层网络的筛选算法为：

$$SRL = \begin{cases} 1, cit_{ij} - mol_{ij} > 0 \\ 0, 其他 \end{cases} \quad (8-7)$$

(3) 单一虚拟关系高关联强度层（Single Artificial-relation with High Strength，SAH）

SAH 层是在排除了 MOL 层、SRL 层网络之后，对单一虚拟关系进行阈值筛选后得到的网络。在单一虚拟关系中，利用高关联强度更有利于排除关联误差，消除虚拟关系可能存在的随机现象，是判断专利对之间"知识流"的辅助手段。

SAH 层网络筛选步骤如下（以共引关系为例）。

首先，计算共引网络专利对之间的共现频率：

第8章 基于专利综合引用网络的专利价值评价研究

$$COC = \begin{cases} \sum_{k=1}^{n} cit_{ki} cit_{kj}, i \neq j \\ 0, i = j \end{cases} \quad (8-8)$$

其中，$1 \leq i \leq n$，$1 \leq j \leq n$。

其次，计算共引网络专利对之间的关联强度（$COCs$）：

$$COCs = \begin{cases} \dfrac{coc_{ij}}{citind_i + citind_j - coc_{ij}}, i \neq j \\ 0, i = j \end{cases} \quad (8-9)$$

其中，$1 \leq i \leq n$，$1 \leq j \leq n$。coc_{ij} 是专利对之间的共引频次，$citind_i$ 是专利 i 的入度，也是专利 i 的被引频次。根据上述算法分别计算 $IDCs$、$BICs$、$COCs$。再对关联强度设置阈值 α、β、γ，获得：

$$idc(h)_{ij} = \begin{cases} 1, idcs_{ij} \geq \alpha \\ 0, \text{其他} \end{cases} \quad (8-10)$$

α 为 $IDCs$ 的阈值。

$$bic(h)_{ij} = \begin{cases} 1, bics_{ij} \geq \beta \\ 0, \text{其他} \end{cases} \quad (8-11)$$

β 为 $BICs$ 的阈值。

$$coc(h)_{ij} = \begin{cases} 1, cocs_{ij} \geq \gamma \\ 0, \text{其他} \end{cases} \quad (8-12)$$

γ 为 $COCs$ 的阈值。

最终，汇总 IDC（h）、BIC（h）和 COC（h），得到 SAH 层网络：

$$SAH = \begin{cases} 1, idc(h)_{ij} + bic(h)_{ij} + coc(h)_{ij} = 1 \\ 0, \text{其他} \end{cases} \quad (8-13)$$

（4）单一虚拟关系低关联强度层（Single Artificial-relation with Low Strength，SAL）

SAL 层是在排除了 MOL 层、SRL 层及 SAH 层之后剩余的关系网络。该网络会随时间的推移动态演化，例如，属于 SAL 层专利对可能会转移到 SAH 层，或者 MOL 层。SAL 层网络与 SAH 层网络的算法类似，唯一的区别在于 SAL 层网络包含的 $IDCs$、$BICs$、$COCs$ 的阈值低于 α、β、γ 的关联强度。

$$SAL = \begin{cases} 1, idc(l)_{ij} + bic(l)_{ij} + coc(l)_{ij} = 1 \\ 0, 其他 \end{cases} \quad 。 \quad (8\text{-}14)$$

8.2.5 专利综合引用网络的构建

根据网络筛选的 3 个标准，对 MUCA 网络进行分层，并进一步构建 CPC 网络，具体的构建方式可以采取如下两种算法：式（8-15）采用对 MOL 层网络、SRL 层网络及 SAH 层网络所代表的矩阵进行加总的方法进行；另一种更为简便的方法则是在 MUCA 网络的基础上，通过筛除 SAL 层网络矩阵来实现，如式（8-16）所示。

$$CPC = \begin{cases} 1, mol_{ij} + srl_{ij} + sah_{ij} \geq l \\ 0, 其他 \end{cases} \quad 。 \quad (8\text{-}15)$$

或者

$$CPC = \begin{cases} 1, muca_{ij} - sal_{ij} \geq l \\ 0, 其他 \end{cases} \quad 。 \quad (8\text{-}16)$$

其中，$i > j$，$muca_{ij} \neq muca_{ji}$，$muca_{ii} = 0$。

8.3 专利价值评价实证

8.3.1 数据采集

为了验证 CPC 网络的特性及基于 CPC 网络的专利价值评价指标的性能，本章选择了光盘技术作为研究案例。之所以选择光盘技术作为研究对象，是因为在近 50 年的发展历程中，光盘作为四大传输媒介（光盘、磁盘、半导体和网络）之一，经历了四代的技术更迭与变革过程，其中诞生了包括 CD（1982）、DVD（1995）、UDO（2003）、UMD（2004）、Hi-MD（2004）、BD（2006）、HD DVD（2006）及代表未来趋势的 Holographic Versatile Disc、LS-R、Protein-coated disc 技术[192]等。光盘技术的迅速更新换代也促使整个工业界不断升级调整以适应其步伐。因此，研究光盘技术领域有助于我们更好地理解在技术变革背景下引用网络的结构特征。

根据美国专利分类号，光盘技术当前被分类在 USPC720 主分类号中。

本章数据的检索方法是首先选取 2000 年 1 月 1 日至 2010 年 12 月 30 日主分类号为 720 的光盘技术，共计 2893 项。然后，在 USPTO（1976—2010年）专利引文数据库（Sampat's USCITES dataset）[193]中检索"引用专利—被引用专利"包含上述 2893 项专利对；为了易于分析，本章对数据进行了限定，要求引用专利和被引用专利必须同时满足主分类号为 720 的要求，这样经筛除后，待分析的 720 光盘技术数据集包含有 1426 项专利、2474 条直接引用关系。

8.3.2 数据处理

根据式（8-16），要想获得光盘技术的 CPC 网络，需要获得 MUCA 和 SAL 层网络。MUCA 网络可以根据式（8-5）合并求得；SAL 层网络则需要根据 $IDCs$、$BICs$、$COCs$ 关联强度的阈值进行筛选。本章选择各类网络中前 10% 的数据作为关联强度筛选的标准，因此，SAL 层网络包含的是光盘专利网络中关联强度的阈值低于 $\alpha = 0.117$、$\beta = 0.172$、$\gamma = 0.201$ 的专利对。

8.3.3 描述性统计

从节点数量来看，CIT、MUCA、CPC 等网络都包含最大节点子集 1426 项专利。一个网络拥有更多的节点数量，即表明它能够更全面地评价网络中的每一项专利，因此，节点数量指标表明网络的代表性，可见，IDC_p、BIC_p、COC_p 的网络代表性就明显要弱一些。

从边数量来看，4 类基础类型引用网络（仅计算矩阵左下角数据）的连边数共计 12 043 条，其中，CIT、IDC_p、BIC_p、COC_p 4 个网络分别拥有 2474 条、1912 条、3213 条、4444 条边。

网络密度测量。网络密度为网络中实际存在边数与最大可能边数之比，对于有向网络，网络密度的计算公式为：

$$\Delta = \frac{M}{N(N-1)} \quad (8-17)$$

网络密度在一定程度上刻画了网络中关系的数量和相邻程度。总体上来看，由于网络密度最大值仅为 0.0062，可以说光盘技术专利引用网络是一种较为稀疏的网络。对比 4 种网络的密度，$COC_p > BIC_p > IDC_p >$

CIT。CIT 网络（0.0012）与 CPC 网络（0.0018）有着相似的网络密度，原因在于两者节点数量一致，而边的数量相差 1253，这其中包括 SAH 层网络的 1034 条边，以及 MOL 层网络中 219 条连边，这些增加的连边增强了 CPC 网络的整体结构特征。

平均路径长度。网络的平均路径长度 L 定义为网络中任意两项专利之间的距离的平均值，即

$$L = \frac{1}{\frac{1}{2}N(N+1)} \sum_{i \geq j} d_{ij} 。 \qquad (8-18)$$

平均路径长度可以作为判断 CPC 网络中专利对之间"知识流"传递紧密程度的判断标准，如果 L 值高，说明引用网络中专利对之间进行"知识流"传递的可能性低，而 L 值低，说明网络中专利对之间进行"知识流"传递的可能性就高。在 10 个网络类别中，CIT 网络的平均路径长度（7.531）较长，说明直接引用网络较为稀疏，连通性不高，"知识流"传递的可能性最低；CPC 网络的平均路径长度是 6.701，较 CIT 网络短，应该是受 IDC_p、BIC_p、COC_p 等网络的影响，说明 CPC 网络"知识流"传递较 CIT 网络的可能性要高。

聚类系数测量。聚类系数用于刻画网络中节点的聚集程度，计算公式为：

$$C_i = \frac{2E_i}{k_i(k_i-1)} = \frac{1}{k_i(k_i-1)} \sum_{j,k=1}^{N} a_{ij} a_{jk} a_{ki} ; \qquad (8-19)$$

$$C_i = \frac{\text{包含节点 } i \text{ 的三角形的数目}}{\text{以节点 } i \text{ 为中心的连通三元组的数目}}$$

$$= \frac{\sum_{j \neq i, k \neq j, k \neq i} a_{ij} a_{jk} a_{ki}}{\sum_{j \neq i, k \neq j, k \neq i} a_{ij} a_{jk}} 。$$

$$(8-20)$$

式（8-19）与式（8-20）并没有本质的区别，均是体现网络结构的指标，式（8-20）能够更好地表现网络中传递性的作用。按照式（8-20），CIT 网络的聚类系数为 0.074，CPC 网络为 0.242，MUCA 网络为 0.245。数值越大，网络的连通性就越好，专利之间就可以更便捷的传递知识。此外，CIT 网络过于稀疏，不利于进行聚类，而 CPC 网络在聚类的效果方面会好

于 CIT 网络（表 8-2）。

表 8-2 引用网络的描述性统计

关系类别	点 (N)	边 (M)	密度 (Δ)	平均路径长度 (L)	聚类系数 ($C1$)	聚类系数 ($C2$)
CIT	1426	2474	0.0012	7.531	0.058	0.074
IDC_p	904	1912	0.0023	6.227	0.007	0.010
BIC_p	822	3213	0.0048	4.799	0.702	0.506
COC_p	846	4444	0.0062	4.641	0.707	0.563
MUCA	1426	10812	0.0053	4.016	0.367	0.245
MOL	463	1059	0.0049	2.597	0	0
SRL	1347	1634	0.0009	9.310	0.260	0.231
SAH	535	1034	0.0036	4.668	0.205	0.136
SAL	1349	7085	0.0039	4.195	0.323	0.226
CPC	1426	3727	0.0018	6.701	0.180	0.242

8.3.4 入度分布特征

从概率统计的角度来看，网络的度分布是网络中一个随机选择的节点的度为 k 的概率。为了便于多种类型引用网络的比较，本章选择 CPC 网络的入度分布（In-degree Distribution）作为专利价值评价的指标。之所以要检验网络的度分布特征，原因在于：对于真实专利价值而言往往是符合幂律分布特征的，即整个专利网络中少数专利的价值十分显著，而大量专利仅具有微小的价值或不具有价值（表 8-3）。

表 8-3 引用网络的入度分布特征

关系类别	节点数	平均	中位数	标准差	最小值	最大值
CIT	894	1.735	1.00	2.592	0	33
IDC_p	469	1.341	0.00	3.271	0	33
BIC_p	623	2.253	0.00	4.516	0	50
COC_p	713	3.116	0.50	5.454	0	37

续表

关系类别	节点数	平均	中位数	标准差	最小值	最大值
MOL	313	0.743	0.00	2.013	0	24
SRL	791	1.146	1.00	1.545	0	13
SAH	368	0.725	0.00	1.884	0	20
SAL	1125	4.968	3.00	5.868	0	41
CPC	986	2.614	1.00	4.199	0	53

观察不同网络的入度分布特征，CIT 网络的平均入度值为 1.735，表明在 CIT 网络中，一项专利平均被两项专利所引用；CPC 网络的平均入度值为 2.614，表明在 CPC 网络中，一项专利平均被三项专利所引用。入度最高的网络为 CPC 网络的入度为 53，而 CIT 网络的入度为 33，幂律分布的肥尾效应会进一步增强。观察 CIT 与 CPC 网络的入度分布特征（图 8-1），可见两个引用网络的入度分布特征都符合幂律分布特征，尤其是在双对数坐标系下，两个网络都近似表现为一条直线，CIT 的网络入度分布：$CIT(k) = 836.1k^{-2.107}$，$R^2 = 0.9411$；CPC 的网络入度分布：$CPC(k) = 889.8k^{-1.953}$，$R^2 = 0.9293$。但通过观察，CIT 网络的尾部出现比较强烈的"摆尾"现象，说明 CIT 的高入度值不稳定，随机性较强，相比而言，CPC 网络更为稳定，说明通过在 CIT 网络上增加一些隐性的关系（遗失的连边），能够缓解度分布的随机性，使得评价的结果更稳定。

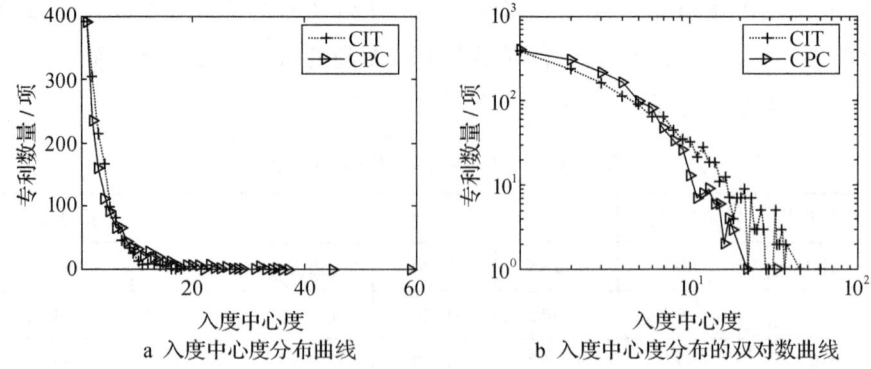

a 入度中心度分布曲线　　b 入度中心度分布的双对数曲线

图 8-1　CIT 与 CPC 网络的入度分布特征比较

8.3.5 图形观察

对引用网络的图形特征进行观察，CIT 与 IDC 网络的中心聚集程度不高，离散现象较为明显，CIT 网络中心密集区域与外围区域之间的联通稀疏，整个网络形成几个密集程度较高的专利集群。这说明 CIT 与 IDC 网络中没有高入度专利相互连接的现象，或者说 CIT 与 IDC 网络的同配倾向并不显著，说明光盘技术的各个技术分支都呈现了发展趋势，网络呈现多样化的技术发展趋势。

相比 CIT 网络，CPC 网络由于整合了 MOL、SRL、SAH 网络，使得整个网络的连边增加，中心聚集程度提高，中心区域与外围区域之间的联通程度加强，高入度专利互相连接的现象显著增强，同配倾向显著，展现了技术分支之间的关联性（图 8-2）。

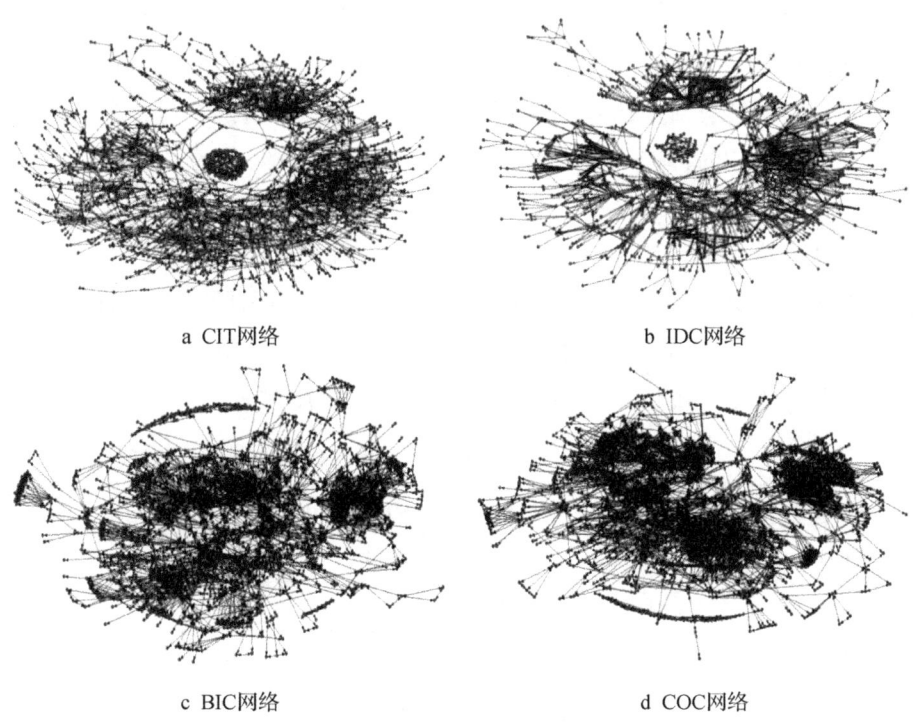

a CIT网络　　　　　　　　b IDC网络

c BIC网络　　　　　　　　d COC网络

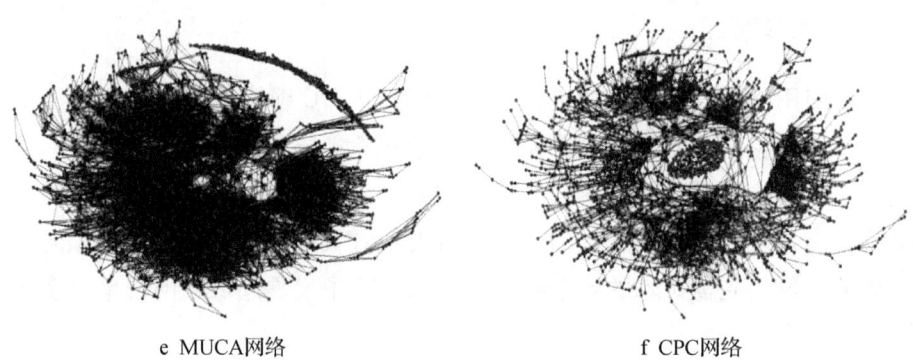

图 8-2　多重引用网络的图形特征观察

8.3.6　引用时滞分布

引用时滞是指施引专利与被引专利之间时间的差异。引用时滞对于引用网络的评价效果而言是一项非常关键的指标，因为引用时滞越短，表明专利网络就越能够对新出现的专利做出评价，克服评价结果过于老化的问题，因此，引用时滞是用于修正专利被引指标效力偏差的重要指标。由表 8-4 可见，CPC 的时滞平均为 39.48 个月，相较于 CIT 的 45.88 个月，平均引用时滞缩短了 6.4 个月。专利平均引用时滞的缩小意味着 CPC 网络较 CIT 网络更适合评价新近出现的专利。CPC 网络引用时滞的缩短主要原因在于：CPC 网络中增加了 BIC_p（19.00 个月）及 COC_p（22.00 个月）网络的相关连边，降低了 CPC 整体网络的平均引用时滞。

表 8-4　引用网络的时滞分布　　　　　　　单位：月

关系类别	平均	中位数	标准差	最小值	最大值
CIT	45.88	41.00	26.49	3.00	129.00
IDC_p	68.34	66.00	24.20	10.00	131.00
BIC_p	24.49	19.00	21.30	0.00	110.00
COC_p	27.59	22.00	21.77	0.00	114.00
MUCA	36.10	30.00	27.90	0.00	131.00
MOL	44.28	40.00	27.72	0.00	129.00

续表

关系类别	平均	中位数	标准差	最小值	最大值
SRL	44.85	40.00	26.05	3.00	129.00
SAH	26.09	19.00	24.72	0.00	118.00
SAL	34.32	27.00	27.97	0.00	131.00
CPC	39.48	34.00	27.46	0.00	129.00

8.3.7 专利价值评价效果比较

为了比较分别利用直接引文网络与专利综合引用网络筛选有价值专利的准确度，本章采集了720光盘技术数据所对应的专利家族指标与专利持续时间指标作为CPC网络入度指标价值评价的验证替代指标。

8.3.7.1 专利家族数据验证

专利家族数据是指在美国、日本、欧盟3个知识产权组织同时拥有一个以上优先权的专利集。本章采用了OECD Triadic Patent Families（TPF）数据库作为专利家族数据的来源。根据数据库比对，本章采集了1426项光盘技术数据所对应的425项TPF数据，作为专利价值评价效果验证的基础。

（1）CIT与CPC网络所涵盖的TPF范围比较

从CIT与CPC网络所涵盖的TPF来看，CIT网络中具有高入度（即被引频数大于1次）的专利总数为894项，而其中具有TPF的数量为283项；CPC网络具有入度的专利总数为986项，而其中具有TPF的数量为315项（表8-5）。上述结果说明，两个网络所涵盖的TPF范围相近，但CPC网络通过增加连边的方式，扩大了涵盖TPF专利的范围，因此，从该项指标上而言，CPC网络的高入度专利较CIT网络的高入度更具有专利价值。

表8-5 CIT与CPC网络所涵盖的专利家族范围对比　　单位：项

关系类别	NON-TPF	TPF	总计
CIT	611	283	894
CPC	671	315	986
MUCA	1001	425	1426

(2) 高入度专利所涵盖 TPF 范围比较

在专利价值评价过程中,通常假定具有高入度中心度的专利(即被引频次高的专利)具有更高的价值,再通过阈值设定筛选的方法筛选出整个网络中最有价值的专利。根据表 8-6,"占 TPF 的专利的比例"这一指标,CIT 网络与 CPC 网络在整体趋势上并无多大差异,但由于 CPC 网络所含 TPF 专利数量整体较多的缘故,在相似的入度分布累计百分比下,CPC 的高入度专利所包含的 TPF 的专利仍比 CIT 网络多,例如,CIT 网络中入度分布排前 11.74% 的专利包含 39 项 TPF 专利,而 CPC 网络中入度分布排前 10.24% 的专利包含 43 项 TPF 专利,因此,可以说在评价 TPF 方面,CPC 网络更具有优势。

表 8-6　CIT 与 CPC 网络高入度专利涵盖专利家族范围比较

关系类别	入度分布范围	入度分布累积百分比	TPF 的专利数量/项	占 TPF 的专利的比例
CIT	6~33	11.74%	39	13.78%
	4~33	23.04%	66	23.32%
	3~33	35.46%	102	36.04%
	2~33	56.49%	165	58.30%
	1~33	100%	283	100%
CPC	9~53	10.24%	43	13.65%
	5~53	24.65%	86	27.30%
	4~53	32.35%	107	33.97%
	3~53	44.32%	141	44.76%
	2~53	62.07%	199	63.17%
	1~53	100%	315	100%

8.3.7.2　专利持续时间数据验证

本章采用 USPTO 的 U. S. Patent Grant Maintenance Fee Events File 作为专利持续时间 (Patent Grant Renewal, PGR) 的数据来源。通过与光盘数据进行比对后,共获得相关 PGR 数据 3888 条,后经处理采集 1426 项专利的专利持续时间数据。由于美国是在专利授权后的第 3.5 年、第 7.5 年

第 8 章 基于专利综合引用网络的专利价值评价研究

和第 11.5 年 3 个节点上缴费,因此本章选择第 3.5 年、第 7.5 年和第 11.5 年分别进行统计。

(1) CIT 与 CPC 网络所涵盖的 PGR 长短的比较

从涵盖专利持续时间来,CPC 网络在 3 个时间节点上的数值与 MFE 更加接近,原因主要是由于 CIT 网络的引文时滞较长,一些近期专利由于未被引用无法参与评价;而 CPC 网络通过增加连边,弥补了一些具有显著关联的近期专利对之间的关联,扩大了 CPC 网络中专利的参评范围。因此,CPC 网络在 PGR 评价的范围上体现出更好的效果(表 8-7)。

表 8-7 CIT 与 CPC 网络所涵盖的专利持续时间对比   单位:项

关系类别	专利持续时间			总计
	11.5 年	7.5 年	3.5 年	
CIT	109	414	371	894
CPC	109	432	445	986
MFE	110	483	833	1426

(2) CIT 与 CPC 网络中高入度专利所涵盖 PGR 长短的比较

从高入度专利所涵盖 PGR 长短来比较,CIT 网络中入度分布在 13~33 范围内的高入度专利数量占整个网络入度的 9.74%,其所涵盖的专利持续时间为 7.5 年和 11.5 年的专利仅有 15 项;CPC 网络中入度分布在 9~53 范围内的高入度专利数量占整个网络入度的 10.24%,其所涵盖的专利持续时间为 7.5 年和 11.5 年的专利有 93 项。从网络整体来看,CPC 网络中高入度专利(约 10%,入度分布为 9~53)在预测较长持续时间专利上,较 CIT 网络中的高入度专利(约 10%,入度分布为 13~33)具有显著优势。由此可见,在 CPC 网络中具有高入度的专利在 PGR 指标上优于 CIT 网络,也可以说明:通过 CPC 网络筛选出的高入度专利,有可能会具备更高的专利价值(表 8-8)。

表 8-8 CIT 与 CPC 网络高入度专利所涵盖 PGR 长短的比较

关系类别	入度分布范围	入度分布累积百分比	专利持续时间				
			3.5年/项	7.5年/项	11.5年/项	总计/项	较长PGR（7.5年、11.5年）的占比
CIT	13~33	9.74%	0	7	8	15	3%
	9~33	20.17%	2	26	13	41	7%
	7~33	29.51%	5	43	24	72	13%
	6~33	37.51%	10	70	25	105	18%
	5~33	46.40%	20	99	30	149	25%
	4~33	55.62%	35	130	41	206	33%
	3~33	69.08%	61	196	66	323	50%
	2~33	84.28%	140	280	85	505	70%
	1~33	100%	371	414	109	894	100%
CPC	9~53	10.24%	8	69	24	101	17%
	6~53	18.55%	32	119	29	180	27%
	4~53	32.35%	83	185	51	319	44%
	3~53	44.32%	127	246	64	437	57%
	2~53	62.07%	216	311	85	612	73%
	1~53	100%	445	432	109	986	100%

8.4 小结

本章在利用关系代数转化方法对 4 种单一网络进行合并、筛选、重组的基础上，提出了一种基于专利综合引用网络的专利价值评价方法。通过对光盘技术专利数据的实证研究发现：该网络在保留直接引用网络价值评价优势的基础上，在拓扑属性、度分布特征及引用时滞等网络特性上较直接引用网络具有更好的性能。利用专利家族和专利持续时间数据进行验证后发现：专利综合引用网络与直接引用网络相比，能够涵盖更广泛的专利家族及高持续时间专利，说明在有价值专利的筛选方面，专利综合引用网络比直接引用网络更加全面且准确度更高。

  本章以专利价值评价为目标，对 4 种基本引用关系网络进行了探索性整合。然而，研究过程中，本章仅对专利综合引用网络与直接引用网络之间的特征进行了对比研究，未将其他学者对于直接引用网络的改进算法考虑进来；同时，本章在对网络进行处理的过程中，将各类型引用关系均视为二值网络进行合并，可能也会对不同网络类型的结构特征产生影响，影响其内在差异性的反馈，也可能会造成专利价值评价结果的误差，因此，上述问题需要在后续工作中深入研究。

第 9 章
基于正则均衡方法的技术前沿分析

9.1 研究背景

技术前沿分析是技术竞争情报领域一直关注且棘手的问题。随着企业对于技术创新的重视，识别技术领域内部结构层次特征及外部关联特征（技术吸收、技术溢出）、监测技术动态演化规律等问题日益成为学界与实务界关注的重点。在技术竞争情报领域也已发展了一系列的工具和方法来解决技术前沿分析问题，目前主要采用的是：专利共引分析方法、专利耦合分析方法、技术共词（共分类号）分析方法、文本挖掘分析方法、领域—共引分析方法等[194-195]。上述方法的主要作用在于从专利文本出发，挖掘共现关联、词间语义关联、引用关联等因素，将其作为纽带从一个层面来展示技术的认知结构特征。

尽管对技术前沿的研究经历了数十年的发展，然而，学者们并未就此止步，而是沿着前人研究轨迹继续探寻。近期，学者们开始关注技术结构的复杂性问题，对传统的思路进行反思。无论是共引、耦合还是共词、语义关联，这些方法要么被处理后用于一个单一层次的分析，这样必然损失数据的丰富性；要么在不同分析层次被分开研究，这样就阻碍了不同关系之间相互影响的直接比较。如果将技术前沿分析置于整个技术网络视角下，就不难发现，技术前沿的现有结构及演化的原动力取决于多层面因素的共同影响。因此，寻找一种能够对多重关系视角进行组合，并实现有效综合的分析方法，一直是学者们努力的方向。

第 9 章 基于正则均衡方法的技术前沿分析

本书的目的是在多重关系视角下,通过正则均衡分析方法对技术前沿问题进行研究。以基于引用关系的分类号和基于共词关系的分类号两种网络为基础,以正则均衡作为多重关系整合分析方法,通过多次迭代算法,形成对子技术的分派,利用分派结果对技术前沿进行分析,识别出一个领域的技术前沿。

9.1.1 技术前沿分析理论

在技术竞争情报领域,追踪和识别研究前沿是较早出现的概念。对于研究领域的理解,学术界主要有两种观点:以普赖斯为代表的学者,从行为视角来看待研究前沿问题,认为技术前沿是科学技术群体产生密集沟通的区域,是某一领域科学技术人员密集交流的瞬时性特征[196];以 Braam 等为代表的学者从研究内容的视角来看待前沿问题,认为技术前沿为一群学者近期密集关注的一系列相关问题和概念[197]。在上述两种主要分析视角的基础上,Persson 进一步解释了研究前沿的本质,认为研究前沿是"一个领域中最先进的研究领域",并对研究前沿和知识基础进行了区别,将知识基础定义为被研究前沿引用的一组共被引文献群[198]。Morris 等则认为,研究前沿为持续被一组与时间无关的基本文章引用的大量文献,而研究前沿的文献是基于文献耦合聚类而确定的[49]。陈超美等着重强调了研究前沿的动态演化特性,其认为一个研究领域的知识基础不是固定的、与时间无关的,而是同其研究前沿一起随时间的变化而演变的[22]。研究前沿是时间变量映射的定义域,其知识基础是映射的值域,知识基础则被定义为研究前沿在文献中的引用轨迹。对于上述技术前沿理论进行归纳,发现技术前沿的定义是区别于学科基础知识,为一群学者近期密集关注的问题与概念。而密集关注的判断标准则是共引分析获得的密集交流特征或共词分析获得的密集词频共现特征。

9.1.2 技术前沿问题研究的不足

现有技术前沿分析存在两点问题:单一方法的缺陷及过分强调个体属性特征测量。单一方法的缺陷为单纯利用共引分析来识别技术前沿的方法并不完美,时滞、理论倾向性、相关文章缺失、权重设置问题都影响了专利共引分析方法的准确性[199]；共词分析方法同样存在一定的问题，除了聚类算法、强度测量指标这些技术方法之外，词自身的"噪声"也是影响共词分析效果的一个重要因素[200]。与其类似，以自然语言为基础的文本分析技术也具有类似的弱点[139]。正是由于基于单一关系或者单一方法的研究存在各种缺陷，许多学者将视角投向了利用多重关系整合的方法来对技术前沿进行研究。传统技术前沿分析中存在的另外一个问题是主要是从技术的属性特征（词频、被引、共现频次及中心度指标）出发测量技术前沿，不考虑子技术对于整个技术网络技术传承、创新、演化所起的作用，也不考虑子技术与其他子技术之间连接的规律与类型，忽视了整体网络对于子技术发展的约束及子技术对技术网络结构演化的能动作用之间的关系。因此，许多学者开始利用网络的角色与位置方法来分析技术前沿问题。

9.1.3 研究前沿问题的多重关系视角观察

利用多重关系来进行技术前沿的研究由来已久。早在1991年，Braam等就提出了以共引关系为基础、以词频分析为补充的分析方法，以改进共引分析的聚类效果[195]；Calero等利用共词分析和引文分析结合的方法分析了科学期刊间知识创造和流动过程，而分别采用共词方法寻找到某一领域的核心理论与术语，以及用引文方法挖掘该领域的重要文献[201]。Yan E等系统地梳理了6种不同类型网络的分析方法（直接引用网络、耦合网络、共引网络、主题网络、共作者网络、共词网络），给出了6种网络分析的关系代数转化算法[112]，为多重网络关系的转化提供了条件。Boyack等则更进一步比较了4种关系类型在技术前沿预测方面的效果，认为耦合关系要优于共引关系，直接引用的效果最差，而通过引文—文本混合的方法则能够进一步促进技术前沿领域分析的精度[116]。Janssens等提出了一种基于文本（词—文献矩阵）和引文（施引—被引矩阵）的综合方法，并利用Fisher's Inverse Chi-square方法对两种网络进行整合分析研究，该方法能够有效地对两种网络的分布特征进行组合，结果发现综合方法的聚类效果要优于单一文本挖掘和引文分析的聚类效果，也要优于基于线性加权方法整合聚类的效果[139]。Liu Xinhai等在Janssens的基础上选择使用了聚类集成和核融合2种融合方法对文本数据与引文数据进行了实证研究，以 2002—2006 年 1859 种期刊数据为例进行聚类效果评价，结论是融合方法较单一方法具有更好的聚类效果[142]。可见，多重关系组合或者融合的方法为解决单一观察视角问题提供了解决思路。然而，上述方法在整合后的测量上仍是以共现频次、中心度指标、聚类效果作为表述技术前沿的主要参考标准，同样不能解决技术前沿分析中的测量。

9.1.4 角色与地位分析方法

在社会网络分析理论中，角色与地位分析具有十分重要的地位。角色与地位分析的主要目标是对行动者进行分组，通过分类把行动者划分为不同的地位，又通过地位来解释同类行为人共享的联系模式与行为模式。正则均衡方法是角色与地位分析方法的一种，概念最早是由 Sailer 于 1978 年提出的[202]。简单来说，正则均衡的行动者与均衡的行动者之间发出和接收的联系的类型完全相同。正则均衡可以用于将网络中的行动者分为不同的等级"层次"（Classes），这里被称为位置。正则均衡方法是对于结构均衡位置条件的一种放松，即结构均衡要求行为人与同样的其他行为人具有相同的连接模式，而正则均衡则仅要求行为人与其他具有同类型的行为人具有联系，因此正则均衡的概念放宽了必须为同一联系人且数量相等的限制。以经典的一夫一妻的例子而言，妻子的位置的存在是由于她们都单独具有一个丈夫，但都分别单独地与不同的丈夫组成婚姻关系。正是由于正则均衡较为宽松的限定，更多地关注连接对象的类别，因此，正则均衡方法能够分析多重关联中的定类数据。目前，对于正则均衡的研究较少，而对于结构均衡的研究则相对较多，如 Doreian 指出引用网络中的引用关系结构可以作为位置分析的对象[203]。Harkola 等将结构均衡方法应用到了技术扩散的分析领域[204]。Weng C. S. 等利用结构均衡方法来分析专利技术网络问题[177]等。

本书在对基于引用关系的分类号网络和基于共词关系的分类号网络进行整合基础上，将正则均衡的概念应用到技术分类号网络研究中，根据正则均衡的定义，识别网络中具有正则均衡特征的子技术群体的特征，并根据映像矩阵分析的结果，提出一种新的利用正则均衡分析技术前沿的分析方法。

9.2 多重专利分类号网络的构建

9.2.1 网络构建过程

技术发展是一个累积过程，因此，一个技术领域可以被视为一个演进的网络。在专利技术网络中，由于观测视角的差异，可以根据不同层面的主体属性将专利网络划分为以专利权人为中心的网络、以技术分类号（关键词）为中心的网络及以专利为中心的网络等。而根据对不同层面主体之间关系特征的描述，我们又可以将专利为中心的网络分为专利引用网络、专利耦合网络、专利共引网络；将以技术分类号（关键词）为中心的网络分为技术分类号网络、技术关键词网络；将以专利权人为中心的网络划分为技术合作网络、技术授权转移网络等。如果再考虑不同层面主体之间相互的隶属关系，则可以获得更多不同交叉关系，例如，基于引用关系的权利人关系、基于技术分类的权利人关系、基于引用关系的技术分类关系等。上述由"主体属性—关系特征—隶属关系"这种多层次综合的专利网络分析框架为本书的后续展开奠定了基础。

对于技术前沿分析而言，最常用的两种分析方法是基于词的共现分析与基于引用关系的分析。如前所述两种方法各自具有自己的优势与特点，但如果需要对上述两种方法进行整合，就需要进一步理解不同方法背后隐含的特征。专利网络中的引用关系本质的特征是体现的是专利之间"知识流"，即"现有技术"对于"后来技术"的"知识债"，间接表现为技术的选择、遗传及变异过程。如果将引用关系通过隶属关系进行转化使其映射在技术领域，那么则体现为技术领域之间的"知识流"的传递特性。而以共技术分类号为代表的词共现分析则更多地反映了技术领域内子技术结构之间直接关联关系，间接表现为子技术之间的内在层次结构与关联特征。两种关系所体现的特征是有差异的，并无孰优孰劣之别，也不可轻易地采取简单线性权重加总。因此，具体到本文，由于技术领域是由各个子技术所构成的，可以将代表子技术的专利分类号视为点，而连接点之间的关系视为边，而边又包含两种联系类型：基于引用关系的专利分类号网络和基于共词关系的专利分类号网络，通过正则均衡方法对多重网络进行整合分析。

9.2.2 基础关系网络构建过程

在构建多重关系矩阵之前，先构建3个基础关系矩阵。

①专利直接引用关系矩阵（**PCI**）是一个二值有向邻接矩阵，矩阵的行为施引专利，列为被引专利，该矩阵表示专利文献之间的引用关系，即专利 i 到专利 j 之间存在一条有向连边：

$$PCI_{ij} = \begin{cases} 1, \text{如果专利} j \text{被第} i \text{项专利所引用} \\ 0, \text{其他} \end{cases}。$$

②专利分类号—专利矩阵（**CP**）是一个二值二模矩阵，矩阵的行为专利分类号，列为专利文献，该矩阵表示一项专利技术领域所属关系：

$$CP_{ij} = \begin{cases} 1, \text{如果专利} i \text{具有第} j \text{项专利分类号} \\ 0, \text{其他} \end{cases}。$$

通过关系矩阵的关系代数转化，可以获得专利共引矩阵和专利分类号共现矩阵。

③专利共引矩阵（**PCO**），表示2个专利同时被其他专利引用的数量，如果专利 k 同时有两条出边分别指向专利 i 和专利 j，那么 $pci_{ki}pci_{kj} = 1$；否则 $pci_{ki}pci_{kj} = 0$。专利 i 和专利 j 的共引数 $pco_{ij} = \sum_{k=1}^{N} pci_{ki}pci_{kj}$。专利共引矩阵转化公式为：

$$PCO = PCI^{T} \times PCI。 \tag{9-1}$$

9.2.3 专利分类号网络构建过程

①专利分类号共现矩阵（**CCC**）。专利分类号 i 和专利分类号 j 的共现数可以用 **CP** 矩阵对应行的乘积表示，即 $ccc_{ij} = \sum_{k=1}^{N} cp_{ik}cp_{jk}$，专利共分类号网络是由专利分类号共现关系所体现的网络，在共分类号网络中，一个节点代表一项专利子分类号，关系则体现为分类号之间的共现关系与强度。共分类号网络表征了整个技术领域内部子技术之间的自组织特征，能够在一定程度上反映技术领域的结构特征和发展趋势。专利分类号共现矩

阵转化公式为：

$$CCC = CP \times CP^{\mathrm{T}} \text{。} \tag{9-2}$$

基于共词关系的专利分类号对之间的词频为：

$$cccf_{ij} = \begin{cases} \sum_{k=1}^{n} ccc_{ki} ccc_{kj}, i \neq j \\ 0, i = j \end{cases} \text{。}$$

利用 Jarrcard 系数构建专利分类号关联强度 **CCCf** 矩阵：

$$cccf_{ij} = \begin{cases} \dfrac{cccf_{ij}}{cccf_{i+} + cccf_{j+} - cccf_{ij}}, i \neq j \\ 0, i = j \end{cases} \text{。}$$

设定阈值对矩阵进行关联强度进行筛选，并将矩阵转化为二值矩阵 **CCWd**。这里阈值 α 的选择主要采用社会网络中常用的方法，以网络整体密度作为阈值筛选的标准。

$$ccwd_{ij} = \begin{cases} 1, ccsf_{ij} \geq \alpha \\ 0, ccsf_{ij} < \alpha \end{cases} \text{。}$$

其中，$\alpha = \Delta = \dfrac{M}{N(N-1)}$。

②基于共引关系的专利分类号网络（**CCO**）。**CCO** 矩阵中的关系体现为技术领域之间的"知识流"的传递特性，即分类号之间是否存在相互引用的关系。构建过程如下。

利用关系代数转化的思想，建立基于引用关系的共分类号映射网络：

$$CCO = CP \times PCO \times CP^{\mathrm{T}} \text{。} \tag{9-3}$$

基于引用关系的专利分类号对之间的词频为：

$$ccof_{ij} = \begin{cases} \sum_{k=1}^{n} cco_{ki} cco_{kj}, i \neq j \\ 0, i = j \end{cases} \text{。}$$

利用 Jarrcard 系数构建基于引用关系的共分类号映射网络矩阵（**COWf**）：

$$cowf_{ij} = \begin{cases} \dfrac{ccof_{ij}}{ccof_{i+} + ccof_{j+} - ccof_{ij}}, i \neq j \\ 0, i = j \end{cases} \text{。}$$

设定阈值对矩阵关联强度进行筛选,并将矩阵转化为二值矩阵 **COWd**。阈值 β 选择方法同上。

$$cowd_{ij} = \begin{cases} 1, ccf_{ij} \geq \alpha \\ 0, ccf_{ij} < \alpha \end{cases}。$$

9.2.4 多重专利分类号网络构建过程

如前所述,通过关系代数的转化已经获得了基于同一主体——分类号,获得 2 种不同关系——基于引用关系的映射和基于分类号共现关系的矩阵,这种基于同一行动者的多重关系数据可以被集合为多重关系数据,并在整合多重关系的基础上进一步研究。本书中对于多重关系网络的分析,将以上述 2 类二值关系矩阵 **CCWd**、**COWd** 为基础,将一类网络中的任意一个点对之间的关系视为存在一种类别属性,而多重网络的整合将依据定类属性特征组合,矩阵中所呈现的值不再代表强度、距离,而是用于区分专利对之间存在某种关系类别的方法。根据上述原则,**CCWd**、**COWd** 矩阵可以组合为多重关系矩阵(**CCM**),表示为:

$$CCM = \begin{cases} 0, ccwd_{ij} = 0, 且\ cccd_{ij} = 0 \\ 1, ccwd_{ij} = 0, 且\ cccd_{ij} = 1 \\ 2, ccwd_{ij} = 1, 且\ cccd_{ij} = 0 \\ 3, ccwd_{ij} = 1, 且\ cccd_{ij} = 1 \end{cases}。$$

9.2.5 正则均衡定义

通过多重关系的组合,可以简单地识别网络中各种关系类型,并通过上述关系的集成,初步判断技术分类号对之间存在的关系特征。然而,本书的目的是要分析技术前沿,仅仅分析各种关系是不够的,还需要将视角转换到技术分类号本身,对子技术进行分类。正则均衡方法正是一种解决多值定类数据角色与位置分析的方法。

正则均衡的定义为:如果行动者 i 与行动者 j 是正则均衡的,并且行动者 i 具有发向或者来自某个行动者 k 的联系,则行动者 j 必定具有发向或者来自行动者 l 的同样类型的联系,并且行动者 k 与行动者 l 也是正则均衡的。

定义：如果行动者 i 与行动者 j 是正则均衡的，即 $i\equiv j$，则对于所有的关系 X_r，$r=1, 2, \cdots, R$ 及对于所有的行动者 $k=1, 2, \cdots, g$，如果 $i\xrightarrow{x_r}k$，则存在行动者 l，使得 $j\xrightarrow{x_r}l$，并且 $k\equiv l$，以及如果 $k\xrightarrow{x_r}i$，则存在行动者 l，使得 $l\xrightarrow{x_r}j$，并且 $k\equiv l$。

正则均衡方法比较抽象，通过示例的方式更易于解释其特征，本书列举 Wasserman 等（1994）书中的案例[109]，展示正则均衡的特征。

图 9-1 描绘了企业中经理和雇员的"监督关系"，是一个单一有向关系网络。在图 9-1 中，满足正则均衡的行动者划分为：

$\sigma_{(正则均衡)_1} = \{A\}$；

$\sigma_{(正则均衡)_2} = \{B, C, D\}$；

$\sigma_{(正则均衡)_3} = \{E, F, G, H, I\}$。

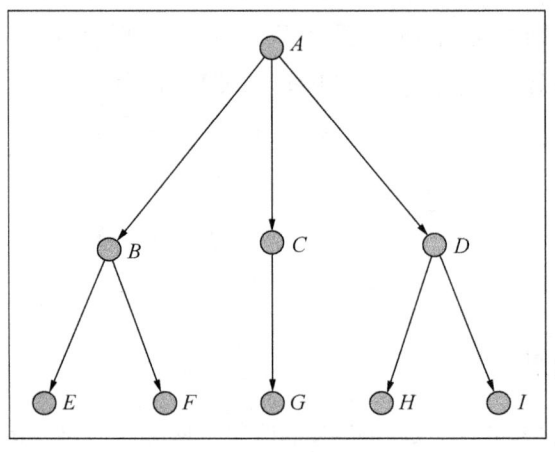

图 9-1　正则均衡示例

根据正则均衡的定义，与点 A 相联系的 3 个节点（邻域，Neighborhood），均属于同一类型，即网络的中间层；而与 B 连接的 E、F、A，与 C 连接的 G、A，与 D 连接的 H、I、A，虽然 B、C、D 联系的个体数量、人员均不同，但是它们所连接的属性是相同的，因此构成正则均衡。

9.2.6 CATREGE 算法

从算法的角度,正则均衡是通过对行动者进行分类来实现的。Borgatti 等提出了正对多值、定类数据(也适应于多重关系)的 CATREGE 算法[129]。该算法的核心思想是:通过迭代次数将点对之间的关系划分为不同级,并将整个网络迭代计算的步骤都保存起来,作为行动者分派的标准。

步骤 1:通常而言,第一次迭代将网络的全部行动者都视为正则均衡(除非自定义初始分派)。

步骤 2:在后续每一次迭代测试过程中,都对上一次筛选的均衡节点根据其领域是否类型相等判定是否属于正则均衡。如果节点符合上述条件则节点间继续保持均衡,否则,筛选后的节点将不进入下一次迭代测试。

步骤 3:继续迭代直到整个网络不再有任何变法、算法终止。

相关含义如下:如果节点在第一次迭代后,被完全分割开来,证明整个网络属于完全不同的关系类型,因为第一次迭代的主要区分标准是根据点对之间的关系类型来确定;如果它们在第二次迭代中被分割开来,意味着点对之间存在某些相似的基本类型,但它们的邻域不包含与它们相同的关系类型组合;如果点对永远不会被分割开,则说明它们之间是完全均衡的。

9.3 实证研究

9.3.1 数据采集

为了验证正则均衡分析技术前沿方法的可用性,我们选择了光盘技术作为研究案例,之所以选择光盘技术作为研究对象,是因为在近 50 年的发展历程中,光盘作为四大传输媒体(光盘、磁盘、半导体和网络)之一,经历了 4 代的技术更迭与变革过程,其中诞生了包括 CD(1982 年)、DVD(1995 年)、UDO(2003 年)、UMD(2004 年)、Hi-MD(2004 年)、BD(2006 年)、HD DVD(2006 年)及代表未来趋势的 Holographic Versatile Disc、LS-R、Protein-coated disc 技术等。技术的迅速更新换代也促使整个工业界不断升级调整以适应其步伐。因此，研究光盘技术领域有助于我们更好地理解在技术深刻变化背景下引用网络的结构特征问题。

根据美国专利分类号，光盘技术（Dynamic Optical Information Storage or Retrieval）当前被分类在 USPC 720 主分类（class）中。在 USPC 720 分类下，共有 147 个子分类（subclass）被包含在 3 个类别中：光盘的特殊存储结构；光盘系统的动态机制；光存储媒介结构。另外，本书选取 2000 年 1 月 1 日至 2010 年 12 月 30 日主分类号为 720 的光盘技术，共计 2893 项，然后，在 USPTO（1976—2010 年）专利引文数据库（Sampat's USCITES dataset）中检索"引用专利—被引用专利"，包含上述 2893 项专利对。为了保障数据易于分析，我们对于数据进行了限定，要求引用专利和被引用专利必须同时满足主分类号为 720 的要求。经过筛除后，待分析的 720 光盘技术数据集包含有 1426 项专利、2474 条直接引用关系。

9.3.2 数据处理

在 PCI 和 CP 的基础上，通过关系代数转化方法，分别获得基于引用关系的共分类号矩阵 *CCC* 和基于共词关系的共分类号矩阵 *CCO*。在此基础上进一步测算两个网络的关联强度可获得各自的关联强度矩阵：*CCCs* 与 *CCOs*。通过设定阈值的方式确定两种共分类号矩阵的二值形式 *CCWd*、*COWd*，其中，$\alpha = 0.0216$；$\beta = 0.0169$。

9.3.3 网络的描述性统计

网络中分类号节点有 258 项，CCO、CCC 网络的平均关联次数分别为 0.022、0.017，可见两个网络均是比较稀疏的，通过二值化后发现 COWd、CCWd 产生了变化，网络的平均关联次数分别为 0.226、0.290，CCWd 网络的关联比例明显提升，产生这种结果的主要原因可能是由于两个网络方差的差异（表 9-1）。

表 9-1 4 种图形的描述性统计

	CCO	COWd	CCC	CCWd
平均数	0.022	0.226	0.017	0.290
标准差	0.056	0.418	0.041	0.454
总计	1431.499	14 998	1095.597	19 260
方差	0.003	0.175	0.002	0.206
平方和	237.065	14 998	129.133	19 260
平方和平均数	206.160	11 605.55	110.659	13 665.520
范数	15.397	122.466	11.364	138.78
最小值	0	0	0	0
最大值	1	1	1	1
观察值	66 306	66 306	66 306	66 306

9.3.4　多重关系图例

比较图 9-2 和图 9-3 不难发现，CCCf 网络中间出现了第 2 个子群，而该现象在 CCOf 网络中则不存在。原因可能是 CCCf 网络和 CCOf 网络的

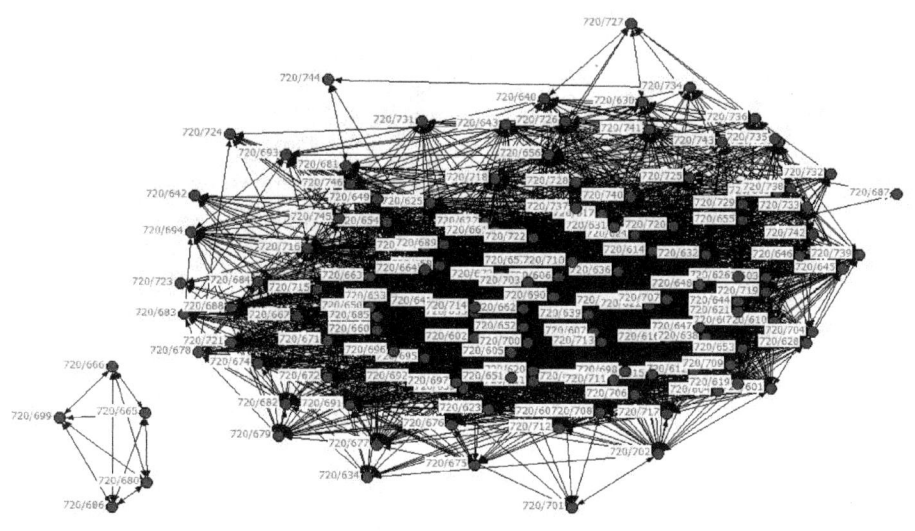

图 9-2　CCCf 技术分类号

网络密度大致相当，但共词和共引网络内部的结构还是存在区别的，CCCf 网络更易于形成密集的趋势。通过多重关系，选择 *CCM* 矩阵中值为 3 的关系，即选择"3"，基于引用和基于共现的分类号的关系都存在，构建图形如图 9-4 所示。

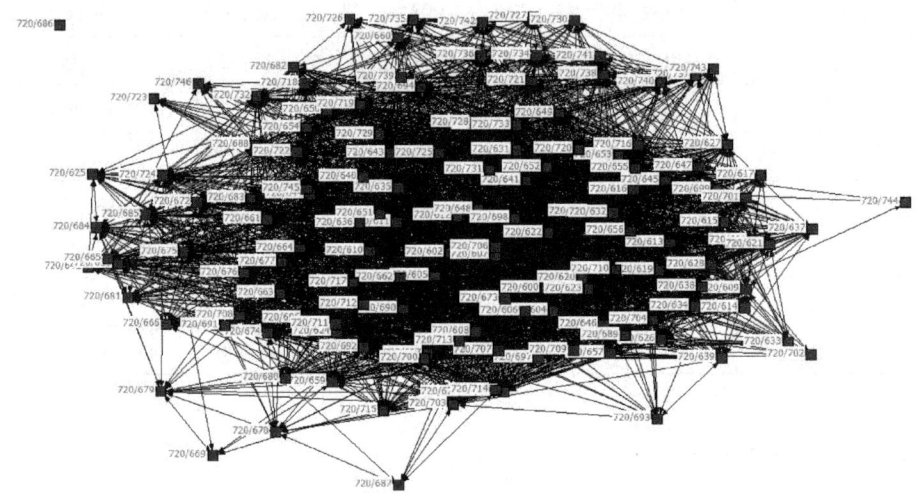

图 9-3　CCOf 技术分类

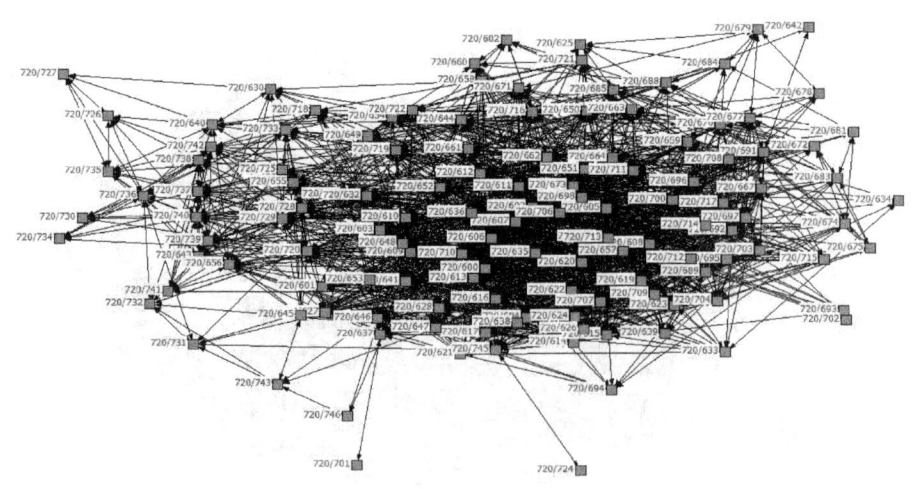

图 9-4　CCM 技术分类

9.3.5 正则均衡分析

本书以 **CCM** 矩阵为基础，利用 CATREGE 算法对 720 分类号网络的正则均衡性进行了分析，分析结果如表 9-2 所示。

表 9-2 CATREGE 对技术类别的划分

序号	分派	专利分类号
1	$\sigma_{(正则均衡)1}$	686
2	$\sigma_{(正则均衡)2}$	NULL
3	$\sigma_{(正则均衡)3}$	615；617；630；633；637；638；639；640；642；651；656；658；659；660；664；673；675；678；679；681；682；688；689；690；691；693；694；695；701；702；703；704；706；714；724；726；727；731；732；734；736；743；746
4	$\sigma_{(正则均衡)4}$	600；601；602；603；604；605；606；607；608；609；610；611；612；613；614；616；619；620；621；622；623；624；625；626；627；628；631；632；634；635；636；641；643；644；645；646；647；648；649；650；652；653；654；655；657；661；662；663；665；666；667；669；671；672；674；676；677；680；683；684；685；687；692；696；697；698；699；700；707；708；709；710；711；712；713；715；716；717；718；719；720；721；722；723；725；728；729；730；733；735；737；738；739；740；741；742；744；745

在 CATREGE 算法基础上，通过多次迭代运算，将 720 光盘技术分类号网络分为 4 个独立类别：主要是区分了 $\sigma_{(正则均衡)3}$ 和 $\sigma_{(正则均衡)4}$ 2 个分派。根据正则均衡的算法，分派的最高层（这里是第 4 层）是基于最大正则均衡的标准，要求最为严格，即具有正则均衡的技术分类号对的邻域包含与它们相同的关系类型组合。

正则均衡分析出来的分派结果矩阵如表 9-3 所示。对角线的值代表了整个网络迭代的次数，矩阵其他数字表示专利分类号对是在第几次迭代过程中被区分开来的。

我们发现整个720技术网络的正则均衡性被呈现出来。通过分派，整个光盘技术的子技术被层层分割开来，在最上层被分开的是与整个网络686子技术分类与整个网络保持非常低联通性，因此，在第1次分派中被分离开来。

表9-3 迭代分配结果

	600	601	602	603	604	605	606	607	608	609	610
600	5	3	2	2	2	2	2	2	2	3	4
601	3	5	2	2	2	2	2	2	2	3	3
602	2	2	5	3	3	4	4	3	3	2	2
603	2	2	3	5	3	3	3	3	3	2	2
604	2	2	3	3	5	3	3	3	4	2	2
605	2	2	4	3	3	5	4	3	3	2	2
606	2	2	4	3	3	4	5	3	3	2	2
607	2	2	3	3	3	3	3	5	3	2	2
608	2	2	3	3	4	3	3	3	5	2	2
609	3	3	2	2	2	2	2	2	2	5	3
610	4	3	2	2	2	2	2	2	2	3	5

对于技术前沿分析而言，仅仅知道技术分类意义并不大，而了解分派的内涵才是问题的关键。本书同时对CCO和CCC网络的中心度、邻接中心度、特征向量中心度3种指标进行测量，通过对比正则均衡的结果，我们发现：$\sigma_{(正则均衡)4}$所包含的节点在由COW-degree和CCW-degree构成的四象限分布图中，更为集中分布在第一象限，散落在其他象限的节点也有向第一象限靠拢的趋势，因此，充分证明了$\sigma_{(正则均衡)4}$所包含的节点因为具有了网络结构中的正则均衡优势，使得其发展更能够体现光盘技术的发展趋势，更能代表技术发展的前沿。而观察$\sigma_{(正则均衡)3}$，由于其在结构上不具有最大正则均衡特征，意味着$\sigma_{(正则均衡)3}$的领域中所包含的网络类型不

完整,而这种结构的不完整,在很大程度上影响了 $\sigma_{(正则均衡)3}$ 子技术效果的发挥,因此 $\sigma_{(正则均衡)3}$ 分布分散,主要集中在第三象限,同时还有大量点散布在第二和第四象限,也说明了 $\sigma_{(正则均衡)3}$ 子技术存在引用关系或者共词关系的短脚现象。因此,根据技术前沿的定义,我们认为 $\sigma_{(正则均衡)4}$ 的技术及其组合能够更好地代表整个光盘技术的技术前沿(图 9-5 和图 9-6)。光盘技术层次聚类如图 9-7 所示。

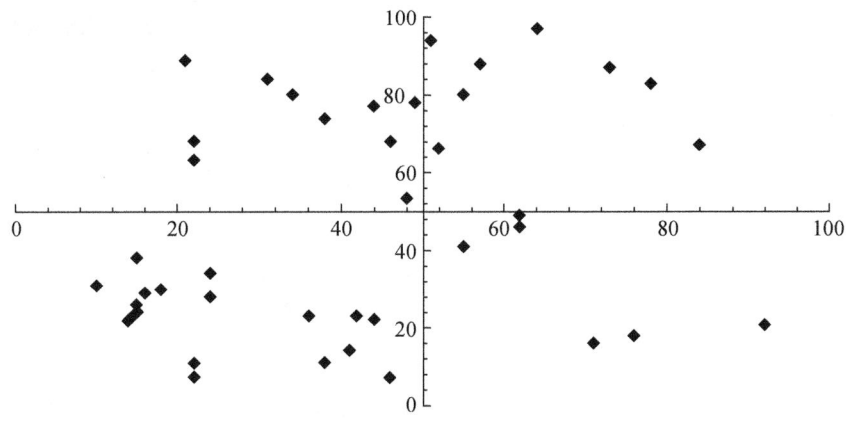

图 9-5　$\sigma_{(正则均衡)3}$ 四象限分布

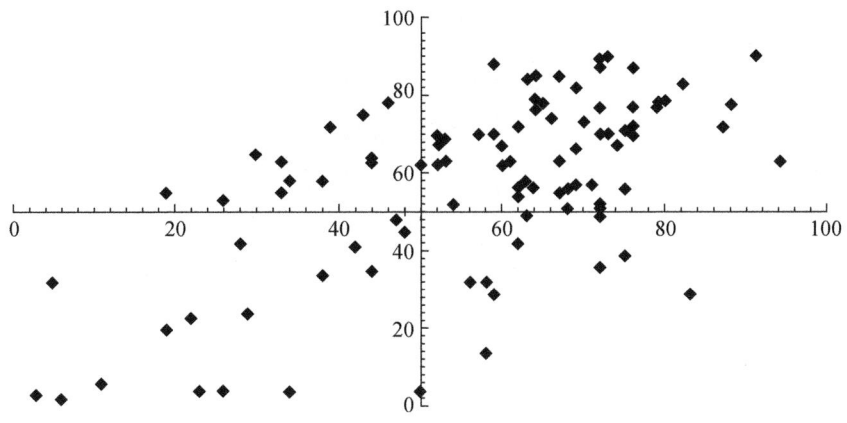

图 9-6　$\sigma_{(正则均衡)4}$ 四象限分布

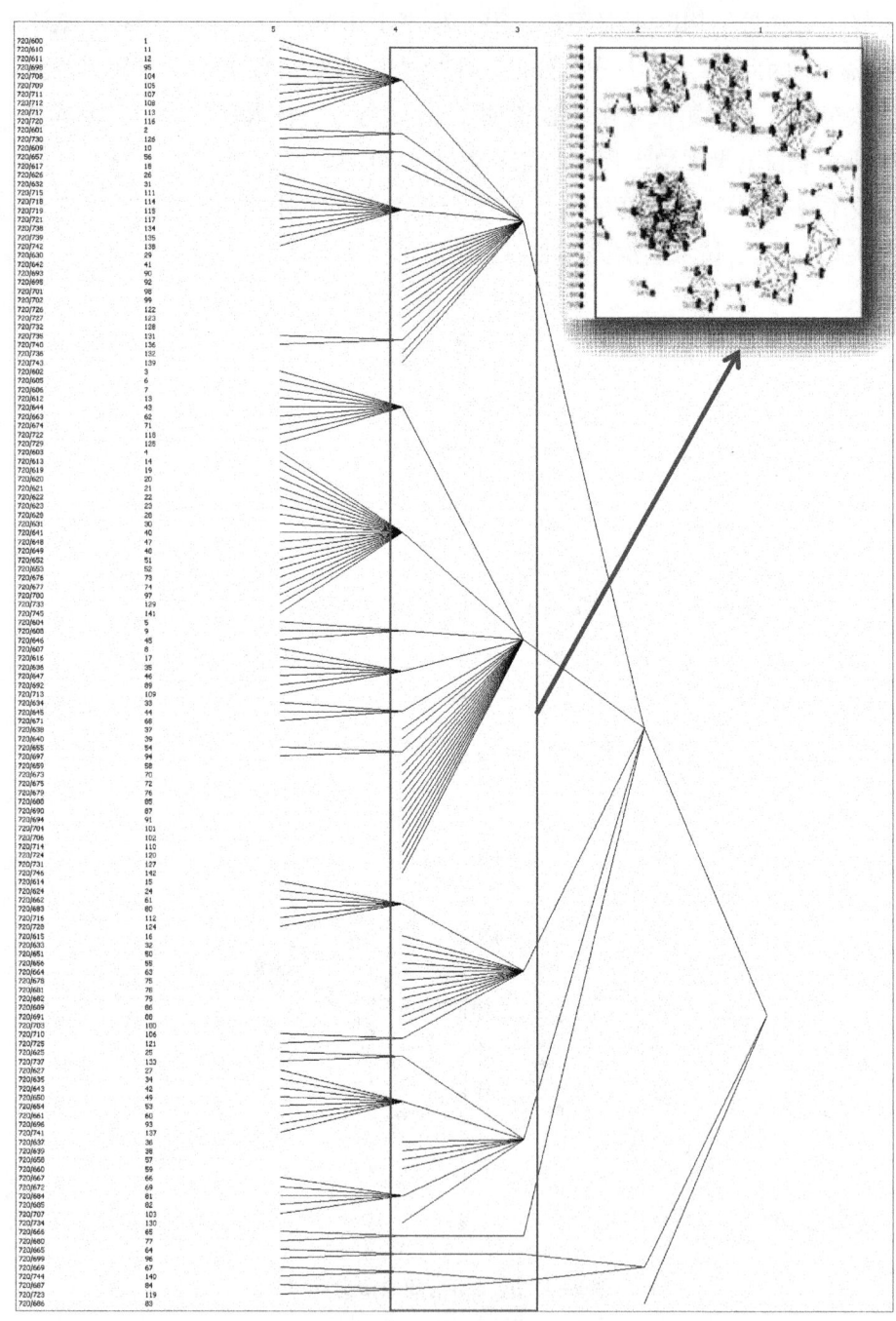

图 9-7 光盘技术层次聚类

通过对 $\sigma_{(正则均衡)4}$ 子技术关系进行构图，获得一个光盘技术前沿图（图 9-8）。

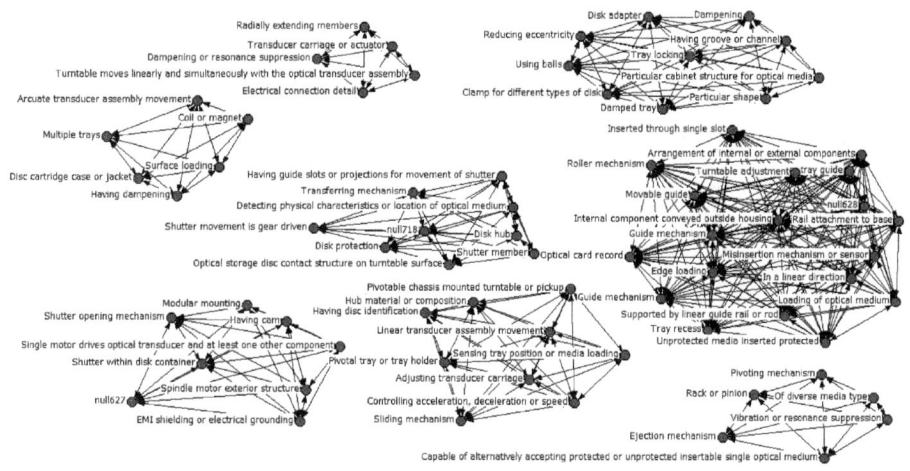

图 9-8 光盘技术前沿

9.4 小结

本章提出了一种多重关系视角下利用正则均衡识别技术前沿的新方法。这种方法的特点在于如下几方面：①多重关系为视角，即基于引用关系的分类号网络和基于共词关系的分类号网络两种关系网络，两个视角的综合运用能够更敏锐的探索出整个技术前沿发展的结构动向；②在识别两种关系属性的基础上，以正则均衡作为整合分析方法，通过多次迭代算法，排除子技术与邻域之间存在不完全类型的情况，形成对子技术的分派；③利用分派结果来对技术前沿进行分析，初步的结论显示，正则均衡分析方法能够通过对技术结构的观察识别出技术领域的技术前沿。

回到社会网络分析的概念，社会结构理论将社会结构视为位置，而位置的获得意味着拥有与其处于相同位置行动者相当的权利与责任。对于技术前沿分析同样如此，在正则均衡中处于不同分派的子技术群体，由于其结构位置的差异，使得其技术也受到影响。正则均衡分析对于技术前沿分析的主要作用在于：通过角色与位置分析，或者更明确地说是通过子技术与邻域的关联类型的差异来判断技术前沿，而不再单一以频次、中心度、时间因素作为测量指标。这种分析思路的变化，能使我们更加全面地理解和把握技术前沿。然而，必须承认利用均衡方法来进行技术前沿分析还是属于起步阶段，对于技术前沿的概念理解也不充分，因此，下一步的研究将更关注技术前沿的特征，对于技术前沿概念做更明确的划分，使得最终的子技术角色的划定有更明确的依据。

第10章 基于指数随机图模型的专利引用关系形成分析

10.1 研究背景

专利引文由于能够追踪技术发展的脉络,测量国家、区域间的技术扩散、技术溢出,衡量发明、技术的质量与价值,分析创新主体的技术战略行为[3,205],因此,在科技评价过程中具有十分重要的作用。近年来,学者们通过网络分析方法引入专利引文分析,涌现出大量专利引文网络相关的研究成果,极大丰富了专利引文分析的视角,突破了传统单纯依赖专利引文频数进行分析的思路,采用可视化及描述性统计方法对专利引文的结构、动态特征开展了大量的讨论[115,206]。

然而,专利引用关系形成机制问题研究是目前研究中较为薄弱的一环,究其原因,主要表现为两点:①观察视角上的不足。专利引文网络的形成是一个复杂问题,其影响因素可能包括了专利引文网络自身演化过程、专利自身属性特征及网络外部因素等;单纯地采用属性特征指标或者网络指标都难以很好地解释专利引用关系的形成机制问题[50]。另外,很多在单一视角下成立的研究结论在更高层次进行观察时可能存在冲突。②统计推断方法的不足。传统的统计推断方法,如回归方法,是以属性型数据为基础的,以独立性假设为前提的;而网络分析的核心对象是关系数据,因此,对其设定独立性假设是不合适的[111]。同时,有一些专门针对网络数据的统计推断方法,如二次指派程序(Quadratic Assignment Procedure，QAP）方法虽然符合网络数据的统计推断特点，但其受到了其框架的约束，在包容不同数据类型扩展性方面存在不足[207-208]。正是由于存在上面两点不足，因此，回答专利引用关系形成机制问题需要进一步探索新的方法。

指数随机图模型（ERGM）是一种以关系形成对象的研究方法[209]，ERGM是以关系数据为基础，以依赖性假设为条件，选择网络局部结构作为网络统计项来观察复杂网络的整体结构特征，从而获得对于网络复杂性、关联性及随机性的整体认知的方法[208]。因此，该方法能够克服在专利引用关系形成机制问题上研究面临的两点不足，从而获得关于专利引用关系形成机制更为全面的理解。本书的研究目的是在关系形成理论的指引下，以可能对奈拉滨（Nelarabine）药物专利引文网络产生影响的主要机制为基础，建立多个指数随机图模型，通过对各种机制对应的网络统计效应进行检验，从而帮助我们理解究竟哪些机制对于奈拉滨药物专利引文网络形成产生了影响，影响效果如何。

10.2　专利引用关系形成与 ERGM

10.2.1　影响专利引用关系形成的机制

学者们对于专利引用关系形成的机制问题已经开展了大量的研究，尤其是对于专利引文网络结构特征，产生了大量的研究成果[113,206,210]。从关系形成理论的视角出发，影响专利引用关系形成的因素既包括专利自身的属性，也包括专利引文网络的自组织过程，甚至有时还受到外部网络因素的影响[53]。上述框架与 Jaffe 等总结的专利引文的 3 个视角——发明属性、网络链接及知识流动是一致的[205]。从上述 3 个视角出发，通过梳理相关文献，本书提炼出 5 类影响专利引用关系形成的机制，这里所说的机制主要由两部分组成：影响专利引用关系形成的因素，以及这些因素对于专利引用关系形成的效应。需要说明的是，这 5 类机制并不是排他的，未来可以根据研究的需求进行调整。

机制一：专利属性的主效应（Main Effects）。专利属性对于专利引用关系的形成具有重要的作用，体现在两个方面：一项专利发明是在整个发明过程中技术累积的结果；同时，一项专利权利要求部分也会划定一个技术排他权的边界。这两项结合起来，在一定程度上能够标注该专利的具体定位[205]，而对应上述两项最具代表性的指标就是专利权利要求项的数量及专利参考文献的数量。例如，相关研究就发现专利的权利要求项对于专利被引频次具有正向影响作用[28]；同样，专利参考文献的数量对于专利被引频次也具有正向影响作用[206]。专利属性对应的网络效应可能有很多种，这里主要关注主效应，即专利引用对的连续型属性（专利权利要求项数量或专利参考文献数量）汇总值对专利引用关系形成的影响。

机制二：专利引用时间的差值效应（Difference Effects）。以往的研究证明了专利引文具有队列效应（Cohort Effect），即专利被引的数量随着时间增长而增长。专利引文时滞常被用于测量技术的技术生命周期，解释创新的速度或者技术发展的速度。相关研究显示，专利有引用较新专利的倾向，表现在引文时滞上，也就是说专利引文时滞间隔短的专利更易于形成专利引用关系[120,172]。具体到网络效应上，专利引文时滞可以表现为：专利引用对所对应的连续型属性值之间的绝对值差异特征对专利引用关系形成的影响。

机制三：专利引用关系的聚敛效应（Activity Effect）。前向引文数量（被引频次）由于在一定程度上反映了该专利后续的技术影响力，一直以来都是研究关注的焦点[211-212]。对应到引文网络中，专利引用关系聚敛效应是对前向引文数量分布网络结构层面的刻画，它将高被引的专利视为具有星状结构的网络局部配置（从中心节点链接入两条或者多条弧），从而观察这种配置对于网络关系形成的影响，如"富人俱乐部"[74]或者"倾向链接"[213]现象。上述问题正是聚敛效应要测量的内容。因此，机制三是指专利对之间形成聚敛结构对专利引用关系形成的影响。

机制四：专利引用关系的传递效应（Transitivity Effect）。传递效应主要观察的是一种特殊的网络局部配置——传递闭合（Transitivity Closure）。传递闭合是一种纯网络结构特征，早期研究主要是通过聚集系数等指标对其进行测量的。在引文网络中，传递闭合表现为两个方面的特点：一方面，传递闭合是在 2 - 路径构造基础上增加的一条弧，该弧的增加使得

"遗失链接"显性化，构造内部的关系更为稳健，该特征可以用于分析专利技术的演化路径[117]；另一方面，传递闭合构造中，度分布并不均匀，某些节点具有更多的入度，而这种在传递闭合构造中的入度优势要优于单纯聚敛效应构造中的入度优势，于是传递效应也可用于识别知识流动过程中的源头[75,214]。因此，机制四是指专利对之间形成传递结构对专利引用关系形成的影响。

机制五：专利引文网络的网络协同效应（Covariates Effect）。与上述机制不同，网络协同效应不是指专利引文网络内部的网络结构特征，而是以其他网络与专利引文网络之间的协同特征为观察对象的。现有相关研究揭示了专利权人、专利发明人地理位置上的临近[215]与专利引用关系形成之间有相关关系，White 等的研究进一步确认专利引文网络实际是由 2 种网络结构特征共同作用的结果，即社会交流结构（Social Structure）和技术交流结构（Intellectual Structure）[77]，当然，专利间文本的语义相似性也能在一定程度上影响专利引用关系的形成[112]。因此，机制五是指专利对之间其他网络关系对专利引用关系形成的影响。

10.2.2 影响机制到网络局部构造

ERGM 是一种以关系形成对象的研究方法，其发轫于 1959 年 Erdos 和 Renyi 提出的社会网络统计分析模型，1996 年 Wasserman 将上述模型扩展成为可以包含图中任何统计配置的 ERGM/p^* 模型，1999 年 Anderson 提出了对上述模型的参数化估计方法，使得模型有了重要的进展[216]。ERGM 是一个可以根据研究内容进行调整的扩展模型，其最一般的形式为：

$$\Pr(Y = y) = \left(\frac{1}{\kappa}\right)\exp\left\{\sum_A \eta_A g_A(y)\right\}, \quad (10-1)$$

其中，求和是包含所有的配置 A 的加总，η_A 是对应的配置 A 的参数，该参数可以用来判定观测网络中特定网络统计量的影响力，$g_A(y) = \prod_{y_{ij} \in A} y_{ij}$ 是对应配置的网络统计量，κ 是标准化常数，确保公式为适当的概率分布[207]。简单说来，ERGM 的核心任务就是给具有某些特定机制组合的网络赋予权值的过程。因此，式（10-1）也可以写成一种条件 Logit 的

第 10 章 基于指数随机图模型的专利引用关系形成分析

形式：

$$\text{Logit}(P(Y_{ij} = 1 \mid n\ patent, Y_{ij}^{C})) = \sum_{A} \eta_{A} \delta g_{A}(y), \quad (10\text{-}2)$$

其中，Y_{ij}^{C} 表示网络中除 Y_{ij} 之外的其他链接关系，而 $\delta g_{A}(y)$ 则表示当链接 Y_{ij} 从 0 到 1 变化时 g_A 的变化值，因此，式（10-2）的含义是在网络中其他连线已经确定的条件下，预测一条新的连线出现的概率。

ERGM 是在对有序的局部网络配置进行观察基础上的建模，通过特定的参数估计过程，局部网络配置所对应的参数值可以被计算出来，从而实现对于复杂网络结构的统计推断过程。ERGM 从理论上解决了传统方法无法对复杂网络条件下混合变量（同时包含多个属性变量与关系变量）的评价问题，能够在全网层次上解释专利引用关系的成因，因此就有可能做出更准确的预测。表 10-1 展示了如何将影响专利引用关系产生的 5 种机制转化为可计量的网络统计项的过程。

表 10-1 影响专利引用关系产生的 5 种机制（结构效应）对应的网络

机制（影响因素）	机制（待检验效应）	参数	网络配置图示	统计项计算公式
专利对（施引）权利要求项数量和越大越可能会产生引用关系	主效应	Nodeicov (claims)		$\sum_{i,j} x_{ij}(y_i + y_j)$
专利引用时滞为 n 年的专利之间越可能产生引用	差值效应	Absdiffcat (year. n)		$\sum_{i,j} x_{ij} \mid y_i - y_j \mid$
专利对之间入度分布对专利引用关系形成的影响	聚敛效应	Gwidegree		$e^{\alpha} \sum_{i=1}^{n-1} \{1 - (1 - e^{-\alpha})^i\} \cdot (\sum_{i} x_{+i})$

续表

机制 (影响因素)	机制(待检验效应)	参数	网络配置图示	统计项计算公式
专利对之间的传递闭合结构对于专利引用关系形成的影响	传递效应	Gwesp		$e^{\alpha}\sum_{i=1}^{n-2}\{1-(1-e^{-\alpha})^i\}$ $(\sum_{i<j}x_{ij}\sum_{k\neq i,j}x_{ik}x_{kj})$
共享专利家族关系的专利之间越可能会产生引用	网络协同效应	Edgecov (famnet)		$\sum_{i,j}x_{ij}y_{ij}$

10.3 数据来源与探索

10.3.1 数据来源

本研究关注的是一种小分子创新抗癌药物,其药物的中文名是奈拉滨(Nelarabine),其在美国上市的商品名为 Arranon (阿仑恩)。之所以选择奈拉滨是出于如下考虑。

药物研发会经历多个过程,一个完整的生命周期通常在 15~20 年,因此一些药物自身的特点,例如,早期药物研发阶段的技术转移,临床Ⅰ、Ⅱ、Ⅲ期的审查结果,药物潜在的适用症范围,药物商业化阶段的转移(融资、并购),商品化后期毒性、药效方面的负面报道,药物的更新换代,专利到期导致的"专利悬崖"等都可能潜在影响某个药物相关专利的规模与引文网络的特征[217-219],也会使得 ERGM 发现的引用关系形成的特点可能会存在偏差。因此,在药物案例选择时应尽可能从简单药物入手逐步深入,这里我们考虑了筛选简单药物的 3 个条件:从研发到生产环节相对简单,尽可能少涉及合并、转移;药物的适应证范围较窄,负面毒性、药效报道相对较少;为了更全面地观察专利引文网络,观察期要截止到核心药物到期后一段时期。

第10章 基于指数随机图模型的专利引用关系形成分析

奈拉滨药物的早期研发阶段主要是由美国国家癌症研究所和 Glaxo Wellcome 合作开展的，研发方 Glaxo Wellcome 和 Smith Kline Beecham 于 2000 年合并形成 Glaxo Smith Kline（即葛兰素史克公司）。虽然在早期药物研发阶段，该药物研发活动存在多主体参与的现象，但由于核心专利均是在 2005 年之后产生的，引文也是在 2006 年之后出现的，因此，早期药物研发活动中的多主体参与特征并不会对本研究中的引文关系形成产生较大影响[220]。另外，虽 2015 年以后奈拉滨药物研发及生产团队由诺华收购，但由于是整体收购，该药物的研发、生产环节仍完全由原葛兰素史克公司所控制，因此，也不会对最终引文关系形成产生较大影响。

奈拉滨药物于 2005 年 10 月被美国食品药品监督管理局（FDA）批准上市，是经过 FDA 特殊审批流程的孤儿药（即用于治疗罕见疾病的药物）[221]。该药物的适应证是：用于治疗至少两种治疗方案无效或治疗后复发的 T 细胞急性淋巴细胞性白血病（T-ALL）和 T 细胞淋巴母细胞性淋巴瘤（T-LBL）[222]。该药物潜在的适用证范围有限。根据相关文献，它是治疗 T 细胞恶性肿瘤的有效药物，各期临床试验均取得了较好的效果，面临的主要问题是需要通过调整剂量来控制神经毒性的风险。后期的研究主要集中在组合用药上，根据当前的研究，尚未出现该药物的完全替代性新药[223]。

利用 PubChem 化合物结构数据库（PubChem Compound Database）进行检索，检索策略选择奈拉滨药物的 PubChem CID 是 3011155（https：//pubchem.ncbi.nlm.nih.gov/compound/3011155），可以获得关于该药物两个方面的专利信息：一方面是核心专利信息，主要是 FDA 橙皮书中公开的核心专利信息；另一方面该数据库也提供一个根据化合物结构式在专利全文中识别出的相关专利信息[224]。截至 2017 年 12 月 31 日，检索结果显示为 3035 条专利相关文献。在数据预处理环节，本研究限定为 1998—2016 年美国专利授权数据之间的引用关系，最终数据集中包含涉及奈拉滨药物化合物的 1165 项美国专利授权及 1168 条专利引用关系。数据补充环节主要采用 PatentsView 专利数据库（http：//www.patentsview.org/api/doc.html）及美国专利及商标局（USPTO）授权专利数据库（全文与图像）（http：//patft.upsto.gov/）进行数据补充。经数据补充后，数据集被进一步加工为网络数据格式,其由两个数据集构成:专利属性数据与专利间关系数据。

(1) 专利属性数据

专利属性数据包含了 4 个字段,其中,Patent_id 是授权专利号码,其他 3 个字段分别是与该专利相关的 3 个属性信息,分别是专利授权年、专利权利要求项数量及专利参考文献数量。出于数据标准化的考虑对权利要求项及参考文献数量分别进行了处理(表 10-2)。

表 10-2 属性数据统计项及其解释

统计项	名称	解释	最小值	最大值	平均值
patent_id	授权专利号码	授权专利的号码	5 424 295	9 527 925	—
year	专利授权年	专利授权年	1995	2016	2013
claims	专利权利要求项数量	专利权利要求项数量的平方根	1	9	3.70
references	专利参考文献数量	专利参考文献数量的 4 次方根	0	5	2.23

(2) 专利间关系数据

专利间关系数据包含了 5 个字段,其中,patent_id_ego 和 patent_id_alter 分别表示关系的两端,这里由于专利引用关系是有向关系,因此将其他类型的关系均转化为有向关系进行处理。关系数据中包含 3 种关系,分别是共享发明人关系、专利引用关系及共享专利家族关系(表 10-3)。

表 10-3 关系数据统计项及其解释

统计项	名称	解释	关系数量
patent_id_ego	授权专利号码(链出)	链出的专利号码	—
patent_id_alter	授权专利号码(链入)	链入的专利号码	—
rel_inventor	共享发明人关系	如果链入与链出的专利号码之间至少包含一项共同的专利发明人,就认为它们具备共享发明人关系	10 643
rel_citing	专利引用关系	授权专利之间的引用关系	1168

续表

统计项	名称	解释	关系数量
rel_family	共享专利家族关系	如果链入与链出的专利号码之间至少包含一项共同的专利家族信息，就认为它们是共享专利家族关系	472

10.3.2 数据探索

在统计建模之前，利用图形可视化和描述性统计方法对数据进行观察是非常有必要的。经过相关研究发现，真实网络往往与随机网络之间存在许多结构性特征，这些特征能够帮助我们将真实网络与简单随机网络区分开来。经过基本的数据探索，我们发现奈拉滨药物专利引文网络在下述4种机制上均表现出于随机网络不同的网络结构效应。

（1）专利属性的主效应特征

表10-4展示了专利引用对之间各自对应的专利权利要求项数量，并以此建立一个混淆矩阵（Confusion Matrix），即针对具有不同专利权利要求数量的专利引用对各种可能组合的形式进行统计，检验专利引用对在引用关系形成上是否受到了专利权利要求项数量属性特征的影响。在表10-4中，列代表的是专利引用对中的施引方，而行则是代表了专利引用对中的被引方。不难观察到在该混淆矩阵中，左上部分矩阵块中（行1~5与列1~5）的数据密度更高，该特征似乎说明：权利要求项数量较少的专利之间建立引用关系的概率高。同时，通过进一步观察，发现在表10-4的左上部分矩阵块中，对角线的上三角形区域较对角线下三角形区域的数据密度明显更高，该特征可能说明，权利要求项数量偏低的专利更有可能被引用。当然，这个结论还需要通过模型进行检验。同时，对专利参考文献进行观察时也发现存在类似的主效应特征。

（2）专利引用对的时序特征

由于整个引文跨度较长，奈拉滨药物引文网络早期施引与被引都较少，因此为了更显著的表现引文时滞的特点，表10-5中仅节选了2007—2016年的专利引用关系进行展示（引用关系数量为1076）。通过建立施

表10-4 专利引用对之间基于专利权利要求项数量的混淆矩阵

元素		专利权利要求项数量（被引）								
		1	2	3	4	5	6	7	8	9	行汇总
专利权利要求项数量（施引）	1	23	41	49	14	12	6	0	2	0	147
	2	27	49	79	40	17	17	6	4	1	240
	3	16	34	61	53	24	22	10	6	2	228
	4	11	17	52	118	52	22	17	6	0	295
	5	9	23	24	32	36	13	9	3	1	150
	6	5	9	8	15	5	15	6	9	1	73
	7	1	0	5	9	7	3	5	2	0	30
	8	0	0	1	1	1	0	1	0	0	4
	9	0	0	1	0	0	0	0	0	0	1
列汇总		92	173	280	282	154	98	52	32	5	1168

引专利与被引专利之间基于授权时间的混淆矩阵，能够比较清晰地观察专利授权与专利之间在时间上的特征。通过对表10-5的观察，我们可以发现：首先，该药物的专利施引（表10-5行汇总）是从2013年之后开始爆发，2012年的专利施引量仅为27，而2013年后专利施引量为113，说明2013年以后该药物逐步成为药物研发领域的关注热点；其次，围绕在邻接矩阵对角线区域的2~5年范围存在一个高密集区域，该密集区域可能说明专利引文的时滞存在一个间隔期的偏好，即专利引用关系更倾向在授权时间间隔为2~5年范围内的专利之间发生。

（3）专利引文网络呈现整体稀疏与局部聚集特征

首先，网络的密度仅为0.000 867，说明该网络是一个整体较为稀疏的网络。图10-1a展现了原始的奈拉滨药物专利引文网络整体稀疏的特征，即并不存在高度聚敛的中心节点，部分高密度区域的影响范围有限。图10-1b和图10-1c展现的是经过枢纽得分（Hub）[225]与权威得分（Authority）计算后，对网络中的节点大小进行缩放后的图像[58]。通过比较图10-1的3幅图，我们观察到在网络局部的高密度区域中，部分专利间的施引与被引非常频繁，存在局部聚集特征。

表 10-5 专利引用对之间基于专利授权年份的混淆矩阵（2007—2016 年）

元素	专利的授权年份（被引）										
	2007	2008	2009	2010	2011	2012	2013	2014	2015	2016	行汇总
专利的授权年份（施引） 2007	0	—	—	—	—	—	—	—	—	—	0
2008	1	0	—	—	—	—	—	—	—	—	1
2009	6	2	2	—	—	—	—	—	—	—	10
2010	1	2	2	1	—	—	—	—	—	—	6
2011	3	5	10	8	0	—	—	—	—	—	26
2012	1	2	7	5	10	2	—	—	—	—	27
2013	2	13	9	21	36	26	6	—	—	—	113
2014	2	6	9	13	19	25	37	1	—	—	112
2015	1	13	8	21	33	42	125	47	10	—	300
2016	4	7	7	13	36	57	104	121	92	40	481
列汇总	21	50	54	82	134	152	272	169	102	40	1076

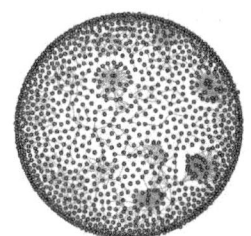 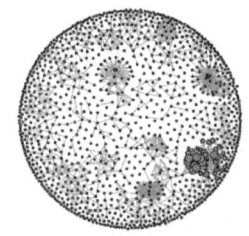 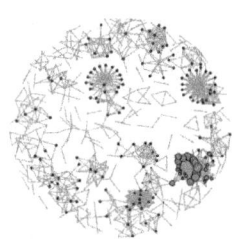

a 原始专利引文网络　　b 枢纽得分加权专利引文网络　　c 权威得分加权专利引文网络

图 10-1 奈拉滨药物专利引文网络局部聚集特征展示

（4）网络协同机制

首先，如图 10-2 所示，我们比较了 3 种专利引文网络：原始专利引文网络、共享专利家族关系专利引文网络及共享发明人关系专利引文网络。从图 10-2 中，不难观察到 3 种专利引文网络的一些基本特征，尤其是图 10-2c 中所示的共享发明人关系专利引文网络展示了一个紧密连接的核心成分（Component），说明在奈拉滨药物专利引文网络中存在一个高度自引倾向的"小圈子",在这个"小圈子"内的任何存在引用关系的专利引用对至少有一个发明人是相同的(即两篇专利共享发明人的关系)。由于高度自引特征一定程度上反映了该药物技术发展对现有技术的依赖程度,以及核心研发团队对于专利引用关系形成具有重要影响,于是这种高度自引特征就成为后续统计推断过程需要重要关注的内容。

相对于共享发明人关系专利引文网络呈现出较为清晰的核心成分,共享专利家族关系专利引文网络则显得非常的杂乱,从图10-2b几乎无法发现任何网络结构特征。但当进一步计算3种网络的自相关矩阵时,如表10-6所示,原始专利引文网络与共享专利家族关系专利引文网络之间存在0.301的自相关关系,与此同时,原始专利引文网络与共享发明人关系专利引文网络之间仅存在0.193的自相关关系。尤其是3个网络中关系数量的分布并不是均匀的,共享发明人关系专利引文网络的关系数量是10 643条;共享专利家族关系专利引文网络的关系仅为472条。当将上述两条信息结合起来考虑,不难想象,原始专利引文网络与共享专利家族关系专利引文网络之间是存在某种高度协同性的,而这种协同性与结构特征无关,可能暗示存在某种强规则或业务逻辑对专利引文形成产生了影响,当然,上述判断也需要依据网络统计推断进行确认。

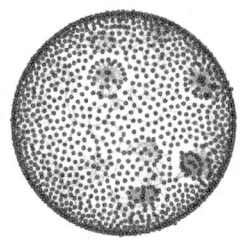 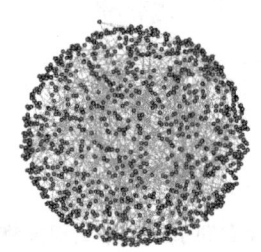 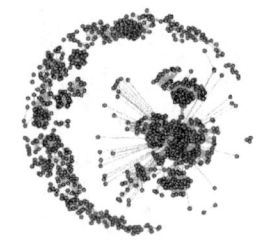

a 原始专利引文网络　　b 共享专利家族关系专利引文网络　　c 共享发明人关系专利引文网络

图10-2　3种专利引文网络协同效应展示

另一个问题是,如何在数据探索阶段发现网络协同效应的存在?发现哪些网络与专利引用关系网络具有协同效应并不是一个非常直观的过程。一个经验是我们在早期针对专利引文属性特征进行探索时,发现一些现有文献中非常显著的属性特征,如专利发明人数量、专利家族规模的效果并不理想,因此,我们并不是直接采用专利引用对之间的属性特征是否存在主效应、差值、同质或异质作为统计特征,而是通过观察引用关系对之间是否共享发明人或者共享专利家族关系来构建网络,然后测量上述两个网络与专利引用关系网络之间的协同性。通过这个转化过程,很多时候可以获得意想不到的效果。

表 10-6 3 种网络关系的自相关矩阵

	共享发明人关系专利引文网络	原始专利引文网络	共享专利家族关系专利引文网络
共享发明人关系专利引文网络	1	0.193	0.161
原始专利引文网络	0.193	1	0.301
共享专利家族关系专利引文网络	0.161	0.301	1

10.4 结果分析

10.4.1 参数估计

模型评价是贯穿整个建模过程的一个重要环节,通常而言,ERGM 的研究过程是:首先将零模型(随机生成的网络)作为基线模型,然后逐步增加不同机制对应的网络统计项形成新的模型,并利用 ERGM 对上述模型进行参数估计,最终对多个模型的结果进行诊断、拟合优度评价、比较与解释。本书选用 R 的 statnet 包对表 10-7 中的各项模型进行参数估计,其中,零模型、主效应模型、差值模型及协同关系模型均采用的是最大似然估计方法进行参数估计,而对于几何加权模型则是采用马尔可夫链蒙特卡罗极大似然估计法(MCMC MLE)[226]。

表 10-7 是 5 种模型的统计摘要表。通过对 5 种模型统计摘要的比较,尤其是对网络的参数估计值及其统计显著性的分析,可以获得对网络统计项的初步统计观察。"专利对(施引)权利要求项数量和"在全部模型中均显示为显著且负向,说明当其他条件不变的情况下,在专利对(施引)权利要求项数量和越大,它们之间建立引用关系的概率就越小;"专利对

表10-7 零模型、主效应模型、差值模型、协同关系模型、几何加权模型的统计摘要

效应类别	网络统计项		statnet 包中对应的名称	参数估计值（SE）				
				零模型	主效应模型	差值模型	协同关系模型	几何加权模型
稀疏效应	弧		Arc	-7.049 0.02**	-9.751 0.14**	-10.158 0.14**	-11.761 0.16**	-9.463 0.14**
主效应	专利对（施引）	权利要求项数量和	Nodeocov (claims)	—	-0.248 0.01**	-0.245 0.01**	-0.171 0.02**	-0.092 0.01*
	专利对（被引）	权利要求项数量和	Nodeicov (claims)	—	-0.014 0.01	—	—	—
	专利对（施引）	参考文献数量和	Nodeocov (references)	—	0.482 0.03**	0.473 0.03**	0.265 0.04**	0.064 0.03**
	专利对（被引）	参考文献数量和	Nodeicov (references)	—	0.950 0.03**	0.947 0.03**	0.899 0.04**	—
差值效应	引用时滞（2年）		Absdiffcat (year. 2)	—	—	0.823 0.07**	0.852 0.08**	0.580 0.08**
	引用时滞（3年）		Absdiffcat (year. 3)	—	—	0.570 0.08**	0.746 0.09**	0.476 0.09**

第10章 基于指数随机图模型的专利引用关系形成分析

续表

效应类别	网络统计项	statnet 包中对应的名称	参数估计值（SE）				
			零模型	主效应模型	差值模型	协同关系模型	几何加权模型
差值效应	引用时滞（4 年）	Absdiffcat（year.4）	—	—	0.450 0.10**	0.619 0.11**	—
差值效应	引用时滞（5 年）	Absdiffcat（year.5）	—	—	0.594 0.11**	0.972 0.13**	—
协同效应	共享专利家族关系	Edgecov（famnet）	—	—	—	2.800 0.11**	2.936 0.10**
协同效应	共享发明人关系	Edgecov（invnet）	—	—	—	6.340 0.08**	5.411 0.09**
聚敛效应	几何加权入度分布	Gwidegree（α=0.3）	—	—	—	—	−1.827 0.11**
传递效应	几何加权边共享伙伴	Gwesp（α=0.3）	—	—	—	—	0.680 0.05**
拟合优度	赤池信息准则	AIC	18 806	17 640	17 510	8515	7970
拟合优度	贝叶斯信息标准	BIC	18 818	17 701	17 607	8636	8080

* $P<0.05$；** $P<0.001$。

(施引)参考文献数量和"在全部模型中均显示为显著且正向，说明当其他条件不变的情况下，在专利对（施引）参考文献数量和越大，它们之间建立引用关系的概率就越大。同时，需要注意的是，"专利对（被引）参考文献数量和"在除几何加权模型外的其他模型中均显示为显著且正向，可能的解释是当模型加入几何加权入度分布或几何加权边共享伙伴统计项后，可能在上述3种因素之间存在某种程度的相关关系。差值模型中的前2项"引用时滞（2年）""引用时滞（3年）"在全部模型中均显示为显著且正向，说明专利对之间如果授权时间之间间隔不超过3年，那么它们之间建立引用关系的概率就越大；值得关注的是后2项"引用时滞（4年）""引用时滞（5年）"，当模型加入几何加权入度分布或几何加权边共享伙伴统计项后，"引用时滞（4年）"则不显著了，可能的解释是几何加权入度分布或几何加权边共享伙伴统计项与引用时滞（4年）之间存在相关因素。"共享专利家族关系"与"共享发明人关系"在协同关系模型和几何加权模型下都呈现为显著且正向，说明当其他条件不变的情况下，在专利对之间如果存在"共享专利家族关系"或者"共享发明人关系"，那么它们之间建立引用关系的概率就越大，另外值得注意的是，"共享专利家族关系"与"共享发明人关系"的参数值非常高，说明这2项网络协同机制对于建立引用关系具有非常大的正向影响。最后，"几何加权入度分布"为显著负向，专利节点对之间建立引用关系的概率要小于随机发生引用关系的概率，但"几何加权边共享伙伴"则为显著正向，专利对之间建立引用关系的概率要大于随机发生引用关系的概率，看起来似乎矛盾，但综合起来实际上进一步说明在网络结构上整体稀疏与局部聚集特征并存的现象。

10.4.2 模型诊断

模型诊断（Model Diagnostics）能够辅助判断估计算法是否已经收敛还是存在近似退化问题，进而判断究竟是模型本身还是模型评价设置条件需要进行调整[227]。图10-3展示了几何加权模型部分统计项在模型最后迭代阶段呈现的状态。图10-3左侧的图，以模型中的每一个统计项为单位，利用MCMC链作一个时间序列来展示统计项的变化情况，右边的图则显示了对应 MCMC 链的分布。如果模型能够收敛，模型中每一个统计项的图将会表现为以 0 为中心随机变化，这里 0 代表观测网络对应统计项的统计值。在几何加权模型中，大多数统计项的图都是围绕 0 随机变化的。因此，模型诊断的结果显示几何加权模型是一个稳定的模型。

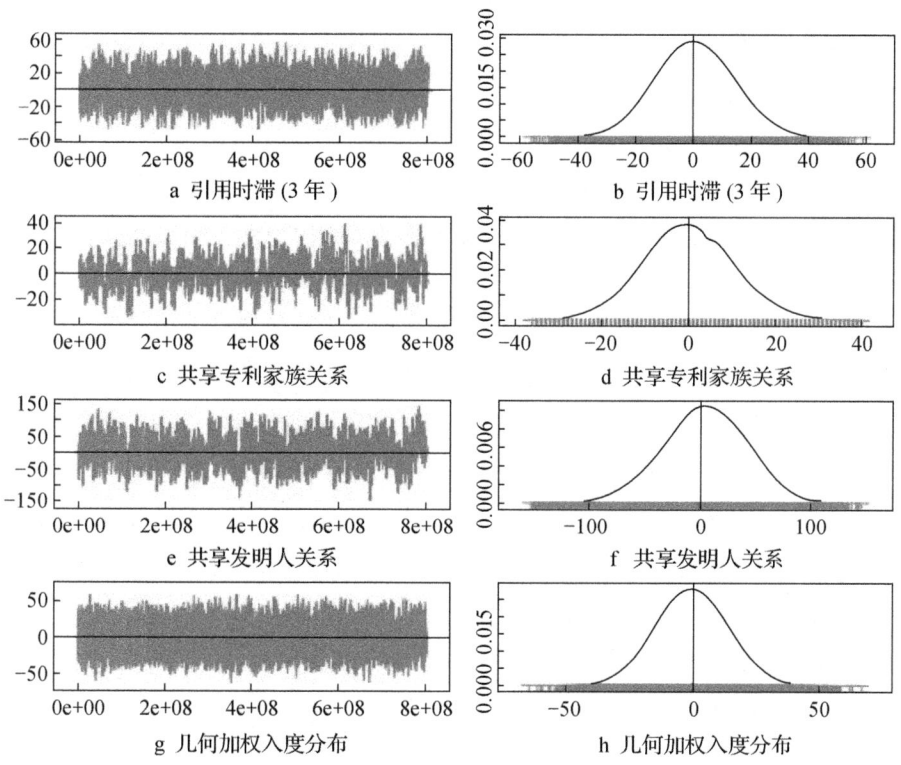

图 10-3　几何加权模型图形化模型诊断结果（部分）

10.4.3　拟合优度评价

虽然在参数估计环节一些网络统计项已经表现出了统计上的显著性，并且反映出了一些与前期根据探索性分析所观察出的模式一致的特征，对于模型的效度已经进行了初步的检验，但还需要更为系统的检验：究竟仿真模型能够在多大程度上反映观察网络的结构特征。下面，我们将从两个方面对模型的拟合优度进行评价。

利用 AIC 和 BIC 统计结果进行拟合优度的评价。AIC 和 BIC 方法是基于对数似然估计结果的，即观测网络中 Y_{ij}（真实发生的联系）的概率与 Y_{ij} 的期望概率之间的差异。根据表 10-7，零模型的 AIC 是 18 806，主效应模型的 AIC 是 17 640，较之前的零模型有较大提升；差值模型的 AIC 是 17 510，虽然也有所下降，但较之前的主效应模型改变并不明显；协同关系模型较之前的差值模型有了一个显著的降幅，AIC 下降到了 8515，说明协同关系模型中的两种机制共享专利家族关系与共享发明人关系的协同效应对应 ERGM 拟合优度的改进具有重要的作用。

然而，AIC 与 BIC 等方法是适合于以独立性假设为基础的观测数据的，当模型更加复杂，例如，几何加权模型增加了依赖性统计项时，就需要采用基于仿真的模型拟合优度评价方法。拟合优度评价的过程也可以采用可视化图形观察的方法，当限定其他网络特征不变的前提下，比较观测网络中每一个参数的对数优势比及仿真网络中对数优势比的范围。图 10-4 是针对几何加权模型仿真网络进行拟合优度评价的结果。其中，黑色粗线代表专利引文网络的观测结果；黑色线及箱型图则代表了仿真网络在 95% 的置信区间时的测量结果。当黑色线落在灰色线条之间时，说明仿真网络能够很好地代表真实的专利引文网络的结构特征。因此，图 10-4 说明仿真网络基本上能够拟合真实网络的 4 种结构特征（入度中心度、出度中心度、几何加权边共享伙伴及二元组共享伙伴），但在几何加权边共享伙伴这一特征上和真实网络还有一定差异。

10.4.4 模型解释

本研究通过比较 5 种模型（零模型、主效应模型、差值模型、协同关系模型、几何加权模型）的多个统计结果及图形化拟合优度指标，发现几何加权模型具有最佳的网络仿真效果。在模型构建的过程中，我们观察到模型对于网络仿真效果改进最大的地方有 3 处：①增加协同效应的统计项，即将共享专利家族关系专利引文网络及共享发明人关系专利引文网络视为网络协变量作为统计项，用于预测专利之间建立引用关系的概率；②增加主效应特征统计项，即考虑属性因素对于专利之间建立引用关系概率的影响，包括专利权利要求项数量及专利参考文献数量；③增加几何加

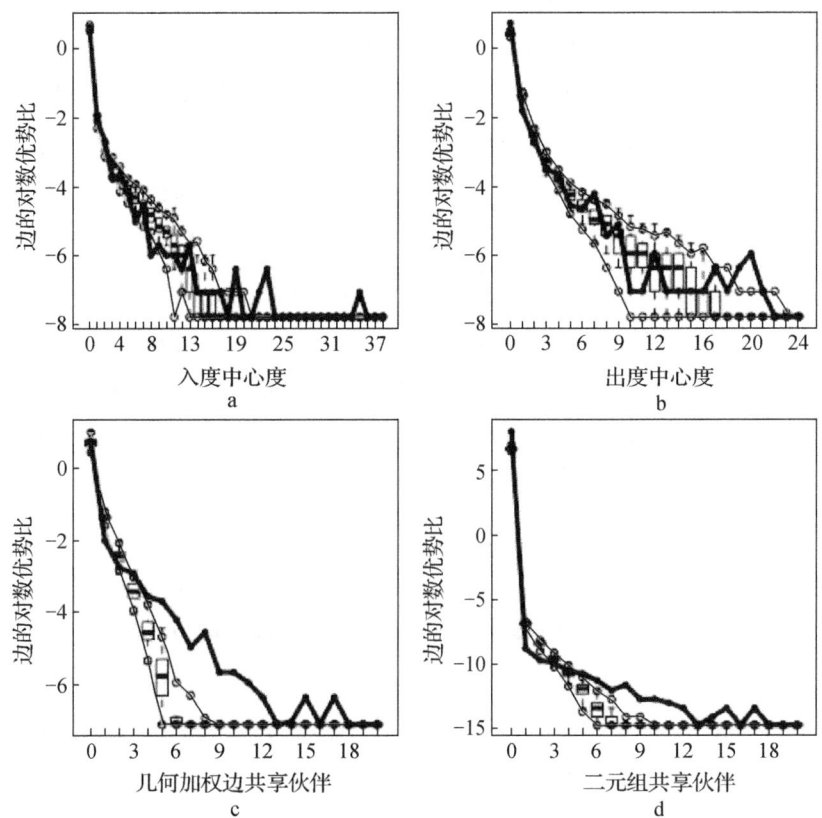

图 10-4 几何加权模型拟合优度评价的图形化观察比较

权统计项,即考虑入度分布、几何加权边共享伙伴对于专利之间建立引用关系概率的影响。

具体而言,从 ERGM 拟合优度改进的效果来解读,"共享发明人关系"统计项对于专利引用关系形成的影响是最大的。"共享发明人关系"统计项所代表的专利引用关系协同效应类似于文献间"作者自引"效应,说明奈拉滨药物专利引文网络是围绕一个存在高度自引倾向的"小圈子"展开的,这个"小圈子"在网络中同时占据了枢纽和权威的位置(图10-1和图10-2)。可以说这个"小圈子"的发展决定了整个奈拉滨药物专利引文网络的形态。

"共享专利家族关系"统计项展现了对专利引用关系形成起到重要作

用的另一个重要维度，即专利申请背后的业务逻辑，专利申请者会利用衍生专利申请来进行专利布局，如采取围栏策略，用以扩大专利的保护周期。这种规则是一种强业务规则，我们无法从网络结构特征中窥见端倪（图10-2b 和表10-6），却深刻影响了专利引用关系的形成。

"几何加权边共享伙伴"所代表的专利引用关系的传递效应类似于"朋友的朋友也是朋友"。对于专利引文网络而言，传递效应的存在并不难理解，更值得关注的点在于在几何加权模型中，由于增加了"几何加权边共享伙伴"统计项，网络中其他统计项的相对影响作用出现了下降的趋势，说明"几何加权边共享伙伴"统计项对某些统计项存在一定程度的替代作用。这恰恰是指数随机图模型的优势所在，它能够分析存在复杂嵌套关系的多个变量并给出统计推断，这是传统回归模型无法胜任的。

当然，专利属性的主效应机制也是存在一定作用的。例如，"专利对（施引）权利要求项数量和"与"专利对（施引）权利要求项数量和"2 项专利属性的主效应机制说明，在奈拉滨药物专利引文网络中，专利更倾向于引用哪些权利要求项数量较少的专利，即采用主动避开竞争对手的权利要求范围的策略[219]；同时，专利更倾向于引用哪些参考文献数量较多的专利，即采用主动信息披露策略，避免因信息披露不全导致在后期诉讼环节处于不利地位[120]。

专利引用时间的差值效应也是存在一定作用的。"引用时滞（2 年）"和"引用时滞（3 年）"都表现出显著的差值效应，这一点在专利引文中非常常见，但需要注意的是"引用时滞（4 年以上）"统计项则在加入专利引用关系的聚敛效应、传递效应机制后不再显著了，这表明网络结构特征（如聚敛效应）与差值效应之间存在一定的替代作用。例如，如果3 篇专利之间存在引用关系构成了一个传递三元组，那么三元组中2 篇专利之间既存在直接引用关系也存在间接引用关系，这种情况下，引用时滞通常会比仅存在直接引用关系的专利对要长。合理的解释是虽然专利引文网络中存在一部分专利对之间的引用时滞较长的现象，但这些引用对之间往往也同时存在传递三元组结构，因此，"引用时滞（4 年以上）"统计项在考虑了传递性之后就不再显著了。

10.5 小结

本章尝试使用了一种新的统计推断方法——指数随机图模型方法，该方法为本研究提供了独特视角，使得本研究能够对复杂网络条件下混合变量进行综合评价，从而能在更广泛的层次上解释专利引用关系的形成问题。在微观结构特征设计方面，本章考虑了 5 种机制：主效应、差值效应、协同效应、聚敛效应、传递效应。这 5 种机制涵盖了网络内部自组织结构特征、外部网络协同效应及专利内部属性特征，这些特征存在多重关系与高度嵌套的局部结构，是以独立性假设为前提的传统回归模型难以胜任的。研究的主要结论如下：就奈拉滨药物专利引文网络而言，专利引用关系形成主要是受 3 个方面的影响：由共享发明人关系与专利引用关系之间的协同效应显示，存在一个具有高度自引倾向的"小圈子"，这个"小圈子"很大程度上影响了整个奈拉滨药物研发的方向；共享专利家族关系与专利引用关系之间的协同效应显示，专利申请背后的业务逻辑的作用——利用专利家族进行布局；专利引文网络内部自组织网络特征如传递效应显示，专利关系的形成并不是一个随机过程，而是对于既有网络结构有着较强的依赖性。

此外，还有一些影响专利引用关系形成的辅助因素也非常值得关注：网络结构特征（如传递效应）对"引文时滞（4 年以上）"的替代作用；专利更倾向于引用权利要求项数量较少的专利，即采用主动避开竞争对手的权利要求范围的策略；同时，专利更倾向于引用参考文献数量较多的专利，即采用主动信息披露策略，避免因信息披露不全导致在后期诉讼环节处于不利地位。

第 11 章 基于关系融合的专利网络演化特征与动态分析

11.1 研究背景

11.1.1 专利网络分析相关研究

近年来,学者们充分认识到专利网络的复杂性,并从更深层次的专利挖掘需求出发,借鉴网络科学(社会网络、复杂网络)的相关理论、概念与方法,提出了专利网络分析方法,并利用网络分析指标来解决专利分析与评价过程中的实际问题,如利用"弱连带""镶嵌理论""结构洞"等理论,以及中心度指标、角色与地位特征、关系强度、结构均衡等方法来进行专利网络的分析。通过与网络科学的方法与理论相融合,专利网络的结构与动态特征得以描述。目前在专利网络分析方面的研究重点主要集中在专利网络的构建、专利网络结构指标的测量及专利网络动态演化的规律研究 3 个方面[8,81,156]。

专利合作网络是以专利人为节点、专利人之间的合作关系为边构造的网络,主要针对各个协同主体之间的合作趋势、技术分布及合作模式进行分析,继而可以对协同创新活动的影响因素、协同主体、技术领域、实施活动等进行分析。学者们普遍认为合作关系网络是除引文关系网络之外的另一种测度和研究知识扩散的途径。专利合作显示出技术在不同个体、不同组织、不同地区、不同国家之间的扩散。一些文献基于复杂网络理论,研究了创新合作网络结构对于信息、知识增长及技术扩散的影响,研究了创新合作网络的形成演化机制。黄玮强运用复杂网络研究中的率方程法(Incremental Equation Method),推导出了网络度分布的演化方程[228]。Coetze利用心脏起搏器领域的专利数据构建了专利合作网络[228],从专利数量和质量2个角度对合作网络中的"明星"发明者进行监测。研究发现,专利数量与发明者的个人网络大小及其所能直接连接的发明者的数量有着显著的正相关关系,而拥有较高专业技能的发明人在合作网络中具有更高的调控力。目前,在专利合作网络分析方面比较常见的测度指标包括核心边缘分析、中心度分析、关联类型分析等[229-231]。

专利引用网络是以专利为节点、以专利之间的各种引用关系为边构造的网络。主要是对技术演进层面进行分析,利用专利引用网络来反映技术标准扩散,描述技术发展轨迹,识别出各个不同时期的核心专利及重要专利群,预测未来技术发展趋势等。此外,还可以评价企业研发能力及技术知识资产、行业地位、竞争策略,对比竞争对手及自身在技术积累或社会资本方面的优劣势。目前,已有一些研究通过专利引用网络来分析行业的技术先驱及竞争格局。黄晓斌等通过4G通信技术专利数据进行了企业竞争态势分析[232],运用社会网络中心度、块模型等分析方法,综合利用专利引用和专利权人引用有关信息评估国内企业在国际市场中技术竞争力及其行业地位。Chen Dar-Zen等通过研究发现,耦合关系能够识别出在引文关系网络中被直接引文所遗漏的专利关系,通过增加遗漏的相关引文联系可以较单一的直接引用关系更加全面地评价专利质量,并提出了整合直接引用网络与耦合网络的算法[81]。

专利主题关联网络是以国际专利分类号IPC等代表技术主题特征的分类号为节点、以技术主题之间的关联为边构造的网络。技术主题之间的关联是各技术领域之间交叉、渗透、融合和整合的体现。在专利上的具体表现是某一专利可能横跨多个技术领域,分属于多个不同的技术类别,具有多个专利分类号。以具有多个专利分类号的专利为研究对象,考察不同的专利分类号在同一专利中的关联问题,可以探索各技术子领域间的交叉、融合、集成和整合状况。陈立新等选取了近年来158 831项美国专利为样本,使用Jaccard指数对专利分类的关联强度进行定量分析,并通过社会网络分析软件揭示了关联网络内部的组成结构及其相互之间的复杂网络关系[233]。许海云等利用专利功效矩阵的技术维度和功效维度的关联规则分析获取领域内技术主题与达成功效主题的关联度，通过对技术功效主题组合的二模网络分析识别具有相同技术功效的核心专利或专利簇[234]。

综上，专利合作网络可以表示技术合作，专利引用网络则可以用于表示知识的演化，专利主题关联网络表示知识的交流。单一层面下的分析必然会遗失其他层面里的有用信息，也无法反映其他层面网络中的变化对本层面网络的影响。如果将这些视角和关系整合起来观察，就能够通过不同网络层面的信息快速识别出复杂技术网络中的各种竞争态势与演化趋势，从而提升整个专利数据分析的全面性与准确性。

11.1.2 动态网络分析（DNA）进展

随着社会网络分析（SNA）在网络结构描述方面的深入应用，学者们发现虽然SNA具有很多优势，但在网络的动态性和演化过程的描述方面具有显著的局限性，表现在3个方面：第一，SNA主要研究关系的形式而不是关系的性质；第二，演变动因分析不足，离开行动者的动因，不仅无法理解网络对行动的意义，而且也无法解释某些网络现象；第三，演变趋势分析不足，学者们已经认识到不能把网络结构看成是既定的，而必须能够说明网络结构变化的起源和演变的趋势，需要强调社会网络的权变、动态思想，需要注意网络关系的易变性和主观性。另外，SNA在分析指标方面也缺少对网络动态情况的描述。

正是由于以上原因，动态网络分析引起了学者们的关注。DNA是一个新兴的领域，包含传统社会网络分析、链接分析（Link Analysis，LA）和多智能体系统（Multi-Agent Systems，MAS）的理论与方法。目前研究主要集中在两个方面[235]：一是DNA数据的统计分析；二是对网络动态仿真结果的利用。也可以认为DNA是SNA理论和方法的延伸，是社会网络、认知科学、多智能体系统三者的结合。动态网络中的节点在用元矩阵（Meta-Matrix）进行构造后，不只是拥有"人"这一种元素，还可以包括情景、知识、位置、组织、专业、资源、任务等组织中的任何元素，如表11-1所示[236]。DNA网络由不同类型的节点类（Node Classes）及节点间的多种关系组成。在 DNA 中，节点类包括主体（Agent）、情景（Event）、主题领域（Knowledge）、位置（Location）、组织（Organization）、资源（Resource）、任务（Task）等。所有的网络定义和测度指标都可以和表中每个单元的网络类型相对应。在网络动态演化过程中，一个网络变化可能导致其他网络的变化；一个网络中的关系暗示了另一个网络中的关系，这些都符合复杂系统的自然属性，其本质就是多重关系网络。

表 11-1 组织间的元矩阵构造

项目	人	知识/资源	事物/任务	组织
人	社会网络	认知网络	参与网络	成员网络
知识/资源		信息网络	需求网络	组织能力网络
事物/任务			时序网络	组织支持网络
组织				组织间网络

本书对多重网络的动态分析采用了 ORA 软件[237]。ORA 是由美国卡内基梅隆大学开发的一款动态社会网络的分析软件，可用于描述复杂网络的本质、特征、变化、决定因素等。目前，已经在组织设计、风险管理等领域得到了广泛的应用。ORA 可通过多种颜色、多种形状直观地表达节点的多重属性，以及节点之间、节点各属性之间的连接，并进行 2D、3D 展示，具有良好的可视化效果。

11.2 基于 DNA 的专利网络结构分析

11.2.1 数据集的构建

在全球能源危机的背景下，电动汽车由于采用电能取代石油等化石燃料作为动力，被视为未来交通的唯一长远解决方法。电动汽车电池既是发展电动汽车的核心，更是电力工业与汽车行业的关键结合点，因此电动汽车电池的技术研发受到了各国能源、交通、电力等部门的重视。当前在电动汽车上得到广泛应用的有铅酸蓄电池、镍氢电池、锂离子电池、燃料电池等，其中锂离子电池由于锂矿资源丰富，并在循环寿命、电量保持、再循环能力等方面均处于绝对领先地位，国内外越来越多的汽车厂家选择锂离子电池作为电动汽车的动力电池，相关技术研究也在不断地取得突破，因此对锂离子电池专利的研究具有积极的现实意义[238-239]。

本书关键词的提取与检索策略的制定采用 Porter A. L. 等于 2008 年报道的方案[240]，即首先从文献中提取关键词，然后通过向领域内的专家征求意见，对关键词进行修正，确定检索式，并通过检索结果对检索式不断优化调整。专利数据来源于德温特世界专利数据库，检索式为：TS = (positive OR negative OR electrolyt * OR film OR separator OR membrane) AND TI = (li-ion OR lithium OR sulfur OR lithium air) AND TS = (cell batter *) AND IP = (H01M-004 OR H01M-010/052 OR H01M-010/056 OR H01M-010/058)。经数据清洗，共获得自 2006—2014 年授权的有效专利数据 1037 条。由于本书的目的是观察网络结构特征及关键成员的变化情况，根据经验法则，按照授权时间分为 3 个时间段进行分析：2006—2008 年、2009—2011 年、2012—2014 年。

本书以专利作为主体、以专利权人为组织、以 IPC 分类作为主题领域，根据专利之间的直接引用关系、专利与专利人之间的所属关系、专利权人之间的合作关系（本书将专利权人为 2 个及其以上的条目视为有合作研发行为，不包括个人与个人、个人与一个职务人联合申请的情况）、专利与所属主题领域的对应关系，通过专利所反映的 IPC 之间的关联关系，分别建立多值矩阵专利引文网络（Agent × Agent）、专利—专利权人网络（Agent × Organization）、专利权人网络（Organization × Organization）、专利—技术领域网络（Agent × Knowledge）、技术领域网络（Knowledge × Knowledge），各矩阵定义如下。

①专利引用网络（Agent × Agent，简称 AA 网络）是一个二值有向邻接矩阵，矩阵的行为施引专利，列为被引专利，该矩阵描述了专利之间的引用关系，即专利 i 到专利 j 之间存在一条连边：

$$AA_{ij} = \begin{cases} 1, & \text{如果专利 } j \text{ 被专利 } i \text{ 引用} \\ 0, & \text{其他} \end{cases}$$

②专利—专利权人网络（Agent × Organization，简称 AO 网络）可以表示为一个多模矩阵，矩阵的行为专利，列为专利权人，该矩阵描述了专

利权归谁所有的关系：

$$AO_{ij} = \begin{cases} 1, \text{如果专利权人} j \text{有第} i \text{项专利} \\ 0, \text{其他} \end{cases}。$$

③专利合作网络（Organization × Organization，简称 OO 网络）可以表示为一个多模矩阵，矩阵的行和列都为专利权人：

$$OO_{ij} = \begin{cases} 1, \text{如果专利权人} j \text{与专利权人} i \text{存在合作关系} \\ 0, \text{其他} \end{cases}。$$

④专利—技术主题网络（Agent × Knowledge，简称 AK 网络）可以表示为一个二值二模矩阵，矩阵的行为专利，列为 IPC 分类号，该矩阵描述了专利所属哪个（哪些）技术领域：

$$AK_{ij} = \begin{cases} 1, \text{如果专利} j \text{术语} i \text{项主题} \\ 0, \text{其他} \end{cases}。$$

⑤专利技术主题网络（Knowledge × Knowledge，简称 KK 网络）可以表示为一个二值邻接矩阵，矩阵的行和列都为 IPC 分类号。如果一个专利属于 2 个及以上的 IPC，则每一个 IPC 之间具有关联关系，即 IPC_i 到 IPC_j 之间存在一条连边：

$$KK_{ij} = \begin{cases} 1, \text{如果专利既属于主题} i \text{又属于主题} j \\ 0, \text{其他} \end{cases}。$$

11.2.2 多重关系专利网络的构建

在各矩阵基础上构建多重网络。图 11-1 所示的多重关系专利网络反映了各层面网络与专利合作、专利引用、专利主题的对应关系，即可通过 OO 网络反映专利合作情况，通过 AA 网络反映专利引用情况，通过 KK 网络反映专利主题关联情况，AO 网络与 AK 网络可作为专利合作、专利引用、专利主题之间的联系网络。

因本书节点与边数较多，故使用核心网络图反映网络演化的可视化情况。核心网络图反映了网络主要的、大的连通子图。图 11-2 为 3 个时段多重关系专利网络的核心网络，红色圆点表示 Agent 节点，绿色圆点表示 Knowledge 节点，黄色圆点表示 Organization 节点。

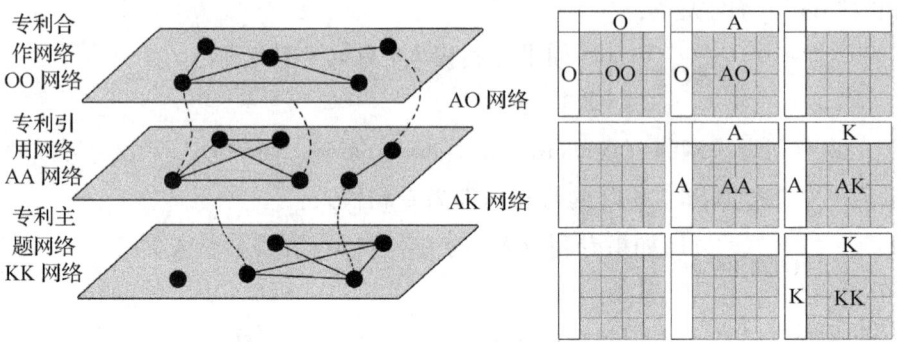

图 11-1　多重关系专利网络组成示意

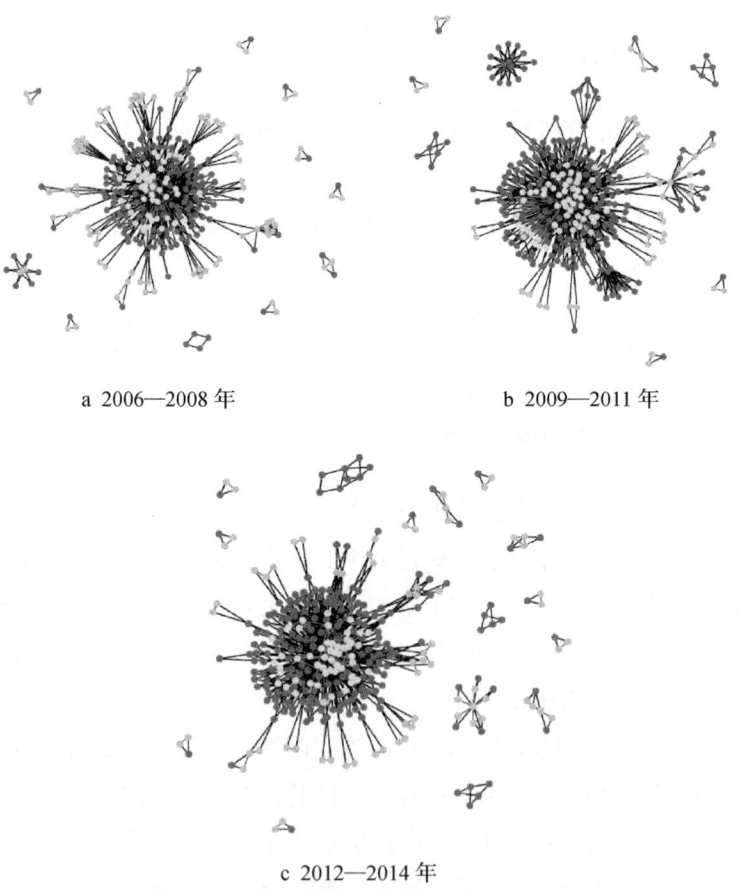

a　2006—2008 年　　　　　　　　b　2009—2011 年

c　2012—2014 年

图 11-2　3 个时段多重关系专利网络的核心网络（见书末彩图）

11.2.3 多重关系专利网络整体演化情况分析

本书通过对多模网络指标的计算,从网络规模、网络强度、网络流通性这 3 个方面反映锂离子电池领域专利网络整体演化情况。

①网络规模。网络规模指网络中节点数量与关系数量的变换情况。关系的类型越多则网络的范围越大。网络规模用各类节点集的节点数量、各网络的连接数量来测量,用知识多样性(Knowledge Diversity)来表示。

②网络强度。网络强度主要是指网络的嵌入性程度,网络强度与网络的稳定性有关。一般而言,强关系通常可以维持很长的时间且不易消亡,因而稳定性较高,而弱关系很容易被终止,因而稳定性较差。在本章中,网络强度用总网络中心势(Total Degree Network Centralization)及网络能力(Capability)来测量。

③网络流通性。网络流通性指信息在网络中的流动情况。网络流通性用特征路径长度(Characteristic Path Length)和知识可达指数(Knowledge Based Access Index,KAI)来测量。

计算结果如表 11-2 所示。相关指标定义如下。

(1)知识多样性(Knowledge Diversity,KD)

令 $\boldsymbol{AK} = (A, K)$ 表示由 Agent 节点集和 Knowledge 节点集组成的矩阵,$|A|$、$|K|$ 表示矩阵行和列的最大值。令 $w_k = \sum_{i=1}^{|A|} AK(i, k), 1 \leq k \leq |K|$,$W = \sum_{k=1}^{|K|} w_k$,则

$$KD = 1 - \sum_{k=1}^{|K|} (w_k/W)^2 \text{。} \tag{11-1}$$

知识多样性表示知识或思想在网络中的共享情况,是赫芬达尔-赫希曼指数(Herfindahl-Hirshman Index,HHI)在 AK 网络中的应用。它反映了专利所涉及的技术主题领域的丰富性。该值越大,表示技术主题领域越丰富。

(2) 总度数网络中心势（Total Degree Network Centralization，TDNC）

总度数网络中心势是在每个网络节点的总度数网络中心性的基础上计算得到的。网络中心势表示网络的集中程度，反映了强关系所占的比例，它对网络规模、网络强度都有正向影响。

令 N 为具有 n 节点的单模网络，令 d_i = 节点 i 的总度数中心度，且 $\bar{d} = \max\{d_i \mid 1 \leq i \leq n\}$，则

$$TDNC = (\sum_{1 \leq i \leq n} \bar{d} - d_i)/(n-2)。 \quad (11-2)$$

(3) 网络能力（Capability，CPB）

网络能力表示网络中的节点连接其他节点的能力。网络能力越强，表示此网络中不同类型的主体建立的关系数量越多，所能拥有的异质性的资源和能力也越多。令 RD 为网络的行中心度向量，节点 i 的能力为：

$$CPB = \frac{1}{(1 + e^{-(RD_i - 0.5) \times 10})}。 \quad (11-3)$$

可见，连通性越好的网络能力值越大。

(4) 特征路径长度（Characteristic Path Length，CPL）

特征路径长度表示节点间的平均最短路径长度。假设 $G = (V,E)$ 代表一个单模正则网络。定义 S 为所有相互关联的节点对 (i,j) 的集合。令 $S = \{(i,j) \mid i$ 与 j 可达$\}$，$|S|$ 表示 S 的最大值，则

$$CPL = \frac{\sum_{(i,j) \in S} d_G(i,j)}{|S|}。 \quad (11-4)$$

可见，特征路径长度越长，表示节点间的距离越长，信息流通的效率降低。

(5) 知识可达指数（Knowledge Based Access Index，KAI）

知识可达指数是通过对 AA 网络和 AK 网络的计算，在节点之间的平均最短距离的基础上得到的知识流动能力的测度。令 $S_i = \{s \mid AK(i,s) \land (\text{sum}(AK(:,s)) = 1) \land (\text{sum}(AA(i,:)) = 1)\}$，则

$$KAI_i = ((S_i \neq \phi) \lor (\exists j \mid S_i \neq \land AA(j,i) = 1))。 \quad (11-5)$$

可见，知识可达指数越高，表明网络的连通性越好。

表 11-2 多重关系专利网络整体演化情况

	比较项		2006—2008 年	2009—2011 年	2012—2014 年
网络规模	Agent 节点个数		484	518	531
	Knowledge 节点个数		52	53	61
	Organization 节点个数		46	73	88
	AA 网络的连接数		262	271	313
	AK 网络的连接数		359	403	414
	AO 网络的连接数		61	109	116
	KK 网络的连接数		173	206	205
	OO 网络的连接数		97	49	28
	知识多样性		0.839	0.857	0.866
网络强度	AA 网络的总度数中心势		0.018	0.024	0.060
	AK 网络的总度数中心势		1.022	1.802	1.846
	AO 网络的总度数中心势		0.428	0.721	0.481
	KK 网络的总度数中心势		0.845	0.848	0.882
	OO 网络的总度数中心势		0.848	0.632	0.543
	AO 网络的能力	平均值	0.024	0.055	0.094
		标准差	0.086	0.196	0.260
	AA 网络的能力	平均值	0.025	0.032	0.036
		标准差	0.084	0.120	0.120
	KK 网络的能力	平均值	0.113	0.117	0.124
		标准差	0.158	0.138	0.152
	AK 网络的能力	平均值	0.033	0.038	0.068
		标准差	0.092	0.089	0.160
	OO 网络的能力	平均值	0.228	0.090	0.049
		标准差	0.338	0.142	0.139
	知识可达指数	平均值	0.008	0.015	0.017
		标准差	0.086	0.123	0.127

续表

	比较项	2006—2008 年	2009—2011 年	2012—2014 年
网络流通性	AA 网络特征路径长度	1.012	1.253	1.326
	KK 网络特征路径长度	2.532	2.592	2.900
	OO 网络特征路径长度	1.259	1.753	2.108

通过对多重关系专利网络整体演化情况的分析，可以发现该领域具有如下特点。

①网络规模不断扩大，专利合作以技术单一性和相近性合作为主。网络的规模不断扩大，各时间段的专利引用网络节点数和连接数、专利技术主题网络节点数和连接数，专利合作网络节点数、专利—技术主题网络的连接数及专利—专利权人网络的连接数都在不断上升，表示网络范围在不断扩大，专利产出数量增多，涉及的领域也不断增多。然而，专利合作网络连接数却在不断下降，进一步研究发现主要原因是通过前期专利合作，大量企业形成了合资公司等新的研究实体。另外，由于电动汽车领域的竞争加剧，出于技术保密的考虑专利合作受到了影响。整体来看，无论在哪个阶段，专利合作网络均出现整体松散、局部紧密的现象，网络中仅有两三个创新主体的合作现象频繁，在一定程度上反映了创新主体的技术单一性和相近性，由此可以推测，通过合作研发进行技术创新是很多企业普遍采取的方法。

②研究领域在快速扩展。进一步对专利—技术主题网络进行分析，产出专利领域不断扩展，由最初的 52 个领域上升为 2014 年的 61 个领域。通过对知识多样性的分析也证实了这一点。说明专利对应的研究领域更加分散。由表 11-2 对比 3 个时间切片的 KAI 可见，KAI 在不断下降，说明虽然随着节点数与连接数的不断增加导致网络特征路径的增加，但网络整体的知识流动能力是在加强的。

11.2.4 多重关系专利网络关键成员分析

关键成员（Key Entity）分析主要是通过各种度中心性分析，如总度中心性（Total Degree Centrality）、行度中心性（Row Degree Centrality）、

介度中心性（Betweenness Centrality）等，来确定在各种网络中各类型节点的影响力。总度数中心度定义如下：假设 X 代表一个由正则矩阵绘制成的网络，该网络具有 n 个节点，每个节点可基于其行和列的值得到该节点的总度数中心度，表示为：

$$Entity_i = \frac{1}{2(n-1)} \sum_{i=1}^{n} \sum_{j=1, i \neq j}^{n} X(i,j) 。 \qquad (11-6)$$

（1）最有影响力的企业

通过 OO 网络的总度中心性分析，可以看到各时段最有影响力的企业或研究机构（本书以其德温特代码表示），如表 11-3 所示。

表 11-3　3 个阶段最有影响力的企业或研究机构

排序	2006—2008 年		2009—2011 年		2012—2014 年	
	研究机构简称	度数中心度	研究机构简称	度数中心度	研究机构简称	度数中心度
1	UYIW	0.015	NSMO	0.081	BOSC	0.019
2	AIOM	0.011	UYKA	0.022	SMSU	0.017
3	BATS	0.011	ARAK	0.015	HONH	0.014
4	BLUE	0.011	LEYD	0.015	SBLI	0.014
5	CENG	0.011	MATU	0.015	UYQI	0.014
6	CNRS	0.011	MOBI	0.015	TOYT	0.010
7	ERAS	0.011	TOYT	0.015	BADI	0.005
8	GOKU	0.011	TOYX	0.015	COMS	0.005
9	IOMT	0.011	UYTY	0.015	DONG	0.005
10	MIKS	0.011	UYYO	0.015	UYKY	0.005

由表 11-3 可见，只有 TOYT（丰田汽车公司）等少数企业能够连续保持前列，可见锂离子电池领域竞争激烈。进一步分析还可发现，为提高电池研发与生产的专业化程度，锂离子电池领域合资和重组现象很常见。例如，NSMO（日产自动车株式会社）虽然在 2009—2011 年影响力很大（表现在专利产出数量多且多数以合作形式产出），但由于其在 2012 年与

NEC 组成了合资公司 AESC 专业生产锂离子电池，所以在 2012 年以后 NSMO 就退出了最有影响力的企业行列，而大部分为 SMSU（三星 SDI）、BOSC（德国博世公司）、SBLI（博世和三星 SDI 的电动车电池合资企业 SB LiMotive Co. Ltd.）等更加专业的锂离子电池研发机构。值得注意的是，UYQI（清华大学）已跻身最有影响力的企业或研究机构行列。

（2）主导性知识领域

通过在 AK 网络中各节点进行总度数中心度的计算，可以得到涉及研究机构最多的主导性研究领域（Dominant Knowledge），如表 11-4 所示，这也是研发活动和产出专利最丰富的领域。

表 11-4　3 个时段的主导性研究领域

排序	2006—2008 年		2009—2011 年		2012—2014 年	
	研究机构简称	度数中心度	研究机构简称	度数中心度	研究机构简称	度数中心度
1	H01M	0.120	H01M	0.172	H01M	0.121
2	C01B	0.037	H01B	0.043	B82Y	0.031
3	C01G	0.032	C01B	0.041	H01G	0.030
4	H01G	0.031	H01G	0.036	C01B	0.025
5	C01D	0.027	B82Y	0.029	H01B	0.017
6	H01B	0.021	B05D	0.023	B05D	0.014
7	B32B	0.015	C01G	0.019	C23C	0.011
8	B05D	0.013	B82B	0.017	C01G	0.008
9	C07C	0.013	H01L	0.017	D01F	0.008
10	B01J	0.011	B32B	0.015	C07F	0.007

从 3 个时段的排序情况看，涉及研究机构最多（同时专利产出最多）的技术领域主要集中在 H01M、C01B、H01B、H01G、B82Y 5 类。H01M 表示锂离子的整体电池装置。C01B 表示电池的材料，比如正负极及电解质材料。H01B 表示锂离子电池的辅料。H01G 表示锂离子电池的电容材

料及构件[23]。最值得注意的是 B82Y（纳米结构的特定用途或应用，纳米结构的制造或处理），这是近年来迅速发展的领域，代表了纳米元器件和纳米材料在锂离子电池领域的应用。这也从一个方面说明纳米材料和纳米技术在电动汽车电池中的应用将是未来一个重要的研究方向。

（3）核心专利的筛选

当前在通过专利引文进行核心专利的筛选方法上，大部分是集中在专利引用一个层面并通过度中心度的计算得到。本书认为，对于锂离子电池等跨学科、跨领域的技术，仅通过中心度指标关注专利之间的重要性对比是不充分的，在中心度计算的基础上还需要关注专利对跨学科情况的反映。本书在 AA 网络和 AK 网络 2 个层面下进行分析，得到不同时期的核心专利筛选方法如下。

步骤一：首先计算 AA 网络和 AK 网络中每个节点的认知需求（Cognitive Demand，CD）。认知需求反映了某一节点为达到某一目的（如完成任务）而调动的各层面网络资源的总和，其实质是节点在多重网络中所处的位置的描述，是一个具有代表性的多模指标。令 $x_1 = \frac{\sum [AA]_i}{|A|-1}$，表示归一化 AA 网络中与节点 i 相联系的节点总数；$x_2 = \frac{\sum [AK]_i}{|K|-1}$，表示 AK 网络中归一化的 i 所涉及的知识领域总数。则节点 i 的认知需求为：

$$CD_i = \frac{1}{2}(x_1 + x_2) \quad (11-7)$$

通过计算认知需求并进行排序，可得到不同时段下基于认知需求排序的核心专利，如表 11-5 所示（本书以德温特入藏登记号代表相关专利）。

步骤二：在 AK 网络中进行行度中心性的计算，筛选出涉及技术领域多且具有较高中心性的专利。假定矩阵 X 具有 m 行 n 列，则该行 i 的行度中心性定义为：

$$Row_i = \frac{1}{n} \sum_{j=1}^{n} X(i,j) \quad (11-8)$$

通过在 AK 网络中计算行度中心性并进行排序，可得到不同时段下基于行度中心性核心专利，如表 11-6 所示。

表 11-5　3 个时段的基于认知需求的专利排序

排序	2006—2008 年		2009—2011 年		2012—2014 年	
	研究机构简称	度数中心度	研究机构简称	度数中心度	研究机构简称	度数中心度
1	2007663215	0.106	2011N63890	0.066	2014A71085	0.096
2	2007623380	0.104	2011P75009	0.057	2012L36720	0.059
3	2008M42157	0.068	2009P83893	0.057	2014G94217	0.058
4	2008A17203	0.058	2009Q81927	0.057	2012K79589	0.050
5	2007047760	0.048	2011P49496	0.049	2013N67017	0.049
6	2008G83938	0.048	2010C34795	0.044	2013S58695	0.049
7	2007488558	0.047	2010N91722	0.042	2013G68334	0.048
8	2008G83819	0.047	2009Q45579	0.042	2013M00723	0.048
9	2008L72226	0.047	2010P16459	0.041	2013P60797	0.040
10	2006549752	0.039	2010D82710	0.041	2014E17648	0.040

表 11-6　3 个时段的基于行度中心性的专利排序

排序	2006—2008 年		2009—2011 年		2012—2014 年	
	研究机构简称	度数中心度	研究机构简称	度数中心度	研究机构简称	度数中心度
1	2007623380	0.208	2011N63890	0.131	2014A71085	0.192
2	2007663215	0.208	2011P75009	0.115	2012L36720	0.115
3	2008M42157	0.132	2009P83893	0.115	2014G94217	0.115
4	2008A17203	0.113	2009Q81927	0.115	2012K79589	0.096
5	2007047760	0.094	2011P49496	0.098	2013G68334	0.096
6	2007488558	0.094	2009Q45579	0.082	2013M00723	0.096
7	2008G83819	0.094	2010C34795	0.082	2013N67017	0.096
8	2008G83938	0.094	2010D82710	0.082	2013S58695	0.096
9	2008L72226	0.094	2010N87177	0.082	2013P60797	0.077
10	2006549752	0.075	2010N91722	0.082	2013Q35989	0.077

可得出最终确定的核心专利为表 11-5 与表 11-6 的交集，即取表 11-5 与表 11-6 中相同的专利为核心专利，如表 11-7 所示。

表 11-7　3 个时段的核心专利排序

排序	2006—2008 年		2009—2011 年		2012—2014 年	
	研究机构简称	度数中心度	研究机构简称	度数中心度	研究机构简称	度数中心度
1	2007663215	0.106	2011N63890	0.066	2014A71085	0.096
2	2007623380	0.104	2011P75009	0.057	2012L36720	0.059
3	2008M42157	0.068	2009P83893	0.057	2014G94217	0.058
4	2008A17203	0.058	2009Q81927	0.057	2012K79589	0.050
5	2007047760	0.048	2011P49496	0.049	2013N67017	0.049
6	2008G83938	0.048	2010C34795	0.044	2013S58695	0.049
7	2007488558	0.047	2010N91722	0.042	2013G68334	0.048
8	2008G83819	0.047	2009Q45579	0.042	2013M00723	0.048
9	2008L72226	0.047	2010D82710	0.041	2013P60797	0.040

经过上述过程筛选得到的节点不但与其他节点广泛连接（说明专利被引用的程度高），而且充分结合了很多技术领域的知识。对这些核心专利的识别与深入分析，将对后续的技术创新工作发挥积极的作用。

11.2.5　多重关系专利网络子群分析

对多重关系专利网络子群的划分，可以帮助分析出技术派系甚至战略联盟。本书使用了 LDA（Latent Dirichlet Allocation）算法进行子群划分。LDA 算法是基于贝叶斯概率模型的聚类算法[241]。该算法能够对样本数据中的关键项集所属类簇的概率参数进行拟合的模型，进而利用该参数模型实施聚类或分类等操作。运行 LDA 算法可以对 Agent 数据集、Knowledge 数据集、Organization 数据集及 AA 网络、AO 网络、OO 网络、AK 网络、KK 网络 5 个层面的网络共同进行聚类运算。具体步骤是：首先在 OO 网络中通过总度中心性找到影响程度最大的前 10 个节点，并在这些节点所在的网络上进行初步聚类，从而找到聚类中心，然后以这些聚类中心为初始聚类中心，在多重网络范围内进行所有维度上的聚类。得到 3 个时间段的子群分析情况，如表 11-8 至表 11-10 所示。

表 11-8　2006—2008 年的子群分析

群编号	子群节点	平均值	成员连接强度			
			最小值	最大值	平均值	标准差
1	NIPQ，H01M，SAGE，UYSH，NSMO，UYPK，KYOU，NAMI，NIMS，TREB	0.071	0.000	0.168	0.002	0.011
2	SATO，KANT，YUAS，H01G，SUMO，UYPK，KAND，SIGN，UYAZ，SHEN	0.046	0.000	0.077	0.002	0.007
3	ZHAN，NAMI，UYAZ，C01G，UYPK，POLY，KAND，TOHM，SOLV，TOKD	0.076	0.000	0.689	0.002	0.028

表 11-9　2009—2011 年的子群分析

群编号	子群节点	平均值	成员连接强度			
			最小值	最大值	平均值	标准差
1	UYNA，H01M，MATU，NIIT，OSAG，MOBI，TOYX，KOBE，BEIJ，CHUU	0.072	0.000	0.518	0.002	0.021
2	UYPL，HATS，KYOU，HOKU，UYAZ，H02J，H01R，FLEX，ROHL，TEAR	0.077	0.000	0.318	0.002	0.015
3	UYDE，CHUU，TOYX，CENG，G01R，DAIM，BEIJ，NIOF，UYKA，AIRP	0.060	0.000	0.145	0.002	0.009

表 11-10　2012—2014 年的子群分析

群编号	子群节点	平均值	成员连接强度			
			最小值	最大值	平均值	标准差
1	NPDE, NING, DAIM, EXCE, DNIS, BEIT, H01M, NIIT, H01B, KURS	0.067	0.000	0.190	0.002	0.010
2	NPDE, NAGO, UYKA, NAMI, UYGR, KANP, NIIT, KANF, B82Y, HOND	0.056	0.000	0.103	0.002	0.008
3	UYOI, NISN, NDEN, BADI, AMPE, BEIT, NIPC, G01N, HOKU, H01R	0.081	0.000	0.338	0.002	0.017

从分析结果看，2006—2008 年共有 3 个较大的子群，分别为 NIPQ 子群、SATO 子群和 ZHAN 子群（本书中每个子群都只取前 10 个节点，来自不同数据集的节点都进入运算和排序）。每个子群都对应着凝聚的业务领域，可以理解为该子群内的企业和研究机构主要在该领域展开研发活动。例如，NIPQ 子群对应 H01M 领域，SATO 子群对应 H01G 领域，ZHAN 子群对应 C01G 领域。2009—2011 年较大的 3 个子群有 UYNA 子群、UYPL 子群和 UYDE 子群；UYNA 子群对应 H01M 领域，UYPL 子群对应 H02J 和 H01R 领域，UYDE 子群对应 G01R 领域。2012—2014 年的子群情况更值得关注，因为在这一时段较大的 3 个子群中以 NPDE（日本电装有限公司）牵头的子群有两个，分别为编号为 1 的子群对应着 H01M 和 H01B 领域，以及编号为 2 的子群对应着 B82Y 领域。另一个为 UYOI 子群，对应着 G01N、H01R 领域。这说明日本电装有限公司在锂离子电池模组研究及纳米技术在锂离子电池应用方面具有很强的实力，同时也是纳米技术、锂离子电池两个研究领域重要的桥接点。因此，从事相关领域研究工作的机构应密切关注该公司的专利产出情况。而这一结论通过 OO 网络中的总度中心性分析并未得到。可见在多重关系专利网络下的分析能够比单一层次内的分析获得更多信息。

11.3 小结

本章以 2006—2014 年的锂离子电池领域专利为基础，构建了由 AA 网络、AO 网络、OO 网络、AK 网络、KK 网络 5 个层面的网络共同组成的多重关系专利网络，结合了专利合作、专利引用、专利主题 3 个方面，在立体视角下对多重关系专利网络的整体演化、关键节点的识别与子群的划分进行了分析。结合 AA 网络和 AK 网络，提出了基于认知需求和行度中心性的核心专利筛选方法，并基于 LDA 算法对 AA、AO、OO、AK、KK 5 个层面的网络共同进行聚类运算，划分并识别了 3 个时间段的子群。从分析过程来看，通过构建整合多重关系的专利网络并进行多模网络指标分析，可以更好地描述网络的整体演化情况，也能更好地捕捉到个体在组织中的重要性，且比单一层次内的分析获得更多信息。利用多重关系整合方法能够促进整个专利数据分析的全面性与准确性。所得结论可为电动汽车锂离子电池领域的战略选择提供理论依据和实践指导。

第 12 章
总结与展望

专利信息的独特性决定了专利信息在技术战略管理、专利价值评价、竞争优势分析过程中具有不可替代的地位。同时，专利信息的复杂性也决定了在进行专利信息分析时要采用多视角观察与网络分析结合的方法。现有的专利信息分析方法往往采用单一视角的分析方法，这种分析方法阻碍了我们全面地观察和发现专利信息所隐藏的特征。即使采用多重视角也主要是采用多属性特征的综合分析，对于多重关系整合的研究目前尚处于起步阶段。

本书系统梳理了当前专利信息分析所处的阶段特征——未来的发展方向已经明确，然而当前缺乏有效、深入分析的手段，借鉴当前科学计量学、计算机科学在数据融合、网络科学方面的研究进展，提出了一套适合复杂视角下开展专利信息分析的方法。该方法由 3 个阶段构成：针对复杂专利数据的多视角观察、关系融合方法、网络测量方法，其中最核心的是前 2 个阶段。

针对复杂专利数据的多视角观察是关系融合方法的逻辑起点，当前针对专利信息的网络分析主要是单一维度的观察，这种分析方法会忽视与其他关系之间的依赖关系，造成"盲人摸象"的后果，而通过多视角观察则可以弥补单一视角带来的缺失，获得对复杂信息更完整的认知。然而，要将多视角观察引入专利信息分析，还需要有一套系统的分析框架，否则，多视角观察的结果如果仅仅是孤立呈现则无法发挥其应有的作用。

本书在相关研究的基础上首先提出一种基于专利信息集合的表示方法，该表示方法以 3 种基本实体（专利权人、专利文献、技术领域）为实体，通过关系代数转化（共现关系转化、间接关系转化、衍生关系转化等）实现了对3种基本实体多重关系的全面展现。该网络表示方法的特点在于：输入（专利信息集合作为一个整体输入）与输出（专利分析结论的连贯性）的完整性与一致性。同时，表示方法为后续进一步关系融合奠定了良好的基础。此外，随着当前网络统计模型（尤其是随机网络模型）的发展，给我们提供了对复杂信息进行多视角观察的独特视角，即通过构建网络配置的方式，将各种实体、关系纳入随机网络分析框架中来，通过仿真来对代表模型之间依赖关系的关系模式（或者称为局部结构）的网络配置进行统计推断，从而获得对局部结构特征的总体认知。

在关系融合方法方面，本书系统梳理了当前网络科学、计算机科学及科学计量学在相关方面的研究进展，系统阐述了关系融合的原则、阶段、网络表示形式及融合过程中需要注意的问题，如相关性问题、社群发现及评价问题。这些系统梳理过程对于未来进一步扩展专利信息分析的深度具有较好的参考作用。

本书的实证部分从上述理论进展出发，从企业技术竞争优势的综合评价、专利价值评价、技术前沿分析、专利引用关系形成、技术网络动态演化5个实际专利信息需求出发，对基于关系融合的专利信息集合分析效果进行了系统验证。

实证一：面向企业技术竞争优势评价的专利权人综合关系网络研究。该方法选择了 ACA、ACI、ACC 3种网络，分别代表企业技术竞争优势的3个方面（技术创新优势、技术垄断优势、技术利用优势），利用指标整合方法，构建基于专利权人合作网络、专利权人引用网络、共专利权人网络整合的企业技术竞争优势综合评价模型，并选择合适的分析方法与评价指标。该实证说明了面向企业技术竞争优势评价的专利权人综合关系网络比单一网络具备更全面的视角，更符合专利权人网络自身发展的规律。

实证二：基于专利综合引用网络的专利价值评价研究。该方法选择对 PCI、PID、PCP、PCO 进行整合，以获得在拓扑属性、度分布特征及引用时滞等网络特性上比直接引用网络更全面的专利综合引用网络（CPC），并通过专利家族及专利持续时间进行验证。该实证研究发现通过建立专利综合引用网络，能够更加全面地反映网络中潜在的关联关系，该方法对于专利价值评价具有较好的实践价值。

实证三：面向技术前沿分析的专利分类号综合网络研究。该方法选择 CCC 网络和 CCO 网络进行整合，通过正则均衡方法对多重专利分类号网络进行整合分析，通过 CATREGE 算法对整合后的网络进行分派，从而识别出某一技术领域的技术前沿。该方法跳出了传统以专利共引、专利共词（共分类号）为基础的框架，提出利用多重关系的结构特征来对前沿技术进行筛选的思路，并通过实证研究证明，基于多重关系的正则均衡方法是一种分析技术前沿问题的有益尝试。

实证四：基于指数随机图模型的专利引用关系形成研究。传统的回归模型对观察对象设定的独立性假设，无法将网络的结构效应因素整合到模型中，以提供综合性的统计推断。该实证以奈拉滨药物的专利引文网络作为研究对象，利用 ERGM 系统检验了影响专利引用关系的 5 种机制：专利属性的主效应；专利引用时间的差值效应；专利引用关系的聚敛效应；专利引用关系的传递效应；专利引用关系的网络协同效应。该实证发现 5 种机制都在奈拉滨药物的专利引用关系的形成过程中发挥了作用。但 3 种效应对于奈拉滨药物的专利引用关系的形成作用最为显著：共享发明人关系协同效应、共享家族关系协同效应、传递效应。一些辅助机制也会对专利引用关系的形成产生影响，如引文时滞、权利要求数量和参考文献数量。

实证五：基于多重关系的专利网络演化特征与动态分析。本书以锂离子电池领域专利为研究对象，从专利合作、专利引用、专利主题 3 个方面入手构建了 5 种关系网络，并利用动态网络分析方法和多模网络指标对多重关系专利网络的演化进行了分析，提出了基于认知需求和行度中心性的核心专利筛选方法，并基于 LDA 算法对 5 个层面的网络共同进行聚类运算，划分并识别了 3 个时间段的子群。分析结果表明，多重关系整合方法能够促进整个专利数据分析的全面性与准确性，对多重关系整合的专利网络分析能够更好地描述网络的整体演化情况，也能更好地捕捉到个体在组织中的重要性，能比单一层次内的分析获得更多信息。

通过上述分析发现，关系融合能够实现为复杂专利信息提供多视角观察，获得更加全面而且可靠的分析结论。因此，基于关系融合的网络结构分析方法是一种有效的分析方法。

研究中存在的不足：

①专利信息是复杂的，复杂性表现在5个维度：专利信息分析对应实体是多样的；关系类型的多样性；对应具体的时间范畴；分析视角的多样性及分析方法的多样性。因此，在将网络科学应用到专利信息分析的过程中，就不可避免地面临着异质性、多关系及动态性等问题的探讨，因为对于这些问题的回答决定了我们将如何看待复杂的专利信息。当前，异质性、多关系及动态性问题也是网络科学、计算机科学研究中极为前沿的课题，例如，就多关系网络而言，就出现了多重关系、多类关系、多层次关系、多层关系等多达十几种不同的关系定义类型。而这些文献又分属于不同的学科，给我们进一步追踪这些进展造成了不小的困难。因此，我们不得不承认本书并不能完全覆盖上述内容，即便是最主要的研究也仍有可能遗漏。

②异质性、多关系及动态性并不是孤立存在的，这些特征很可能同时决定着网络当前的状态。从这个角度理解，仅仅从关系融合的视角来理解专利信息也可能是不妥的。但处于研究深入的考虑，本书仅将相关研究主要限定到了多关系视角下的结构分析。在后续研究过程中，希望能进一步对网络的动态特征及异质性特征进行深入研究，或者对三者进行综合研究，以便能更加真实、全面地理解专利信息内在的规律。

参考文献

[1] JACOB J. PATSTAT database for patent-based research [J]. Innovation and development, 2013, 3 (2): 313-315.

[2] LUPU M, MAYER K, KANDO N, et al. Current challenges in patent information retrieval [M]. Berlin: Springer, 2017.

[3] OECD. OECD patent statistics manual [M]. Paris: OECD Publishing, 2009.

[4] MARCO A C, MYERS A F, GRAHAM S J H. The USPTO patent assignment dataset: descriptions and analysis [R]. 2nd ed. USPTO Economic Working Papers, 2015.

[5] DE RASSENFOSSE G, DERNIS H, BOEDT G. An Introduction to the Patstat Database with Example Queries [J]. Australian Economic Review, John Wiley & Sons, Ltd (10.1111), 2014, 47 (3): 395-408.

[6] 翟东升,刘鹤,张杰,等. 基于图形数据库的专利语义知识库构建技术研究 [J]. 现代图书情报技术, 2016 (12): 66-75.

[7] SEO W, KIM N, CHOI S. Big data framework for analyzing patents to support strategic r&D Planning [C] //2016 IEEE 14th intl conf on dependable, autonomic and secure computing: 746-753.

[8] WARTBURG VON I, TEICHERT T, ROST K. Inventive progress measured by multistage patent citation analysis [J]. Research policy, 2005, 34 (10): 1591-1607.

[9] YANG Y, WANG H. Multi-view clustering: a survey [J]. Big data mining and analytics, 2018, 1 (2): 83-107.

[10] LAZEGA E, SNIJDERS T A B. Multilevel network analysis for the social sciences [M]. Springer International Publishing Switzerland, 2015.

[11] KIVELÄ M, ARENAS A, BARTHELEMY M. Multilayer networks [J]. Journal of complex networks, 2014, 2 (3): 203-271.

[12] SHI C, YU P S. Heterogeneous information network analysis and applications [M]. Springer International Publishing Switzerland, 2017.

[13] HOUTHUYS L, LANGONE R, SUYKENS J A K. Multi-view kernel spectral clustering [J]. Information fusion, 2018, 44: 46 – 56.

[14] Secretariat of E c-oad, Organisation for Economic Co-operation and Development. The Measurement of scientific and technological activities: using patent data as science and technology indicators: patent manual 1994 [M]. Paris: Organisation for Economic Co-operation and Development, 1994.

[15] TRIPPE A J. Patinformatics: tasks to tools [J]. World patent information, 2003, 25 (3): 211 – 221.

[16] AKERS L. The future of patent information: a user with a view [J]. World patent information, 2003, 25 (4): 303 – 312.

[17] NARIN F, NOMA E, PERRY R. Patents as indicators of corporate technological strength [J]. Research policy, 1987, 16 (2): 143 – 155.

[18] DAIM T U, RUEDA G, MARTIN H. Forecasting emerging technologies: use of bibliometrics and patent analysis [J]. Technological forecasting and social change, 2006, 73 (8): 981 – 1012.

[19] ÉRDI P, MAKOVI K, SOMOGYVÁRI Z. Prediction of emerging technologies based on analysis of the US patent citation network [J]. Scientometrics, 2013, 95 (1): 225 – 242.

[20] PORTER A L, GARNER J, CARLEY S F. Emergence scoring to identify frontier Rampamp; D topics and key players [J]. Technological forecasting and social change, elsevier, 2018.

[21] STOLPE M. Determinants of knowledge diffusion as evidenced in patent data: the case of liquid crystal display technology [J]. Research policy, 2002, 31 (7): 1181 – 1198.

[22] CHEN C, HICKS D. Tracing knowledge diffusion [J]. Scientometrics, 2004, 59 (2): 199 – 211.

[23] CHEN C, ZHU W, TOMASZEWSKI B. Tracing conceptual and geospatial diffusion of knowledge [M] //Including subseries lecture notes in artificial intelligence and lecture notes in bioinformatics. LNCS, 2007, 4564: 265 – 274.

[24] HUSSLERC, RONDE. Explaining the geography of Co-patenting in the scientific com-

munity: a social network analysis [J]. Annales d'économie et de statistique, 2007 (87/88): 351-372.

[25] THOMPSON P. Patent citations and the geography of knowledge spillovers: evidence from inventor and examiner-added citations [J]. Review of economics and statistics, 2006, 88 (2): 383-388.

[26] HE J, HOSEIN FALLAH M. Is inventor network structure a predictor of cluster evolution [J]. Technological forecasting and social change, 2009, 76 (1): 91-106.

[27] SQUICCIARINI M, DERNIS H, CRISCUOLO C. Measuring patent quality [R]. OECD Science, Technology and Industry Working Papers, 2013, 3: 1-70.

[28] FISCHER T, LEIDINGER J. Testing patent value indicators on directly observed patent value: an empirical analysis of Ocean Tomo patent auctions [J]. Research policy, 2014, 43 (3): 519-529.

[29] ABOITES J, DIAZ C. Inventors' mobility in Mexico in the context of globalization [J]. Scientometrics, 2018, 115 (3): 1443-1461.

[30] LI G-C, LAI R, D'AMOUR A. Disambiguation and co-authorship networks of the US patent inventor database (1975-2010) [J]. Research policy, 2014, 43 (6): 941-955.

[31] GEUNA A, NESTA L J J. University patenting and its effects on academic research: the emerging european evidence [J]. Research policy, 2006, 35 (6): 790-807.

[32] CAPELLARI S, DE STEFANO D. University-owned and university-invented patents: a network analysis on two Italian universities [J]. Scientometrics, 2014, 99 (2): 313-329.

[33] JOÃO B D N. Networks in multinational subsidiaries: a case study analyzing social networks of inventors and patents [J]. 7th ed. Revista de administracao publica, 2009, 43 (5): 1037-1066.

[34] HARHOFF D, SCHERER F M, VOPEL K. Citations, family size, opposition and the value of patent rights [J]. Research policy, 2003, 32 (8): 1343-1363.

[35] HSIEH C-H. Patent value assessment and commercialization strategy [J]. Technological forecasting and social change, 2013, 80 (2): 307-319.

[36] SU F-P, LAI K-K, SHARMA R R K. Patent priority network: linking patent portfolio to strategic goals [J]. Journal of the American society for information science and technology, 2009, 60 (11): 2353-2361.

[37] NAKAMURA H, SUZUKI S, KAJIKAWA Y. The effect of patent family information in patent citation network analysis: a comparative case study in the drivetrain domain [J]. Scientometrics, 2015, 104 (2): 437-452.

[38] ENCAOUA D, GUELLEC D, MARTÍNEZ C. Patent systems for encouraging innovation: lessons from economic analysis [J]. Research policy, 2006, 35 (9): 1423-1440.

[39] JAFFE A B. The US patent system in transition: policy innovation and the innovation process [J]. Research policy, 2000, 29 (4-5): 531-557.

[40] HINGLEY P, NICOLAS M. Forecasting innovations: methods for predicting numbers of patent filings [M] //HINGLEY P, NICOLAS M. Forecasting innovations: methods for predicting numbers of patent filings. Heidelberg: Springer, 2006: 1-267.

[41] YANG D. Pendency and grant ratios of invention patents: a comparative study of the US and China [J]. Research policy, 2008, 37 (6): 1035-1046.

[42] PARGAONKAR Y R. Leveraging patent landscape analysis and IP competitive intelligence for competitive advantage [J]. World patent information, 2016, 45: 10-20.

[43] MOEHRLE M G, WALTER L, BERGMANN I. Patinformatics as a business process: a guideline through patent research tasks and tools [J]. World patent information, 2010, 32 (4): 291-299.

[44] ARISTODEMOU L, TIETZE F. The state-of-the-art on intellectual property analytics (IPA): a literature review on artificial intelligence, machine learning and deep learning methods for analysing intellectual property (IP) data [J]. World patent information, 2018, 55: 37-51.

[45] ABBAS A, ZHANG L, KHAN S U. A literature review on the state-of-the-art in patent analysis [J]. World patent information, 2014, 37: 3-13.

[46] COHEN W, NELSON R, WALSH J. Protecting their intellectual assets: appropriability conditions and why U. S. manufacturing firms patent (or not) [R]. Cambridge: National Bureau of Economic Research, 2000.

[47] YANAGISAWA T, GUELLEC D. The emerging patent marketplace [R]. Paris: OECD, 2009.

[48] MEYER M. What is special about patent citations? differences between scientific and patent citations [J]. Scientometrics, 2000, 49 (1): 93-123.

[49] MORRIS S A, YEN G G. Crossmaps: visualization of overlapping relationships in col-

lections of journal papers [J]. Proceedings of the national academy of sciences, 2004, 101 (s1): 5291-5296.

[50] MORRIS S A, VAN DER VEER MARTENS B. Mapping research specialties [J]. Annual review of information science and technology, 2008, 42 (1): 213-295.

[51] MORRIS S A, YEN G, WU Z. Time line visualization of research fronts [J]. Journal of the American society for information science and technology, 2003, 54 (5): 413-422.

[52] ARIA M, CUCCURULLO C. Bibliometrix: An r-tool for comprehensive science mapping analysis [J]. Journal of informetrics, 2017, 11 (4): 959-975.

[53] ROBINS G. Doing social network research [M]. London: SAGE, 2015.

[54] COZZO E, DE ARRUDA G F, RODRIGUES F A. Multiplex networks [M]. Cham: Springer, 2018.

[55] HANNEKE S, FU W, XING E P. Discrete temporal models of social networks [J]. Electronic journal of statistics, 2010, 4 (0): 585-605.

[56] DE DOMENICO M, SOLÉ-RIBALTA A, COZZO E. Mathematical formulation of multilayer networks [J]. Physical review X, 2013, 3 (4): 1082.

[57] ROBINS G. A tutorial on methods for the modeling and analysis of social network data [J]. Journal of mathematical psychology, 2013, 57 (6): 261-274.

[58] LUKE D. A user's guide to network analysis in R [M]. Cham: Springer, 2015.

[59] VAN DER POL J. Introduction to network modeling using exponential random graph models (ERGM): theory and an application using R-project [J]. Computational economics, 2018, 21 (1): 1-31.

[60] GARFIELD E. Patent citation indexing and the notions of novelty, similarity, and relevance [J]. Journal of chemical documentation, 1966, 6 (2): 63-65.

[61] NARIN F. Patent bibliometrics [J]. Scientometrics, 1994, 30 (1): 147-155.

[62] CRISCUOLO P, VERSPAGEN B. Does it matter where patent citations come from? Inventor vs. examiner citations in European patents [J]. Research policy, 2008, 37 (10): 1892-1908.

[63] TRAJTENBERG M, HENDERSON R, JAFFE A. University Versus corporate patents: a window on the basicness of invention [J]. Economics of innovation and new technology, 1997, 5 (1): 19-50.

[64] HALL B H, JAFFE A B, TRAJTENBERG M. The NBER patent citation data file:

lessons, insights and methodological tools [R]. Cambridge, MA: National bureau of economic research, 2001: 1-53.

[65] 朱雪忠,乔永忠,万小丽. 基于维持时间的发明专利质量实证研究:以中国国家知识产权局 1994 年授权的发明专利为例 [J]. 管理世界, 2009 (1): 174-175.

[66] 万小丽. 专利质量指标研究 [M]. 北京: 知识产权出版社, 2013.

[67] VAN ZEEBROECK N. The puzzle of patent value indicators [J]. Economics of innovation and new technology, 2010, 20 (1): 33-62.

[68] ATALLAH G, RODRíGUEZ G. Indirect patent citations [J]. Scientometrics, 2013, 67 (3): 437-465.

[69] HU X, ROUSSEAU R, CHEN J. Structural indicators in citation networks [J]. Scientometrics, 2012, 91 (2): 451-460.

[70] KESSLER M M. Bibliographic coupling between scientific papers [J]. American documentation, John Wiley & Sons, Ltd, 1963, 14 (1): 10-25.

[71] VLADUTZ G, J C. Bibliographic coupling and subject relatedness [J]. Proceedings of the American society for information, 1984 (21): 204-207.

[72] SMALL H. Co-citation in the scientific literature: a new measure of the relationship between two documents [J]. Journal of the American society for information science, 1973, 24 (4): 265-269.

[73] GIPP B. Citation-based plagiarism detection [M]. Berlin: Springer, 2014.

[74] SMILKOV D, KOCAREV L. Rich-club and page-club coefficients for directed graphs [J]. Physica A: statistical mechanics and its applications, 2010, 389 (11): 2290-2299.

[75] HUNG S-W, WANG A-P. Examining the small world phenomenon in the patent citation network: a case study of the radio frequency identification (RFID) network [J]. Scientometrics, 2009, 82 (1): 121-134.

[76] LESKOVEC J, KLEINBERG J, FALOUTSOS C. Graph evolution [J]. ACM transactions on knowledge discovery from data, 2007, 1 (1): 1-41.

[77] WHITE H D, WELLMAN B, NAZER N. Does citation reflect social structure: longitudinal evidence from the "Globenet" interdisciplinary research group [J]. Journal of the association for information science and technology, 2004, 55 (2): 111-126.

[78] SHIBATA N, KAJIKAWA Y, TAKEDA Y. Comparative study on methods of detecting

research fronts using different types of citation [J]. Journal of the association for information science and technology, 2009, 60 (3): 571-580.

[79] BOTTAZZI L, PERI G. Innovation and spillovers in regions: evidence from European patent data [J]. European economic review, 2003, 47 (4): 687-710.

[80] KUAN C-H, HUANG M-H, CHEN D-Z. Missing links: timing characteristics and their implications for capturing contemporaneous technological developments [J]. Journal of informetrics, 2018, 12 (1): 259-270.

[81] CHEN D-Z, HUANG M-H, HSIEH H-C. Identifying missing relevant patent citation links by using bibliographic coupling in LED illuminating technology [J]. Journal of informetrics, 2011, 5 (3): 400-412.

[82] DE SOLLA PRICE D J. Little science, big science [M]. New York: Columbia University Press, 1969.

[83] FREEMAN C. Networks of innovators: a synthesis of research issues [J]. Research policy, 1991, 20 (5): 499-514.

[84] 陈新跃, 杨德礼, 董一哲. 企业创新网络模式选择研究 [J]. 科学管理研究, 2002, 20 (6): 13-16.

[85] GLÄNZEL W, SCHUBERT A. Analysing scientific networks through co-authorship [J]. Springer, 2004: 257-276.

[86] CASSI L, PLUNKET A. Research collaboration in co-inventor networks: combining closure, bridging and proximities [J]. Regional studies, 2015, 49 (6): 936-954.

[87] SCHILLING M A, PHELPS C C. Interfirm collaboration networks: the impact of large-scale network structure on firm innovation [J]. Management science, 2007, 53 (7): 1113-1126.

[88] CHANG S-H. The evolutionary growth estimation model of international cooperative patent networks [J]. Scientometrics, 2017, 112 (2): 711-729.

[89] 王大洲. 企业创新网络的进化与治理: 一个文献综述 [J]. 科研管理, 2001, 22 (5): 96-103.

[90] CALLON M. Some elements of a sociology of translation: domestication of the scallops and the fishermen of St Brieuc Bay [J]. Sociological review, 1984, 32 (s1): 196-233.

[91] LEYDESDORFF L. Patent classifications as indicators of intellectual organization [J].

Journal of the american society for information science and technology, 2008, 59 (10):1582 – 1597.

[92] LIM H, PARK Y. Identification of technological knowledge intermediaries [J]. Scientometrics, 2010, 84 (3): 543 – 561.

[93] YOON B, PARK Y. A text-mining-based patent network: Analytical tool for high-technology trend [J]. The journal of high technology management research, 2004, 15 (1):37 – 50.

[94] PRESCHITSCHEK N, NIEMANN H, LEKER J. Anticipating industry convergence: semantic analyses vs IPC co-classification analyses of patents [J]. DAIM T. foresight, emerald group publishing limited, 2013, 15 (6): 446 – 464.

[95] CHANG P-L, WU C-C, LEU H-J. Using patent analyses to monitor the technological trends in an emerging field of technology: a case of carbon nanotube field emission display [J]. Scientometrics, 2010, 82 (1): 5 – 19.

[96] LEE W J, LEE W K, SOHN S Y. Patent network analysis and quadratic assignment procedures to identify the convergence of robot technologies [J]. PLoS one, 2016, 11 (10): e0165091.

[97] GRANOVETTER M, VALLEY E C S. Social networks in silicon valley [M]. Stanford: Stanford University Press, 2000.

[98] BRESCHI S, LISSONI F. Knowledge networks from patent data: methodological issues and research targets [M] //Handbook of Quantitative Science and Technology Research. Netherlands: Springer, 2005: 613 – 643.

[99] WHITE H D, GRIFFITH B C. Author cocitation: a literature measure of intellectual structure [J]. Journal of the american society for information science, 1981, 32 (3):163 – 171.

[100] WHITE H D, MCCAIN K W. Visualizing a discipline: an author co-citation analysis of information science, 1972 – 1995 [J]. Journal of the american society for information science, 1998, 49 (4): 327 – 355.

[101] ZHAO D, STROTMANN A. Evolution of research activities and intellectual influences in information science 1996 – 2005: introducing author bibliographic-coupling analysis [J]. Journal of the american society for information science and technology, 2008, 59 (13): 2070 – 2086.

[102] LEYDESDORFF L. Similarity measures, author cocitation analysis, and information

theory [J]. Journal of the american society for information science and technology, 2005, 56 (7): 769 - 772.

[103] 肖明, 陈嘉勇, 李国俊. 文献计量系统的文献—实体关系通用模型研究 [J]. 图书情报工作, 2012, 56 (22): 129 - 134.

[104] CARLEY K M, DIESNER J, REMINGA J. Toward an interoperable dynamic network analysis toolkit [J]. Decision support systems, 2007, 43 (4): 1324 - 1347.

[105] XIAO LIU, JUN WANG. A Modeling and analysis framework for knowledge system based on meta-network approach [C]. The thirteenth wuhan international conference on e-business: knowledge management and business intelligence, 2014, 14: 196 - 204.

[106] YAN E, DING Y. Scholarly networks analysis [M] //ALHAJJ R, ROKNE J. Encyclopedia of social network analysis and mining. New York: Springer, 2014.

[107] SAMATOVA N F, HENDRIX W, JENKINS J, et al. Practical graph mining with R [M]. London: CRC Press, 2013.

[108] NEWMAN M. Networks [M]. Oxford: Oxford University Press, 2018.

[109] WASSERMAN S, FAUST K. Social network analysis [M]. Cambridge: Cambridge University Press, 1994.

[110] WANG P, ROBINS G, PATTISON P. Exponential random graph models for multilevel networks [J]. Social networks, 2013, 35 (1): 96 - 115.

[111] ARRIETA-PAREDES M-P, CRONIN B. Exponential random graph models for management research: a case study of executive recruitment [J]. European management journal, 2017, 35 (3): 373 - 382.

[112] YAN E, DING Y. Scholarly network similarities: how bibliographic coupling networks, citation networks, cocitation networks, topical networks, coauthorship networks, and coword networks relate to each other [J]. Journal of the association for information science and technology, 2012, 63 (7): 1313 - 1326.

[113] JAFFE A B, TRAJTENBERG M. Patents, citations, and innovations [M]. New York, USA: MIT Press, 2002.

[114] LESKOVEC J, KLEINBERG J, FALOUTSOS C. Graphs over time: densification laws, shrinking diameters and possible explanations [M]. New York, USA: ACM, 2005: 177 - 187.

[115] YANG G-C, LI G, LI C-Y. Using the comprehensive patent citation network (CPC)

to evaluate patent value [J]. Scientometrics, 2015, 105 (3): 1319 – 1346.

[116] BOYACK K W, KLAVANS R. Co-citation analysis, bibliographic coupling, and direct citation: which citation approach represents the research front most accurately [J]. Journal of the association for information science and technology, 2010, 61 (12): 2389 – 2404.

[117] WANG J-C, CHIANG C-H, LIN S-W. Network structure of innovation: can brokerage or closure predict patent quality [J]. 3rd ed. Scientometrics, 2010, 84 (3): 735 – 748.

[118] DE NOOY W, MRVAR A, BATAGELJ V. Exploratory social network analysis with pajek [M]. Cambridge: Cambridge University Press, 2011.

[119] WEBB C, DERNIS H, HOISL K, et al. Analysing european and international patent citations [R]. OECD Science, technology and industry working papers, OECD Publishing, Paris. 2005: 1 – 31.

[120] ALCÁCER J, GITTELMAN M, SAMPAT B. Applicant and examiner citations in US patents: an overview and analysis [J]. Research policy, 2009, 38 (2): 415 – 427.

[121] COCKBURN I M, KORTUM S, STERN S. Are all patent examiners equal? the impact of examiner characteristics [R]. Cambridge, MA: National Bureau of Economic Research, 2002.

[122] LI X, CHEN H, HUANG Z. Patent citation network in nanotechnology (1976—2004) [J]. Journal of nanoparticle research, 2007, 9 (3): 337 – 352.

[123] ALBERT R, BARABáSI A L. Statistical mechanics of complex networks [J]. Reviews of modern physics, 2002, 74 (1): 47 – 97.

[124] LEE P C, SU H-N, WU F S. Quantitative mapping of patented technology: the case of electrical conducting polymer nanocomposite [J]. Technological forecasting and social change, 2010, 77 (3): 466 – 478.

[125] LEYDESDORFF L. Betweenness centrality as an indicator of the interdisciplinary of scientific journals [J]. Journal of the american society for information science and technology, 2007, 58 (9): 1303 – 1319.

[126] VALENTE T W. Social networks and health [M]. Oxford: Oxford University Press, 2010.

[127] 吕琳媛. 复杂网络链路预测 [J]. 电子科技大学学报, 2010, 39 (5): 651 –

661.

[128] EVERETT M G. Role similarity and complexity in social networks [J]. Social networks, 1985, 7 (4): 353 – 359.

[129] BORGATTI S P, EVERETT M G. Two algorithms for computing regular equivalence [J]. Social networks, 1993, 15 (4): 361 – 376.

[130] SEIDMAN S B. Network structure and minimum degree [J]. Social networks, 1983, 5 (3): 269 – 287.

[131] ZAKI M J, MEIRA W J R, MEIRA W. Data mining and analysis: fundamental concepts and algorithms [M]. Cambridge: Cambridge University Press, 2014.

[132] 杨冠灿, 张静, 望俊成. PATSTAT 专利数据库数据集成策略研究 [J]. 数字图书馆论坛, 2015 (9): 10 – 16.

[133] XU H-Y, YUE Z-H, WANG C. Multi-source data fusion study in scientometrics [J]. Scientometrics, 2017, 111 (2): 773 – 792.

[134] ZHENG Y. Methodologies for cross-domain data fusion: an overview [J]. IEEE transactions on big data, 2015, 1 (1): 16 – 34.

[135] LOE C W, JENSEN H J. Comparison of communities detection algorithms for multiplex [J]. Physica A: statistical mechanics and its applications, 2015, 431: 29 – 45.

[136] VÖRÖS A, SNIJDERS T A B. Cluster analysis of multiplex networks: defining composite network measures [J]. Social networks, 2017, 49: 93 – 112.

[137] KAZIENKO P, MUSIAL K, KAJDANOWICZ T. Multidimensional social network in the social recommender system [J]. IEEE, 2011, 41 (4): 746 – 759.

[138] MAGNANI M, ROSSI L. The ml-model for multi-layer social networks [J]. IEEE, 2011: 5 – 12.

[139] JANSSENS F, GLÄNZEL W, DE MOOR B. A hybrid mapping of information science [J]. Scientometrics, 2008, 75 (3): 607 – 631.

[140] XINHAI L. Learning from multi-view data: clustering algorithm and text mining application [D]. Belgium: University of Leuven, 2011: 1 – 204.

[141] LIU X, YU S, MOREAU Y. Hybrid clustering of text mining and bibliometrics applied to journal sets [C] //Proceedings of the 2009 SIAM international conference on data mining, 2013: 49 – 60.

[142] LIU X, YU S, JANSSENS F. Weighted hybrid clustering by combining text mining

and bibliometrics on a large-scale journal database [J]. Journal of the american society for information science and technology, 2010, 61 (6): 1105 - 1119.

[143] BIANCONI G. Multilayer Networks [M]. Oxford: Oxford University Press, 2018.

[144] DE LATHAUWER L, DE MOOR B, VANDEWALLE J. A multilinear singular value decomposition [J]. SIAM, 2000, 21 (4): 1253 - 1278.

[145] DUNLAVY D M, KOLDA T G, KEGELMEYER W P. Multilinear algebra for analyzing data with multiple linkages [J]. SIAM joural on matrix analysis and applications, 2011: 85 - 114.

[146] AMATI V, LOMI A, MIRA A. Social network modeling [J]. Annu. Rev. Annual Reviews of statistics and its applications, 2018, 5 (1): 343 - 369.

[147] MIN B, YI S D, LEE K-M. Network robustness of multiplex networks with interlayer degree correlations [J]. Physical review E, 2014, 89 (4): 042811.

[148] BATTISTON F, NICOSIA V, LATORA V. Structural measures for multiplex networks [J]. Physical review E, 2014, 89 (3): 032804.

[149] BIANCONI G. Statistical mechanics of multiplex networks: entropy and overlap [J]. Physical review E, 2013, 87 (6): 062806.

[150] MENICHETTI G, REMONDINI D, PIETRO PANZARASA. Weighted multiplex networks [J]. PLoS one, 2014, 9 (6): e97857.

[151] MUCHA P J, RICHARDSON T, MACON K. Community structure in time-dependent, multiscale, and multiplex networks [J]. Science, 2010, 328 (5980): 876 - 878.

[152] GAO Y, ZHU Z, KALI R. Community evolution in patent networks: technological change and network dynamics [J]. Applied network science, 2018, 3 (1): 26.

[153] LANCICHINETTI A, FORTUNATO S. Consensus clustering in complex networks [J]. Scientific reports, 2012, 2 (1): 336.

[154] GAUVIN L, PANISSON A, CATTUTO C. Detecting the community structure and activity patterns of temporal networks: a non-negative tensor factorization approach [J]. PLoS one, 2014, 9 (1): e86028.

[155] JANSSENS F. Clustering of scientific fields by integrating text mining and bibliometrics [D]. Leuven: Katholieke Universiteit Leuven, 2007.

[156] GRANOVETTER MARK. Economic action and social strue-ture: the problem of embeddedness [J]. American journal of sociology, 1985, 91 (3): 481 - 510.

[157] 石军伟. 社会资本与企业行为选择 [M]. 北京：北京大学出版社，2008.

[158] OECD Statistical Office of the European Communities. Oslo manual guidelines for collecting and interpreting innovation data [M]. 3rd ed. Paris：OECD Publishing，2005.

[159] HOGG T, WILKINSON D M, SZABO G. Multiple relationship types in online communities and social networks [C]. Proceedings of the AAAI Symposium on Social Information Processing，2008：30 – 35.

[160] CHOI C, PARK Y. Monitoring the organic structure of technology based on the patent development paths [J]. Technological forecasting and social change，2009，76（6）：754 – 768.

[161] 曾繁华，龙苗. 企业技术竞争力评价指标体系研究：构建、测评与结论 [J]. 统计与信息论坛，2008，23（8）：9 – 14.

[162] 薛求知，罗来军. 跨国公司技术研发与创新的范式演进：从技术垄断优势范式到技术竞争优势范式 [J]. 研究与发展管理，2006，18（6）：30 – 36.

[163] 徐佳宾，赵进. 跨国公司技术优势变迁 [J]. 经济理论与经济管理，2004（9）：48 – 53.

[164] 曾繁华，曹诗雄. 跨国公司全球技术开发竞争力绩效评价指标研究 [J]. 科技进步与对策，2007，24（1）：53 – 55.

[165] 张宝建，胡海青，张道宏. 企业创新网络的生成与进化：基于社会网络理论的视角 [J]. 中国工业经济，2011（4）：117 – 126.

[166] 王舒，吴江宁. 基于企业引用网络的技术影响力评价研究 [J]. 科学学研究，2011，29（3）：396 – 402.

[167] 王贤文，丁堃，张曦. 基于全域专利共被引的世界 500 强企业技术竞争的专利地图分析 [J]. 情报学报，2011，30（7）：756 – 764.

[168] 杨冠灿，刘彤. 基于隶属网络的竞争态势分析方法研究：以 Wi-Fi 联盟认证产品为例 [J]. 图书情报工作，2012，56（10）：81 – 137.

[169] 陈云伟，方曙. 专利权人关联网络的社会网络分析方法研究 [J]. 图书情报知识，2011（3）：58 – 66.

[170] 彭爱东. 关于专利引文分析中的引文数据修正 [J]. 情报学报，2008，27（1）：84 – 88.

[171] CHEN D, HUANG M, HSIEH H, et al. Identifying missing relevant patent citation links by using bibliographic coupling in LED illuminating technology [J]. Journal of informetrics，2011，5（3）：400 – 412.

[172] GAY C, LE BAS C. Uses without too many abuses of patent citations or the simple economicsof patent citations as a measure of value and flows of knowledge [J]. Economics of innovation and new technology, 2005, 14 (5): 333 – 338.

[173] BRONWYN H H, ADAM B J, MANUEL T. The NBER patent citation data file: lessons, insights and methodological tools [EB/OL]. [2013 – 04 – 28]. http://www.nber.org/papers/w8498.

[174] 侯海燕, 栾春娟, 刘则渊. 发明者合作网络中心性对科研绩效的影响 [J]. 科学学研究, 2008 (5): 938 – 941.

[175] 潘松挺. 网络关系强度与技术创新模式的耦合及其协同演化 [D]. 杭州: 浙江大学, 2009.

[176] WENG C S, CHEN W Y, HSU H Y, et al. To study the technological network by structural equivalence [J]. Journal of high technology management research, 2010, 21 (1): 52 – 63.

[177] GARFIELD E, SHER I H. New factors in the evaluation of scientific literature through citation indexing [J]. American documentation, 1963, 14 (3): 195 – 201.

[178] ATALLAH G, RODRÍGUEZ G. Indirect Patent Citations [J]. Scientometrics, 2006, 67 (3): 437 – 465.

[179] 康宇航, 苏敬勤. 基于专利引文的技术跟踪可视化研究: 共引、互引、他引、自引 [J]. 情报学报, 2009, 28 (2): 283 – 289.

[180] 孙涛涛, 刘云. 基于专利耦合的企业技术竞争情报分析 [J]. 科研管理, 2011, 32 (9): 140 – 146, 156.

[181] 胡小君. 基于科技引用网络结构算法的科学计量新方法研究 [D]. 杭州: 浙江大学, 2012.

[182] SMALL H. Update on science mapping: creating large document spaces [J]. Scientometrics, 1997, 38 (2): 275 – 293.

[183] VON WARTBURG I, TEICHERT T, ROST K. Inventive progress measured by multi-stage patent citation analysis [J]. Research policy, 2005, 34 (10): 1591 – 1607.

[184] 邱均平, 王菲菲. 基于SNA的科学计量学领域作者互引网络分析 [J]. 情报学报, 2012, 31 (9): 915 – 924.

[185] 斯坦利·沃瑟曼, 凯瑟琳·福斯特, 等. 社会网络分析: 方法与应用 [M]. 陈

禹，译. 北京：人民大学出版社，2012.

[186] 汪小帆，李翔，陈关荣. 网络科学导论 [M]. 北京：高等教育出版社，2012.

[187] ANSARI A, KOENIGSBERG O, STAHL F. Modeling multiple relationships in social networks [J]. Journal of marketing research, 2011, 4 (48): 713 - 728.

[188] HANNEMAN R A, RIDDLE M. Introduction to social network methods [EB/OL]. [2013 - 09 - 29]. http://faculty.ucr.edu/~hanneman/nettext/.

[189] GRILICHES Z. Patent statistics as economic indicators: a survey [J]. Journal of economic literature, 1990, 28 (4): 1661 - 1707.

[190] LANJOUW J O, SCHANKERMAN M. Patent quality and research productivity: measuring innovation with multiple indicators [J]. The economic journal, 2004, 114 (495): 441 - 465.

[191] NEWMAN M E J. Networks: an introduction [M]. Oxford University Press, 2010.

[192] Optical_disc [EB/OL]. [2013 - 02 - 14]. https://en.wikipedia.org/wiki/Optical_disc.

[193] SAMPAT B N, ZIEDONIS A A. Patent citations and the economic value of patents [M]//Handbook of Quantitative Science and Technology Research. Netherlands: Springer, 2005: 277 - 298.

[194] ZITT M, BASSECOULARD E. Development of a method for detection and trend analysis of research fronts built by lexical or cocitation analysis [J]. Scientometrics, 1994, 30 (1): 333 - 351.

[195] BRAAM R R, MOED H F, VAN RAAN A F J. Mapping of science by combined cocitation and word analysis. I: structural aspects [J]. Journal of the American society for information science, 1991, 42 (4): 233 - 251.

[196] PRICE D J DE S. Networks of Scientific Papers [J]. Science, 1965, 149 (3683): 510 - 515.

[197] BRAAM R R, MOED H F, VAN RAAN A F J. Mapping of science by combined cocitation and word analysis. II: dynamical aspects [J]. Journal of the American society for information science, 1991, 42 (4): 252 - 266.

[198] PERSSON O. The intellectual base and research fronts of JASIS 1986 - 1990 [J]. Journal of the American society for information science, 1994, 45 (1): 31 - 38.

[199] KING J. A review of bibliometric and other science indicators and their role in research evaluation [J]. Journal of information science, 1987, 13 (5): 261 - 276.

[200] GLÄNZEL W, CZERWON H J. A new methodological approach to bibliographic coupling and its application to the national, regional and institutional level [J]. Scientometrics, 1996, 37 (2): 195-221.

[201] CALERO-MEDINA C, NOYONS E C M. Combining mapping and citation network analysis for a better understanding of the scientific development: the case of the absorptive capacity field [J]. Journal of informetrics, 2008, 2 (4): 272-279.

[202] SAILER L D. Structural equivalence: meaning and definition, computation and application [J]. Social networks, 1978, 1 (1): 73-90.

[203] DOREIAN P. Structural equivalence in a psychology journal network [J]. Journal of the American society for information science, 1985, 36 (6): 411-417.

[204] HARKOLA J, GREVE A. Diffusion of technology: cohesion or structural equivalence? [J]. Academy of management proceedings, 1995, 1995 (1): 422-426.

[205] JAFFE A B, DE RASSENFOSSE G. Patent citation data in social science research: overview and best practices [J]. Journal of the association for information science and technology, 2017, 68 (6): 1360-1374.

[206] VAN RAAN A F J. Patent citations analysis and its value in research evaluation: a review and a new approach to map technology-relevant research [J]. Journal of data and information science, 2017, 2 (1): 545-538.

[207] ROSE KIM J Y, HOWARD M, COX PAHNKE E. Understanding network formation in strategy research: exponential random graph models [J]. 6th ed. Strategic Management Journal, 2016, 37 (1): 22-44.

[208] HANDCOCK M S, HUNTER D R, BUTTS C T. Statnet: software tools for the representation, visualization, analysis and simulation of network data [J]. Journal of statistical software, 2008, 24 (1): 1548-7660.

[209] ROBINS G, PATTISON P, KALISH Y. An introduction to exponential random graph (p*) models for social networks [J]. Social networks, 2007, 29 (2): 173-191.

[210] ALCáCER J, GITTELMAN M. Patent citations as a measure of knowledge flows: the influence of examiner citations [J]. Review of economics and statistics, 2006, 88 (4): 774-779.

[211] BENSON C L, MAGEE C L. Quantitative determination of technological improvement from patent data [J]. PLoS one, 2015, 10 (4): e0121635.

[212] CZARNITZKI D, HUSSINGER K, SCHNEIDER C. "Wacky" patents meet economic indicators [J]. Economics letters, 2011, 113 (2): 131-134.

[213] BRANTLE T F, FALLAH M H. Complex innovation networks, patent citations and power laws [C]. PICMET '07 - 2007 Portland International Conference on Management of Engineering & Technology, 2007: 540-549.

[214] BATAGELJ V, DOREIAN P, FERLIGOJ A, et al. Understanding large temporal networks and spatial networks [M]. Chichester, United Kingdom: Jonh Wiley & Sons Ltd, 2014.

[215] ALMEIDA P, KOGUT B. The exploration of technological diversity and geographic localization in innovation: start-up firms in the semiconductor industry [J]. Small business economics, 1997, 9 (1): 21-31.

[216] SNIJDERS T A B, PATTISON P E, ROBINS G L. New specifications for exponential random graph models [J]. Sociological methodology, 2006, 36 (1): 99-153.

[217] THORNE N, AULD D S, INGLESE J. Apparent activity in high-throughput screening: origins of compound-dependent assay interference [J]. Current opinion in chemical biology, 2010, 14 (3): 315-324.

[218] LIM S Y, SUH M. Intellectual property business models using patent acquisition: a case study of royalty pharma Inc [J]. Journal of commercial biotechnology, 2016, 22 (2): 6-18.

[219] WAGNER S, WAKEMAN S. What do patent-based measures tell us about product commercialization? Evidence from the pharmaceutical industry [J]. Research policy, 2016, 45 (5): 1091-1102.

[220] KISOR D F. Collaboration to meet a therapeutic need: the development of nelarabine [J]. Clinical Medicine, 2009, 1: 1317-1320.

[221] FDA Approval for Nelarabine [EB/OL]. [2017-12-06]. http://cancer.gov/about-cancer/treatment/drugs/nelarabine.

[222] COHEN M H, JOHNSON J R, JUSTICE R. FDA drug approval summary: nelarabine (Arranon) for the treatment of T-cell lymphoblastic leukemia/lymphoma [J]. The oncologist, 2008, 13 (6): 709-714.

[223] KADIA T M, GANDHI V. Nelarabine in the treatment of pediatric and adult patients with T-cell acute lymphoblastic leukemia and lymphoma [J]. Expert review of hematology, 2016, 10 (1): 1-8.

[224] PAPADATOS G, DAVIES M, DEDMAN N. SureChEMBL: a large-scale, chemically annotated patent document database [J]. Nucleic acids research, 2016, 44 (D1): 1220 – 1228.

[225] MARRA M, EMROUZNEJAD A, HO W. The value of indirect ties in citation networks: SNA analysis with OWA operator weights [J]. Information sciences, 2015, 314: 135 – 151.

[226] DUBNJAKOVIC A. An evaluation of exponential random graph modeling and its use in library and information science studies [J]. Library & information science research, 2016, 38 (3): 259 – 264.

[227] ROBINS G, PATTISON P, WANG P. Closure, connectivity and degree distributions: exponential random graph (p∗) models for directed social networks [J]. Social networks, 2009, 31 (2): 105 – 117.

[228] GOETZE C. An empirical enquiry into co-patent networks and their stars: the case of cardiac pacemaker technology [J]. Technovation, 2010, 30 (7 – 8): 436 – 446.

[229] OZMAN M. Knowledge integration and network formation [J]. Technological forecasting and social change, 2006, 73 (9): 1121 – 1143.

[230] 刘秋岭, 张雷, 徐福缘, 等. 镁合金国际科研合作网络分析 [J]. 科技管理研究, 2012, 32 (3): 77 – 82.

[231] 张素娟, 甘若迅, 樊锁海, 等. 科研合作网络的社团结构和中心节点研究 [J]. 武汉纺织大学学报, 2012 (3): 81 – 85.

[232] 黄晓斌, 梁辰. 基于专利引用网络的 4G 通信技术竞争态势分析 [J]. 情报杂志, 2014, 33 (4): 52 – 58.

[233] 陈立新, 梁立明. 技术领域的集成与整合研究: 基于美国专利 IPC 的关联分析 [J]. 情报杂志, 2013, 32 (1): 37 – 41.

[234] 许海云, 方曙. 基于专利功效矩阵的技术主题关联分析及核心专利挖掘 [J]. 情报学报, 2014, 33 (2): 158 – 166.

[235] CARLEY K M, PFEFFER J, REMINGA J. ORA user's guide 2013 [R]. Carnegie-Mellon University, 2013.

[236] BERGER-WOLF T Y, SAIA J. A framework for analysis of dynamic social networks [C]. Proceedings of the 12th ACM SIGKDD international conference on knowledge discovery and data mining, 2006: 523 – 528.

[237] EFFKEN J A, CARLEY K M, GEPHART S. Using ORA to explore the relationship of

nursing unit communication to patient safety and quality outcomes [J]. International journal of medical informatics, 2011, 80 (7): 507-517.

[238] 南金瑞, 孙逢春, 王建群. 纯电动汽车电池管理系统的设计及应用 [J]. 清华大学学报 (自然科学版), 2007, 47 (s2): 1831-1834.

[239] 宋永华, 阳岳希, 胡泽春. 电动汽车电池的现状及发展趋势 [J]. 电网技术, 2011, 35 (4): 1-7.

[240] PORTER A L, YOUTIE J, SHAPIRA P. Refining search terms for nanotechnology [J]. Journal of nanoparticle research, 2007, 10 (5): 715-728.

[241] 王少鹏, 彭岩, 王洁. 基于 LDA 的文本聚类在网络舆情分析中的应用研究 [J]. 山东大学学报 (理学版), 2014 (9): 20.

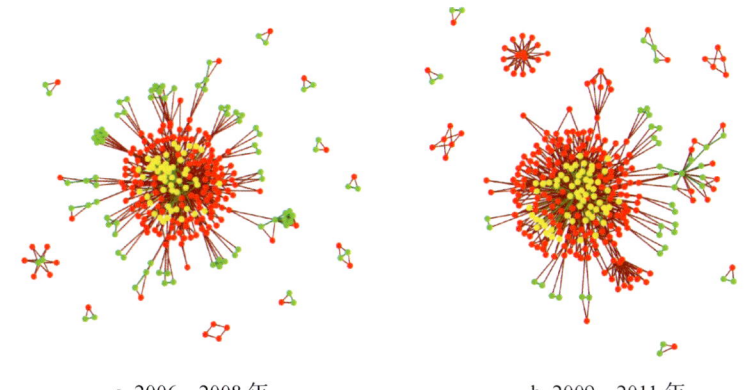

a 2006—2008 年　　　　　　b 2009—2011 年

c 2012—2014 年

图 11-2　3 个时段多重关系专利网络的核心网络